双書⑮・大数学者の数学

フィボナッチ
アラビア数学から
　　西洋中世数学へ

三浦伸夫

現代数学社

(Leonardo da Pisa)
出典：*I Benefattori dell'umanità* VI, Firenze, 1850, p. 334.

はじめに

　フィボナッチすなわちピサのレオナルドは，ピサの斜塔の建設が始まった12世紀後半に生まれたピサ出身の数学者です．科学史家の泰斗ジョージ・サートンが「フィボナッチは中世キリスト教世界最大の数学者で，西洋の数学復興は彼に始まる」と述べているように，彼は中世西洋の代表的数学者であり，今日ではフィボナッチ数列でおなじみです．ところがそれを除くと彼の数々の業績は実際にはほとんど知られていません．主著『算板の書』は中世の数学百科とも言える豊富な内容を持っていますが，それを理解するには彼の生きた時代やそれに先立つ時代の数学を視野に置かねばなりません．

　本書ではフィボナッチの数学をその背景となるギリシャ数学，アラビア数学，ユダヤ数学をも振り返りながら，テクストを常に参照にしつつフィボナッチの仕事を紹介していく予定です．さらにフィボナッチの数学がその後ルネサンス期の数学にどのような影響を与えたか，それにも触れていきます．すなわち「フィボナッチが学んだ数学，伝えた数学」を近年の研究を踏まえながら紹介していこうという試みです．さらに『算板の書』の計算問題に登場する具体的商品などを通じて，中世地中海世界の人々の生活の姿も描くことができたらと思います．フィボナッチのテクストを読んでいくと，次々とおもしろい記述に出会います．大きな数を表記するために新しい数学表記法を考案していること，数字当てクイズを提案していることなど，後にルネサンスの数学者が議論していることがすでにフィボナッチに見られるのです．さらにときにそれらは先行するアラビア数学にも見られることな

ど，フィボナッチの記述を調べていくと興味は尽きません．本書ではそれらにもできるだけ言及し，従来ほとんど知られていなかった中世数学の一面を見ていきます．

　本書では，過去の数学を現代記号に置き換えその数学内容やアイデアを紹介するのはもちろんですが，数学をそれをとりまく大きな文明の中で捉え，文明移転の中で数学がどのように変容していくのかを見るとともに，それによって当時の数学文化の一面が垣間見られることを心がけて記述しました．それではフィボナッチを巡る長い旅に出発しましょう．

平成 28 年 2 月　著者識

＊　　　　＊　　　　＊

本書では，テクストが数詞で書かれているところは漢数字で，アラビア数字のところはアラビア数字で訳しておきました．アラビア数字の使用がまだ徹底していない中世にあって，1 行に両者が混在することもしばしばです．またテクスト翻訳箇所はそれとわかるように太字で印刷しています．

目　次

序文 ·· i

第1章　はじめに ·· 1
フィボナッチ数列 ·· 2
フィボナッチとは ·· 6
フィボナッチの作品 ·· 8
フィボナッチの青年時代 ·· 11
マグレブの中心地ビジャーヤ ·· 12
フィボナッチが学んだこと ·· 15

第2章　アラビア数学 ·· 17
アラビア数学とは ·· 17
アラビア数学の始まり ·· 19
アラビア数学者とは ·· 21
フワーリズミー ·· 24
イブン・ハルドゥーンによる数学の分類 ·· 27
アラビアの幾何学 ·· 29
そのほかの数学分野 ·· 31

第3章　アラビアの代数学 ·· 33
アラビアにおける代数学の起源 ·· 33
アブー・カーミルの代数学 ·· 36
ジズル，マール，アダド ·· 38
幾何学的証明 ·· 40
2次方程式の具体的問題 ·· 43
正5角形と正10角形 ·· 45
ヘロンの影響 ·· 48

iv

第4章　アブー・カーミルの不定方程式 … *51*
- 2次の不定方程式 … *51*
- 1次の具体的方程式 … *55*
- 不定方程式の起源 … *61*
- アラビアの不定方程式論 … *65*

第5章　西アラビア数学 … *69*
- イブヌル・ヤーサミーン　人と著作 … *69*
- 数学詩 … *71*
- 小さな数の表記法 … *74*
- 小数の誕生 … *77*
- アラビアの分数 … *79*
- イブヌル・ヤーサミーンの同時代人 … *81*

第6章　ギリシャ，アラビア，ラテン — 数学の翻訳 … *85*
- ギリシャ語からアラビア語へ … *86*
- アラビア語からラテン語へ … *88*
- アフマド・イブン・ユースフ … *91*
- フワーリズミーのラテン語訳 … *93*
- ギリシャ語からラテン語へ … *96*

第7章　中世ヘブライ数学 … *99*
- ヘブライ数学 … *99*
- アブラハム・バル・ヒッヤ：人と作品 … *103*
- 『面積の書』 … *105*
- 円の求積 … *107*
- 図形分割論の伝統 … *109*
- サバソルダとフィボナッチ … *111*

第8章　フィボナッチを巡る人々 ……………………………… *113*
　フェデリーコ2世 ……………………………………………… *113*
　ピサと東方 ……………………………………………………… *116*
　皇帝付哲学者テオドルス ……………………………………… *117*
　フィボナッチの作品の登場人物 ……………………………… *119*
　「カマール学派」の師イブン・ユーヌス ……………………… *122*
　東西学問の橋渡し ……………………………………………… *123*

第9章　『算板の書』：数と計算 ………………………………… *127*
　アバクス ………………………………………………………… *127*
　『算板の書』 ……………………………………………………… *129*
　指による数表記 ………………………………………………… *132*
　フィボナッチの分数 …………………………………………… *135*
　素数 ……………………………………………………………… *137*
　単位分数分解法 ………………………………………………… *139*

第10章　商業問題 ………………………………………………… *141*
　地中海の商業 …………………………………………………… *141*
　変換計算 ………………………………………………………… *143*
　物々交換 ………………………………………………………… *145*
　カンパニア ……………………………………………………… *148*
　貨幣鋳造 ………………………………………………………… *149*
　大貨幣と小貨幣 ………………………………………………… *151*
　貨幣鋳造と数学者 ……………………………………………… *154*

第11章　遊戯問題 ………………………………………………… *157*
　数列の和と比 …………………………………………………… *157*
　樹木の問題 ……………………………………………………… *159*

平方列の和の問題	*160*
動物の問題	*161*
数の言い当て問題	*163*
負の解	*165*
負の解の初出	*168*
解不能問題	*170*

第12章　仮置法と代数学　*173*

仮置法	*173*
エルカタイン	*174*
2つの塔の問題	*176*
エルカタインの問題	*178*
アラビアの複式仮置法	*179*
天秤法	*180*
代数学	*182*
遺産分配計算	*184*
イスラームとキリスト教	*185*

第13章　フィボナッチの無理数論　*187*

平方根の計算	*187*
立方根の計算	*189*
無理数の議論	*191*
『原論』第10巻註釈	*194*
『原論』の数値化	*196*
無理数論の応用	*199*

第14章　フィボナッチと代数学　*201*

フワーリズミー『代数学』のラテン語訳	*201*

『算板の書』のなかの代数学 ………………………… *202*
　　『原論』第 2 巻と代数学 ……………………………… *205*
　　フィボナッチの練習問題 ……………………………… *207*
　　アラビアの 3 次方程式 ………………………………… *212*
　　代数学の応用 …………………………………………… *214*

第 15 章　フィボナッチと『幾何学の実際』………… *217*
　　『幾何学の実際』 ………………………………………… *217*
　　図形の計測と器具 ……………………………………… *222*
　　弦の表 …………………………………………………… *226*
　　理論幾何学と実用幾何学 ……………………………… *228*

第 16 章　中世の幾何学 ………………………………… *233*
　　ヘロンの幾何学 ………………………………………… *233*
　　アグリメンソーレース ………………………………… *234*
　　ボエティウス版『原論』 ……………………………… *237*
　　アラビアの実用幾何学 ………………………………… *240*
　　操作幾何学 ……………………………………………… *244*

第 17 章　算法学派の数学 ……………………………… *247*
　　商業数学の誕生 ………………………………………… *248*
　　算法学校 ………………………………………………… *249*
　　算法学校のカリキュラム ……………………………… *251*
　　「算法学派」とその数学 ………………………………… *251*
　　フィボナッチは最初の算法教師か？ ………………… *254*
　　南仏とイベリア半島の数学 …………………………… *257*

第 18 章　パチョーリ『スンマ』 ……………………… *261*
　　『スンマ』 ………………………………………………… *261*

ルカ・パチョーリ	*263*
『スンマ』の内容	*266*
乗法について	*267*
方程式と記号法	*270*
賭けの計算	*272*
印刷された初期の算法書	*274*

第19章　算法学派の影響 — *277*
算法教師ベネデット・ダ・フィレンツェ	*277*
商業都市リヨン	*280*
ニコラ・シュケ	*283*
ルネサンス数学	*285*
人文主義数学者とフィボナッチ	*286*

第20章　フィボナッチ『平方の書』 — *291*
『平方の書』について	*291*
『平方の書』命題の訳	*294*

第21章　『平方の書』を巡って — *307*
『平方の書』の命題の続き	*307*
ディオパントス	*312*
アラビアでの議論	*313*
カラジー	*315*
『平方の書』を受け継いだ者たち	*317*

第22章　フィボナッチ全集と19世紀イタリア — *321*
中世数学史家ボンコンパーニ	*321*
フィボナッチ全集	*322*
ボンコンパーニと数学史雑誌	*324*

ボンコンパーニの蔵書 ……………………………………………… *328*
　　カトリックとボンコンパーニ ………………………………………… *328*
　　ボンコンパーニの科学思想 …………………………………………… *331*
　　中世数学史からイタリア近代数学史へ ……………………………… *333*

第 23 章　フィボナッチを巡る果てしない旅 ………………… *335*
　　ドイツ算法学派 ………………………………………………………… *335*
　　題について ……………………………………………………………… *337*
　　フィボナッチとアラビア・中国 ……………………………………… *338*
　　イタリアにおけるフィボナッチ研究 ………………………………… *341*
　　シエナ大学中世数学史シリーズ目録 ………………………………… *343*
　　英語による研究 ………………………………………………………… *345*
　　さらに書誌 ……………………………………………………………… *347*

参考文献 ……………………………………………………………………… *349*

あとがき ……………………………………………………………………… *365*

索引 …………………………………………………………………………… *367*

第1章
はじめに

　皆さんはフィボナッチと聞いて何を思い出すでしょうか．おそらくフィボナッチ数列でしょう．それは，

$$1, 1, 2, 3, 5, 8, 13, 21, 34, 55, 89, \cdots$$

と続く数列で，初項と第2項を除いて，前項とその一つ前の項との和を項とする無限数列です．

　一般項を F_n としますと，$F_1 = F_2 = 1$，$F_n = F_{n-2} + F_{n-1}$ ($n \geq 3$) となる数列です．$1+1=2, 1+2=3, 2+3=5\cdots$ というようにです．

　もう少し詳しく知っている人は，この数列にはウサギの話が関係することもご存じでしょう．つまり，1つがいの親ウサギがいると，1年後に何つがいのウサギとなるかです．ただし，どのつがいも，生まれて2ヶ月目から，ウサギを毎月1つがい産むという条件です．この過程ででてくるのがフィボナッチ数列です．

　またフィボナッチのことをもう少し知っている人は，西洋にアラビア数字を初めて導入した数学者，と言われていることもご存じでしょう．実際フィボナッチの数学書 (1202年) の冒頭には，次のようなことが書かれています．

　　9個のインド人たちの数字は次のものです．
　　　987654321
　　これらの9個の数字と，アラビア語でゼフィルムと呼ば

> れる 0 記号とを用いて，以下に示されるように，任意の
> 数が書き表されます．

ここでは，0 記号と，1 から 9 までの数とを用いて，すべての数が表せることが簡潔に述べられています．

　ところで，フィボナッチの業績はフィボナッチ数列とアラビア数字導入の二つにとどまりません．これから，フィボナッチの仕事とその時代の数学について，それ以前のギリシャ数学，アラビア数学，さらにフィボナッチ以降の数学をも視野に入れ次のことを見て行きましょう．フィボナッチが何をしたか，フィボナッチはどこから何を学んだか，そしてフィボナッチは何を伝えたか，です．

フィボナッチ数列

　先ほど述べたフィボナッチ数列について，もう少し詳しく見ていきましょう．まずは，フィボナッチ自身のラテン語原文にもとづいた説明から紹介します．

> 一年で一つがいのウサギからどれだけのつがいのウサギが
> 生まれるか．ある男が一つがいのウサギを囲いの中に飼っ
> ていました．一年で何つがいのウサギが生まれるかを知り
> たいのですが，ウサギの本性は，月に一つがい，その次の
> 月にも一つがいを生むことであるとします．最初の月に上
> 記のつがいが生まれるので，あなたはそれを二倍にすると，
> 一ヶ月に二つがいとなるでしょう．これらのうちの一つ，
> すなわち最初のつがいは第二番目の月に生むので，第二番

目の月には3つがいがいることになります．一ヶ月でこれらのうちの二つは妊娠し，第三番目の月には2つがいのウサギが生まれ，こうしてこの月には5つがいとなります．この月にはそれらのうち3つがいが妊娠し，第四番目の月には8つがいになります．これらのうちの5つがいは他に5つがいを生みます．これらが8つがいに加えられると，第五番目の月には13つがいになります．これらのうちこの月に生まれた5つがいは，この月には妊娠することはありませ

初め	1
最初	2
第二	3
第三	5
第四	8
第五	13
第六	21
第七	34
第八	55
第九	89
第十	144
第十一	233
第十二	377

んが，他の8つがいは妊娠します．こうして第六番目の月には21つがいになります．これらに第七番目の月に生まれた13つがいを加えると，この月には34つがいになるでしょう．これらに第八番目の月に生まれた21つがいが加えられると，この月には55つがいになるでしょう．これらに第九番目の月に生まれた34つがいが加えられると，この月には89つがいとなるでしょう．これらに第十番目の月に生まれた55つがいがまた加えられると，この月には144つがいとなるでしょう．これらに第十一番目の月に生まれた89つがいがさらに加えられると，この月には233つがいになるでしょう．これらに最後の月に生まれた144つがいがまた加えられると，377つがいになるでしょう．一年の最後に上記の場所では，上記のつがいからこれだけのつがいが生まれるのです．実際，我々がどのように

これを行ったかを，あなたは欄外で実際に見ることが出来ます．すなわち，最初の数を第二の数に，つまり1を2に加え，次に第二の数を第三の数に，第三を第四に，第四を第五にと，一つずつ第十を第十一まで，つまり 144 を 233 に加えるまで行うと，上記のウサギのつがいの和，すなわち 377 を得るのです．こうしてあなたは，月の数を限りなくしても，つがいの数を適切に見出すことが出来るのです [Boncompagni I 1857, pp. 283–84]．

ここでは，原文が数詞のところは漢数字に，アラビア数字のところはそのままにしておきました．上記のように，欄外には表にして数列がきちんと書かれています．

以上の長文の訳を読んで，どのような感想を持たれましたか．きわめて煩雑な記述に，途中で読むのを止めた，という人もいるかもしれません．それは，記号が用いられていないことがいちばんの原因でしょう．そこに一般項を表記する仕方はありません．フィボナッチの時代には，数学の記号法はなく，すべて文章で書かれていました．記号のない時代に，人はどの様に工夫して数学の議論をしていたのでしょうか．そのこともこれからお話ししていきましょう．

ところでこの問題には，数列という言葉もフィボナッチ数列という言葉も見当たりません．そもそもフィボナッチ自身，この問題が重要な問題との認識はなかったようですし，多くの問題の中の一つとしてしか見なさなかったようです．作品中にフィボナッチ数列が出てくることは他にはありませんし，前後の問題もフィボナッチ数列とは関係がありません．数学には人名のついた定理がたくさんありますが，その名前は大方後代の人がつけたの

であって，当の本人にはあずかり知れないことが多いようです．フィボナッチ数列もそれにあたります．

また問題番号も書かれていません．これが本の中のどこにあるのか，わかりづらいところです．しかし特別にウサギを題材としていることで，この問題はウサギの問題として読者の頭に残ります．こうして，同じような問題に遭遇したときは，ウサギを思い出して解くのです．ウサギを題材に取り上げることによって，問題に印象付けをしたと言えるでしょう．ただし，フィボナッチの本に影響を受けた 13 世紀末のイタリア語の算術書では，ウサギはハトに変わっています．

またこの問題を見て，そもそも実際に次々とウサギが生まれていくことなどあり得るのか，と疑問に思う人もいるでしょう．しかしそこは数学です．数学テクストには，あり得ない仮想問題，さらにいうと数学遊戯の問題がしばしば登場します．

ここで，数学遊戯の例を，まったく異なる文明の中で見てみましょう．

古代エジプトでは，現存最古の数学テクスト『リンド・パピルス』(前 1800 年頃) に次のような問題があります．ここでは数字はアラビア数字にしておきます．

> 7 軒の家の 1 軒ずつにネコが 7 匹いて，1 匹のネコがネズミ 7 匹ずつをつかまえ，1 匹のネズミは 7 穂ずつのエンマコムギを食べ，1 穂のエンマコムギから 7 ヘカトの小麦がとれるなら，小麦は全部で何ヘカトか？

また，日本の江戸時代もっともよく読まれた数学書の一つ『新編塵劫記』(1641) に，次のような「ネズミ算」が見られます．

正月にネズミ父母出でて，子を12匹産む．親とともに14匹になる．このネズミ2月には，子もまた子を12匹ずつ産むゆえに，親とも98匹になる．かくのごとく，月に1度ずつ，親も子も，また孫も曾孫も，月々に12匹ずつ産むときに，12月には何程になるぞ．

 どうでしょうか．フィボナッチ数列の例ではありませんが，それぞれ似たような仮想問題ですね．答はいくつになるか，おわかりでしょう．数学には当初から遊び心があったようです．フィボナッチのとりあげる問題には，他にも同じような仮想問題の例がたくさんありますので，それらも今後紹介していきましょう．

 では，このフィボナッチとは一体どの様な人物なのか．それについて次に紹介しましょう．

フィボナッチとは

 今までフィボナッチと呼んできましたが，本当の名前は，ピサのレオナルド (Leonardo da Pisa) です．ここで da は英語の from に相当するイタリア語ですので，「ピサ出身のレオナルド」ということになります．またピサ人レオナルドを意味するレオナルド・ピサーノ (Leonardo Pisano) と呼ぶこともあります．当時は通常出身地を付けて名前を呼んでいました．レオナルド・ダ・ヴィンチも，ヴィンチ村出身のレオナルドという意味です．

 フィボナッチは他の呼び方もされていました．レオナルド・ビゴッロ・ピサーノ (Leonardo Bigollo Pisano) のビゴッロは，「ぐうたら」という自分で卑下した言葉，あるいは「旅行者」を表すと言われていますが，確かなことはわかりません．またラテン語

ではレオナルドゥス・フィリウス・ボナッキンギ（Leonardus filius Bonaccinghi）と言い，ボナッチ家の息子（filius）レオナルドという意味です．この filius は省略されて fi となったようで，当時は filius Bonacci を簡単に Fibonacci に略していた可能性があります．こうしてすでに 18 世紀にはレオナルド（あるいはリオナルド）・フィボナッチという名前で言及されるようになりました[1]．上記の数列の研究が話題になった 19 世紀以降，簡単にフィボナッチという名前が使われるようになりました．本来は「ピサのレオナルド」と呼ぶのが適切かもしれませんが，ここでは，この簡潔な呼び方であるフィボナッチという呼び方を採用します．

　フィボナッチは 1170 年頃生まれ，1240 年以降に亡くなりました．1202 年に作品を書いたことがわかっているので，おそらくはそのときが最盛期ということで 30 歳と推定し，それを逆算すると 1170 年頃生まれたことになります．また教育と助言で貢献したとして，ピサ市から 1241 年に年 20 デナリオの年金が授与されたという公文書が残されていますので，そのときにはまだ生存していたことになります．

　さてフィボナッチの肖像というものがあります．表紙絵にある肖像を皆さんもどこかで見たことがあるのではないでしょうか．しかしこれは全く近代の想像の産物（1850）であって，フィボナッチがこのような顔つきをしていたことにはなりません．実際の姿は不明と言わざるをえません．他方，作品の初期の写本の一つのイニシャル（文章冒頭の大きな文字）欄には，人物が描

---

[1] たとえば『ピサの名士列伝』[Anonimo 1790]．またボンコンパーニによると 1506 年にはすでに Lionardo Fibonacci と呼ばれていたという [Boncompagni 1852]．

かれています．このほうがフィボナッチの真の姿に近い可能性がありそうです．老齢の恰幅のよい姿で描かれているのは，フィボナッチが晩年ピサの名士となったからかもしれません．

『幾何学の実際』の冒頭．ヴァチカン写本（Vat. Urb. lat. 292）
（出典：Giusti（ed.）．*Un ponte sur mediterraneo*, Firenze, 2002, p. 62）

次にフィボナッチの作品を見ていきましょう．

フィボナッチの作品

残された作品は次の5点です．

『算板の書』（1202, 1228）
『幾何学の実際』（1220）
『平方の書』（1225）
『精華』（1225）
『テオドルスへの手紙』（1225年頃）

主著『算板の書』は1202年に書かれ，1228年には改訂がなされました．『幾何学の実際』は1220年に書かれたもので，『算板の書』に次ぐ長さを持っています．フィボナッチの独創性が見られるのが『平方の書』です．『精華』と『テオドルスへの手紙』とは書簡形式の小編です．

そのほか，『算板の書』の記述から推測しますと，エウクレイデ

ス『原論』第10巻への註釈をしたようですし，また『算板の書』を要約したと思われる『要約書』というものも書いた可能性があります．しかし両者とも現存しません．

　さて，当時はまだ印刷術が誕生していなかったので，作品は手書きでした．そしてそれを書き写して読んだのです．フィボナッチ自身が書いた自筆原稿は残されてはおらず，何度か書き写された後の写本が残されています．まだ紙が普及していませんので，通常は，羊の皮をなめして紙の代わりとした羊皮紙に書かれていました．当時書き写された『算板の書』の写本は，現在14点が知られていますが，中でももっとも間違いの少ないとされるフィレンツェ中央図書館蔵の写本をもとに，イタリアのボンコンパーニ（1821-94）という数学史家が活字にしました．それを含め他の4編の作品とともに，2巻で構成された全集が刊行されました．これが現在フィボナッチ研究の1次文献となっています．

- Boncompagni, B., *Scritti di Leonardo Pisano*, 2vol., Roma, 1857-62.

しかし，これらのもとになった写本には写し間違いがあり，完全ではありませんので，全集版は今日から見れば不完全といえます．そこで以下では，いくつか他の写本をも参考にしながら，フィボナッチの数学を見て行きましょう．

　さて，近代語への翻訳にも言及しておきましょう．『算板の書』は近年英訳が出版されました．

- Sigler, Laurence E.(tr.), *Fibonacci's* Liber Abaci, New York, 2002.

これはボンコンパーニの全集に基づいていますが，古典文献の翻訳にしては十分な註釈も解説もなく，暫定的なものと言わざるを

えませんが，それでもラテン語が英語で読めるわけですから大いに参考になります．この英訳からの中国語訳も最近出版されました [Fibonacci 2008]．『算板の書』は大判の全集版では 459 ページもあり，あまりに大部なのでそのほかの言語には訳されていません．

最近『幾何学の実際』の英訳が出版されました．これは信頼のおける訳書です．

- Barnabas Hughes (tr.), *Fibonacci's* De Practica Geometrie, New York, 2008.

『平方の書』は仏訳と英訳とがありますが，仏訳には詳細な註が付けられ，研究の参考になります．

- Eecke, Paul Ver (tr.), *Léonard de Pise : Le livre des nombres carrés*, Bruges, 1952.
- Sigler, Laurence E. (tr.), The *Book of Squares*, Orlando, 1987.

小品の『精華』にはイタリア語訳があり（Picutti, 1983），『テオドルスへの手紙』はまだ訳されていないようです．そのほかにも部分訳はありますが，ここでは省略します．

さて，フィボナッチに関して日本語で読める参考書には次のものがあります．

- 中村滋『フィボナッチ数の小宇宙』，日本評論社，2008.

これはフィボナッチ数列を論じた数学書ですが，歴史的説明にも配慮されています．そのほかフィボナッチ数列に関しては，少なからず日本語の本もありますが，数列以外についての記述は十

分ではありません[2].

さて次に，フィボナッチの生きた時代について簡単に振り返ってみましょう．

フィボナッチの青年時代

フィボナッチがどの様な生涯を送ったのか，それに関する資料はありません．彼について知ることの出来るほとんど唯一の文献は，『算板の書』に自ら書いたの序文の一部です．ここでそれを見ておきましょう．

> 私の父は，故国で任用され，押し寄せてくるピサの商人のためビジャーヤの税関の書記の職を得ていました．将来役立つように，また好都合となるようにと，幼少の私を自分のもとに呼び寄せました．そして父は，そこで私を2，3日間計算学校に通わせました．その地で私は，インド人たちの9個の数字を用いるその驚異的な計算法を教わりました．私は何にもましてその計算法を気に入ってしまい，それに心奪われ，多くを学び，討論を重ね，エジプト，シリア，ギリシャ，シチリア，プロヴァンスでさまざまな方法とともに学び，その後これらの土地で，仕事の合間をぬっては研究を深めました．しかしこのことすべてですら，さらにアルゴリスムやピュタゴラスの弧は，インド人たちの方法に比べればほとんど誤りであることがわかりました．したがって私は，そのインド人たちの方法を正確に受け入れ，

---

[2] 青少年向きには中世史家ギース夫妻の英語による『ピサのレオナルドと中世の新しい数学』がある［Gies 1969］．

その研究に励むと同時に，私自身が考えついたことを若干加え，またエウクレイデスの幾何学の精緻な事柄を挿入し，本書をまとめあげ，出来る限りわかりやすいようにこの包括的な書を15章にしたのです．私が導入したことにはほとんどすべて正確な証明を加え，この知識をさらに求める者が完全に学べるようにしました．その他にも，今までのように今後はラテン人たちがこの知識を持たないと見られたくないようにです．たとえ私が，はからずも相応なこと，あるいは必要なことを多少省いてしまったとしても，どうか御寛容願います．というのも，誤りを犯さない人，すべてにおいて用意周到な人はいないのですから．

この序文から，フィボナッチの生きた時代と『算板の書』の執筆動機が垣間見られます．

ところでフィボナッチは，都会のピサから，はるばる田舎のビジャーヤまで出かけたのでしょうか．そもそもビジャーヤとはどこにあるのでしょうか．それを見るため当時の北アフリカの状況を紹介しておきましょう．

マグレブの中心地ビジャーヤ

ビジャーヤは地中海に面し，北アフリカのアルジェリアの都市です[3]．ろうそくの材料の蠟の集積地であったので，今日フランス語では，ろうそくはアラビア語ビジャーヤが変形してブージ (bougie)

---

[3] フィボナッチは bugee と綴り，今日フランス語では Béjaïa という．北部ベルベル系の言語カビール語が今日使われている．

12

と呼ばれています．ろうそくは 19 世紀まできわめて重要な日常品でしたので，ビジャーヤの歴史上の役割を想像することができます．

　北アフリカ北部一帯 (エジプトを除く) は今日アラビア語でマグリブといいます．これは「日の落ちる地域」という意味で西を指します．それに対して「日の出る地域」である東はマシュリクといい，地中海東部を指します．マグリブ東部は本来ベルベル人の土地でしたが，古代にはローマ帝国が侵入し，後に東ローマ帝国も入ってきます．その後は長い間イスラームの土地となり，混乱の後近代にはフランスに占領され，アルジェリアとして独立したのはようやく 1962 年のことです．したがって言語的には，ベルベル諸語，ラテン語，ギリシャ語，アラビア語，フランス語などが使用されてきました．

　さてフィボナッチの時代について述べておきましょう．当時ビジャーヤはベルベル人の建てたムワッヒド朝 (1130–1269) が治めていました．第 3 代目のアミール (カリフに相当) であるヤアクーブ・マンスール (在位 1184–98) の時代に最盛期を迎え，ジブラルタル海峡を超え，イベリア半島にまで進出しています．この時期，イベリア半島の中心地はトレード，サラゴサであり，他方マグリブの中心地はトレムセン，ビジャーヤでした．なかでも後者は，ムスリム (イスラーム教徒) となったベルベル人はもちろん，ユダヤ教徒，キリスト教徒などが活躍し，多民族多宗教社会であり，またイベリア半島から内乱で追われてきたアンダルシア人のムスリムも多くいました．こうしてアンダルシアの文化も流入していたのです．

　ところでビジャーヤは，マグリブの東部に位置する政治拠点であり，また経済活動の中心地でもあります．したがって各地から多くの商人を迎えていました．キリスト教地域からは，ピサ，

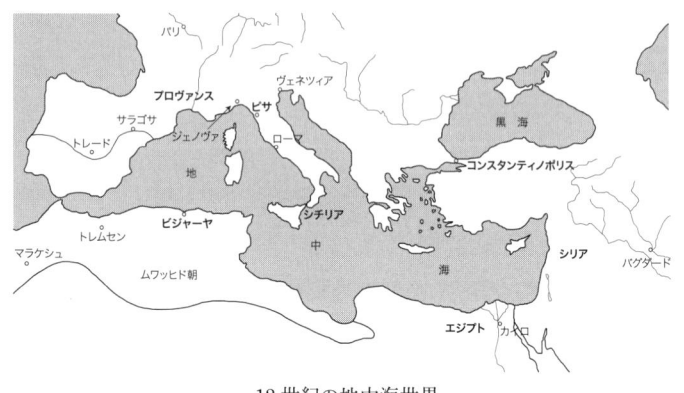

12世紀の地中海世界

ジェノヴァ，ヴェネツィアなどの都市の商人が交易に来ていますが，彼らはフンドゥクと呼ばれる商館に滞在していました．それは宿泊施設であり，事務所であり，領事館ともなっていました．今日のイタリア語のフォンダコ（商館の意味）はこのアラビア語に由来します．

そのピサ市から派遣され，ビジャーヤの商館に書記として務めていたのがフィボナッチの父親です（名前はグリエルモ）．正確にいうと，フィボナッチの父は商人ではなく，一種の官僚ということになりますが，当時は商人がそれを兼ねることもあったようです．ともかく幼少の頃，父親からビジャーヤに呼ばれ，フィボナッチはそこで過ごします．父親が呼び寄せたのは，貿易の中心地で商業実務を学ばせるためであったと考えられます．したがって，田舎に行ったというよりは，刺激の大きい大都会に出てきたといった方が適切なのです．

ビジャーヤはまた文化の拠点でもあり，哲学者イブン・アラビー（1165-1241）が1200年頃に滞在しています．そのほか地理学者イドリーシー（1100-65），旅行家イブン・バトゥータ（1304-

68)，また思想家ラモン・リュイ (1232-1315) も訪問しています．後の 1365 年には，文明論者にして政治家イブン・ハルドゥーン (1332-1406) が，この地の最高官職である執権（ハージブ）に就いています．文化の中心地として，当然のことながら多くの数学者も活躍し，なかでもクラシー (?-1184) は重要ですが，それを含めマグリブの数学については，別に詳しく述べることにします．ともかくもフィボナッチは，数学や学問を学ぶには最高の環境にやって来たのです．

フィボナッチが学んだこと

さて，フィボナッチはそこで，「9 個の数字を用いるその驚異的な計算法」，つまりアラビア数字を用いたアラビア式計算法を学びます．これはその後に続く文章では，「インド人たちの方法」と呼ばれています．さらに，「アルゴリスムやピュタゴラスの弧は，インド人たちの方法に比べればほとんど誤りである」とされています．アルゴリスムとは，通常はこれがインド人たちの方法，つまり今日用いられている筆算による計算法を意味するとされるのですが，ここではそうではなく，アラビア式の計算板を用いた計算法であったろうと考えられます．それは，板などの上に砂を撒いて紙の代用と見なしその上で計算するものですが，次々と計算結果を消していくもので不便な計算器具です．また「ピュタゴラスの弧」とは，中世西洋で用いられた計算板で，板の上に平行線が何本か引かれ，そこに小石を置いて，今日の十露盤のように計算するものですが，その平行線は 3 本が組になって，その上に弧が描かれていました．それはピュタゴラスが発明したと当時

誤って考えられていましたので，そう呼ばれています．

ようするに，今まで使用されていたアラビアや西洋の計算板では計算違いをすることが多く，インド人たちの方法を用いてこそ精確な結果が得られる，と強調しているわけです．この地でフィボナッチは計算学校 (studio abbaci) に通うことになります．ここでのアバクスについてはあとで詳しく紹介することにします．

その後フィボナッチは，エジプト，シリア，ギリシャ（ビザンティオン），シチリア，プロヴァンスを商用で訪問し，仕事の合間をぬってこれらの土地で研究を深め，人々から様々なことを学んだようです．『算板の書』には，他にもコンスタンティノポリスなどの都市の名前が見えます．こうしてアラビア語圏，ギリシャ語圏を訪問し，主として耳から数学を学んだようです．というのも，『算板の書』にはアラビア語やギリシャ語をローマ字に置き換えただけの単語が見いだされるからです．

フィボナッチは，インド人たちの方法のみならず，古代ギリシャのエウクレイデス『原論』にも感動を受けたようです．ここでは「精緻」と述べられていますが，これは『原論』第 10 巻に見られる，今日いうところの無理数の分類とその計算を示すと考えられます．ともかく，『原論』のように証明も取り入れて『算板の書』を執筆したのです．したがって『算板の書』は，商業数学の実用書というだけではなく，さらに高度な内容も含み，13 世紀ラテン世界において最高峰の数学書なのです．

以上でフィボナッチの人物と時代について簡単に見てきました．しかしその数学の解説に進む前に，まず，フィボナッチが学んだ数学，すなわちアラビア数学について，次章で概観しておきましょう．

第2章
アラビア数学

　前章は，フィボナッチがアラビア数学の影響を受けていることに言及しました．ではそのアラビア数学とは一体どの様なものでしょうか．本章はそれについて述べていきましょう．

アラビア数学とは

　イスラームが誕生したのは，620年にムハンマドが啓示を受け，622年にメッカからメディナに移住したとき(ヘジラ暦元年)です．その後，後継者たちにより，8世紀にはイスラームの支配する領域は拡大していき，西はイベリア半島，北アフリカ，そして中東地域はもちろん，中央アジアや北インドにまで広がっていきます．16世紀になると，オスマン帝国やサファヴィー朝ペルシャ，そしてインドにはムガル帝国などが台頭してきますので，それまでの8世紀からおおよそ15世紀ころまでの上記地域の数学を，アラビア数学と呼ぶことにします．民族名を冠したアラブ数学ではありません．アラビア数学に関わったのは，ペルシャ人，ユダヤ人，ベルベル人など，アラブ人に限らないからです．上記地域は宗教としてのイスラームの支配下でしたので，イスラーム数学という呼び方もできますが，ほとんどの数学は宗教としてのイスラームとは関係がありません．なおアラビア数学とイ

ンド，中国数学とは相互に影響を与えたと考えられ，また今日それらの地域には多くのムスリム（イスラーム教徒）がいますが，インド，中国数学はここでは対象とはしません．

　イスラームには六信というのがあり，ムスリムは神，預言者，啓典，天使，予定，来世を信じることが勤めです．その中で啓典とは，クルアーン，聖書を指します．ところでその聖書とは，新旧約聖書を含みますので，それらはまたユダヤ教，キリスト教の聖典でもあります．こうしてイスラームはそれら2つの宗教を兄弟の宗教として特別扱いしました．イスラーム支配の地では，それらの信者（「啓典の民」と呼ばれた）は，例外はありますが，さほど差別されることなく暮らすことが出来ました．したがってアラビア数学に貢献した人には，サマウアルのような元ユダヤ教徒，クスター・イブン・ルーカーのようなキリスト教徒も少なからずいるのです．さらにサービト・イブン・クッラのような，星辰を信仰したというサービア教徒もいます．

　広大な地域を含み，多民族多宗教で，まとまりがないように思えますが，しかし共通するものがあります．それはアラビア語です．アラビア数学は主としてアラビア語でなされたので，アラビア数学と呼ぶのです．ただし11世紀以降になるとペルシャ語やオスマン語（オスマン・トルコ語）で書かれることもないわけではありません．しかしそれでも専門用語はアラビア語由来ですし，表現形式もほぼ同じです．したがって，15世紀まではアラビア数学と呼んでも問題はないでしょう．とはいえ，時間的空間的に広大なこの数学を一言でまとめるのは至難の業ですので，大枠を示すにとどめましょう．

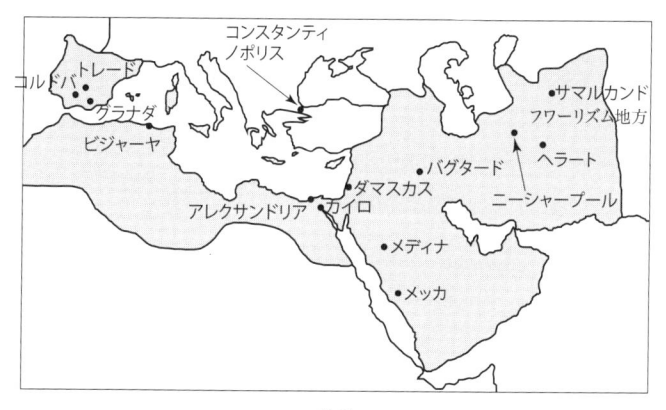

アラビア数学の地図

アラビア数学の始まり

　アラビア数学はどの様にして発生したのでしょうか．まずそれを見ておきましょう．

　アラビアの地では，かつて紀元前3000年ころから紀元後あたりまで，エジプト数学やメソポタミア数学が栄えていましたが，それらとアラビア数学とは直接的関係はありません．イスラームの領域が短期間に拡大していくと，それらを統治する行政機構が必要となります．当然のことながら，今までのシリア人，ペルシャ人，またキリスト教徒，ゾロアスター教徒などの力も必要です．こうしてまずは行政関係の遺産がアラビア語に翻訳導入されます．そこでは法制度のみならず，軍事上重要な判断を与える占星術なども重要です．その中でアラビア語自体の文法的論理的研究も進み，より精錬されていきます．行政にはもちろん計算や天文観測が必要で，歴史的資料は残っていませんが，それ

らを担当した人々が当時すでに存在していた可能性があります．こうして数学を外部から翻訳し導入する機運は整っていったと言えるでしょう．

　アラビア数学は，8世紀のペルシャ系王朝アッバース朝の時代に，ペルシャやインドやギリシャやシリアから積極的に移入することで始まります．とりわけアッバース朝第5代カリフ，ハールーン・ラシード(在位786-809)がバルマク家と協力して設立した，「知恵の館」という研究機関(図書館，翻訳機関，天文台などを含むとされる)を中心に，その子のカリフ，マアムーン(治世813-33)の時代に，とりわけギリシャ語から多くの数学書が翻訳されます．ただしこの「知恵の館」の役割に関しては，近年文化史研究家グタスによって否定的な見解がなされています[Gutas 2002]．

　ここで注意すべきは，その翻訳活動は外圧からというより，自発的に行われたことです．すなわち数学者は必要性に迫られて翻訳を行ったのです．したがって必要性のないと考えられた分野，たとえばギリシャ戯曲など，豊富な文学作品は翻訳されませんでした．その際，仲介役となったのがキリスト教徒のシリア人たちで，少なからずのギリシャ語作品が，まずシリア語訳され，そこから今度はアラビア語訳されることになります．アラビア語への翻訳では，同時に註釈が書かれたり，テクストの不明瞭な箇所が勝手に訂正されたりしています．またすでに存在する翻訳に満足せず，改めて翻訳しなおされたりすることもありました．ここでは翻訳者はまた数学者でもあったのです．アラビア世界は短期間のうちにギリシャ数学に接することができるようになったのみならず，それを自らのものとしたのです．こうして翻訳期と同時期

にアラビア数学は本格的に始動したと言えるのです．

ギリシャ語からのアラビア数学の翻訳に関しては，アラビア数学史研究家ラーシェドが次の特徴を挙げています（ロシディ・ラシェド「アレクサンドリアからビザンティウムへ」，エミール・ノエル（編）『数学の夜明け』（辻雄一訳），森北出版，1997, pp.138-49）．

1. 大量に翻訳されたこと．
2. 数学を研究するための翻訳であったこと，つまり数学活動が先行していたこと．
3. 創意に富んだ数学者が翻訳したこと，つまり翻訳家は一流数学者であったこと．
4. 同じものが何度も翻訳されることがあったこと．
5. 翻訳されたものが再度見直され，修正されたこと．

数学が未発達なところでは，まずは翻訳によってそれが外部から導入され，その後受容展開されるのが普通ですが，アラビア数学にはそれとは異なる事情があることがわかります．

ところで一体どれほどの数学者がいたのでしょうか．そもそも数学者という職業があったのでしょうか．それについて簡単に触れておきましょう．

アラビア数学者とは

アラビア数学に関わる多くは，有力者のお抱えの天文学者です．天文観測をしながら占星術書を執筆したりしました．また医者や哲学者が多いこともアラビア数学の特徴です．イスラーム

は人間を総体的に捉えるため，まず人間それ自身の研究，つまり哲学や医学が基本となります．この場合あらゆる学問に通じた人物でなければなりません．医者ではサマウワル (?-1175)，哲学者ではファーラービーが数学書を書いています．なかには政治家となった者もおり，イブン・シーナーは医学者として著名ですが，また大臣でもありました．さらにムウタマンのように，サラゴサのバヌー・フード朝の王 (1081-85 在位) という数学者もいます．イスラームでもっとも重要な学問分野は法学ですので，ハッサールのような法学者もいます．

では数学の専門家はいなかったかというとそうでもありません．後述するアブー・カーミルやカラジーは今で言うエンジニアですが，数学作品を多く著していますので，一種の数学者と言えるのではないでしょうか．また推測ですが，エウクレイデスのアラビア語名で呼ばれたウクリーディシーは，『原論』を専門に筆写して生計を立て，さらに計算術書を残しており，数学者と呼べるのではないでしょうか．こうしてアラビアではすでに数学者という人々が存在していたと推測されます．中世ヨーロッパの数学者の位置づけと比較するとおもしろいことがわかりますが，それについては本書の最後までお待ちください．

ではアラビア数学者はどれほどいたのでしょうか．これに精確に答えることは出来ませんが，ある程度のデータを紹介しましょう．今日アラビア数学者を調べる際にまず参考にするのが次の書物です．

- Suter, Heinrich, *Die Mathematiker und Astronomen der Araber und ihre Werke*, Leipzig, 1900.

- Sezgin, Faut, *Geschichte des arabischen Schrifttums*, Bd.V,

Leiden, 1974.

- Rosenfeld, B. and Ihsanoğlu, E., *Mathematicians, Astronomers and Other Scholars of Islamic Civilisation and Their Works* (7*th*-19*th c.*), Istanbul: IRCICA, 2003.

- Pérez, José A.Sánchez, *Biografías de matemáticos árabes que florecieron en España*, Madrid, 1921.

アラビア数学史家のズーター(1848-1922)の書物は古いですが、今でもよく引用されます。数学は天文学とも関係があるので両者が合わせて掲載されています。セズギンの書物は数学のみを取り扱っており、そこには写本の所蔵場所が記載され、アラビア数学史研究では必須ですが、1040年頃までの記述しかありません(天文学者に関しては、別個に出版されています)。またここにはアラビアにおけるギリシャ数学者の記述も記載されていますので、利用価値はさらに高まります。ローゼンフェルトとイシャノールの書物は、数学者と天文学者の作品名と文献が網羅的に記載され、情報量が最も多いものです。以上には、その後補遺や追加がでていますので、研究にはそれらを含めて参照しなければなりません。またイベリア半島で活躍したアラビア数学者に限っては、小冊子ですがペレスのものがあります。

最初の3点の情報源の一つに、ナディーム(?-995または998)の書いた『フィフリスト』があります。これは当時のあらゆる分野の書物約3300点の目録で、著者の人物像にも言及があります。よく参照される古典で、今日では英訳もあります[Dodge, 1970]。

以上の5点に記載されている数学者の項目数を表にしてみましょう。相当数の数学者がいたことがわかります。

著者	記載数（アラビアのみ）
ナディーム	約 88（天文学者も含む）
ズーター	528（天文学者も含む）
セズギン	129
ローゼンフェルトとイシャノール	1711（天文学者も含む）
ペレス	191

研究書に記載のアラビア数学者数

さて，ローゼンフェルトとイシャノールの数学者の表で，41番目に記述されている人物はきわめて重要です．それは，初期のアラビア数学で必ずといっていいほど言及されるフワーリズミーという数学者です．

フワーリズミー

フワーリズミーは「知恵の館」の付属図書館に関係していたと伝えられています．その正式名称は，アブー・アブドゥッラー・ムハンマド・イブン・ムーサー・アル＝フワーリズミー（フワーリズム出身のムーサーの息子で神の奴隷のムハンマドのその父）で，とても長くて複雑な名前です．アラビア語の定冠詞アルを付けたまま，出身地を示すアル＝フワーリズミーと呼ばれることもあります．そのフワーリズム地方（現在はウズベキスタンとトルクメニスタン．19頁地図参照）はアラル海南部地域で，他にも多くの科学者を輩出しています．彼の名前の最後にはアル＝マジューシーと付けた文献もありますので，本来はマギス（魔術師）つまりゾロアスター教徒であったのかもしれませんが，詳細は不明です．

フワーリズミーの作品には，地理学，暦学，天文表，天文器具のほか，数学には次のものがあります．

『インド人たちの計算の書』

『ジャブルとムカーバラの計算の縮約書』

前者は，インド由来の数字を用いた 10 進法位取り記数法とその計算法を述べたもので，この種のものとしてはアラビア最初の文献ですが，アラビア語のテクストはすでになくなっており，アラビア語からのラテン語訳しか残されていません．この書がもとで，フワーリズミー (al-Khwārizmī) のラテン語名 (algorismus) から今日のアルゴリズムという単語が出来上がりました．

後者は，1, 2 次方程式の代数的解法を論じたもので，たいへんよく引用される作品です．題名のジャブル (jabr) とは，折れた骨を元に戻すという意味で，現代的には方程式において負項を移項して，正項とすることです．ムカーバラ (muqābala) は向かい合わせ対置するという意味で，方程式の両辺にある同次項を簡約することです．

ここに登場する，定冠詞アルを付けたアル＝ジャブル (al-jabr) からラテン語を経由して，アルジェブラ (algebra) という英単語が生まれたので，本書は簡単に『代数学』と呼ばれることもあります．今日フワーリズミーが代数学の祖といわれるのは，フワーリズミーのこの作品の所以です．このテクストの一部は翻訳がありますので，それをご覧ください [Suzuki 1987]．

以上の 2 つの作品は，そのラテン語訳がフィボナッチにも関係しますので，そのときに述べることにします．

『ジャブルとムカーバラの計算の縮約書』より

(出典：Ricardo Moreno Castillo, *El libro del Álgebra: Mohammed ibn-Musa al-Jwarizmi*, Tres Cantos, 2009, p.32)

アラビア数字も記号もないことに注意．すべて文章で書かれている．
問題文の最初の一節と図形の薄いところは赤．

イブン・ハルドゥーンによる数学の分類

アラビア数学には，微積分学もトポロジーもありません．では一体どの様な数学分野があったのでしょうか．それを見るため学問分類論というものを取りあげてみましょう．ここでは，よく知られたイブン・ハルドゥーンによる分類の中の数学を取り上げてみます．

イブン・ハルドゥーンは『歴史序説』で有名な著作家ですが，本来は政治家で，前にも述べたように，時期は異なりますが，フィボナッチと同様ビジャーヤに滞在していました．

さて，イブン・ハルドゥーンは数学を以下のように分類します(イブン・ハルドゥーン『歴史序説』(第4巻)，森本公誠訳，岩波文庫，2001)．

- 算術(数論，計算術，代数，遺産分配計算，取引算術)
- 幾何学(『原論』，球面図形・円錐曲線論，測量，光学)
- 天文学(天文学，天文表)
- 音楽学

それぞれを詳しく見ていきましょう．

まず数論は，等差数列や等比数列，偶奇数の性質を扱い，さらに三角数(三角形を作る点の個数)，四角数，五角数などについての理論です．古代ギリシャからある議論を発展させたものです．また友愛数や完全数の議論，さらに魔方陣の議論も含みます．これらは哲学者なども議論し，数学の中ではもっとも初等的部分ですが，実用的ではありません．

計算術は，整数のみならず分数や無理数などをも含む計算法で，実用的なので子供の教育に重要とされます．しかしそれだけ

ではなく，計算には明晰な知能と系統的証明とが関係するので，ひらめき力のある聡明な知性を生み出すことができ，さらに基礎的知識と自己訓練とが必要なので，「人生の初期によく計算の勉強をした人は，概して誠実な人になるといわれている」，とイブン・ハルドゥーンは述べています．ここから，アラビアでは初等教育に計算術が必須であったことがわかります．そもそもムスリムにとって，礼拝の方向や時間の決定，遺産分配計算などで，計算術は名目上は必須でした．

代数は，既知数から未知数を見いだす技法です．フワーリズミー以降，アブー・カーミルそしてカラジーと進み，多項式の四則なども行えるようになりました．さらにカーシーやシャラフッディーン・トゥーシーは高次方程式の近似解を求めています．他方オマル・ハイヤームは3次方程式の幾何学的解法を論証しています．また3次方程式の代数的解法を試みた者もいます．以上の意味で，アラビア代数学は同時期の西洋代数学を遙かに凌駕していたのです．ただしそこでは代数学は学問（イルム）とは呼ばれずに技法（シナーア）とされていましたので，アラビアでは代数学が高度に発展したにもかかわらず，その学問上の地位は低かったと考えられます．1次方程式はさておき，2次，3次方程式は日常生活に実際に使われることはありませんでした．

次に遺産分配計算です．イスラーム法では，遺産分配に関してとても複雑な規則があり，それに基づいて計算する方法を扱います．初期のものではフワーリズミーの作品が有名です．

最後に取引算術とは，商品売買，土地測量，税額計算など，商業に関係する計算で，実際は計算法や1次方程式計算となります．取引算術の特徴は，多くの例題を提示して学ばせることです．次に幾何学に移りましょう．

アラビアの幾何学

幾何学は連続量（無理数）のみならず離散量つまり数（有理数）をも扱う理論幾何学で，基本となるのがエウクレイデス『原論』です．『原論』には多くの註釈がなされました．とりわけ好まれた箇所は平行線公準と第10巻です．前者はオマル・ハイヤームやナシールッディーン・トゥーシー（上記のシャラフッディーン・トゥーシーとは異なる）などによる多くの研究があります．後者は非共測量の分類（現代表記するなら，$\sqrt{a} \pm \sqrt{b}$）とそれらの計算です．ギリシャではそれらは数ではなく量に属するものでしたが，アラビアでは無理数とほぼ理解されるようになり，ここに数概念の拡張が見られます．フィボナッチもそれを受け継いでいますので，後で述べることにしましょう．イブン・ハルドゥーンは，石鹸が着物の汚れを落としてきれいにするのと同じことを，幾何学は心に対して行うと述べ，人間の成長における幾何学の重要性を指摘しています．さらに10世紀頃には，ギリシャ幾何学が受容発展されていきます．それはアルキメデスやアポロニオスの受容に関係し，それらを研究したシジュジーやクーヒーなどは，代数学には関心がなく，アラビアにおける古典ギリシャ数学研究者と呼ぶこともできます．

球面図形は天文学において天球を扱う際に必要で，円錐曲線は建築に必要である，とイブン・ハルドゥーンは述べています．双方とも幾何学に基礎を置き，証明によって明らかにする数学です．たとえば10世紀のアフマド・サーガーニーは球面の平面への投影法について研究していますし，クーヒーは正5角形に内接する放物線を計算しています．アラビア数学ではとりわけ円錐曲

線が高度に展開しました．

　測量は，土地の面積や土地税を算定する際に必要とされ，どの文明圏にも存在するものです．これは実践幾何学と言えばよいでしょう．

　光学は，自然学（今日の科学に相当）ではなく幾何学を用いて議論するので，後者に属しています．というのも，視線は円錐形に発散し，直線で進むので，幾何学的証明が必要だからです．なかでも秀逸な作品はイブヌル・ハイサムの『光学』で，ラテン語，イタリア語にも訳され，ルネサンス期西洋にまで影響を与えました．

　天文学は，計算や立体図形が用いられるので数学の一部で，三角法の原型も含まれ，アラビア数学でもっとも研究の盛んであった領域のひとつです．天文表の大半は単なる数字の羅列の表ですが，その背景には高度な計算法（代数学，近似計算，三角法など）があり，別個に取り上げられています．

　音楽学は，実践的音楽（演奏）とは異なり音楽理論を指し，数比に関係しますので，これも数学に属しています．

　以上がイブン・ハルドゥーンの取り上げる数学分野です．数学が教育に重要な事が強調されています．実際，アラビア語で数学とはリヤーディーヤートと言い，本来は訓育という意味です．これは英語の mathematics がギリシャ語の「学ぶべきこと」を意味するマテーマティカに由来することに対応しています．

　ところで，以上のイブン・ハルドゥーンの分類には入りきれない分野もあります．それらは数学論，組合せ論，無限小算術，数学器具，高度な数論，不定方程式論などです．次にそれを見ていきましょう．

30

そのほかの数学分野

　数学論とは，数学的発見法の文脈で言及され，さらに古代ギリシャで議論されたアナリュシス(解析)やシュンテシス(総合)に関係するもので，当初幾何学的に議論されていました．アラビアではやがて代数学がアナリュシスそのものを示すと考えられるようになり，幾何学と代数とが一体化していき重要な展開が見られます．このことは西洋では17世紀のデカルト，フェルマ，ニュートンなどの錚々たる数学者が言及する領域ですが，同じような議論がすでにアラビアでも生じていたという重要なことが指摘できます［三浦 2006b］．組合せ論，無限小算術の2つはアラビアで高度に発展しますが，適切な記号法を生み出すことが出来ずに，アラビア数学の「衰退」とともに近代西洋数学には繋がることはありませんでした．

　数学器具はコンパスや定規のほか天文器具を含みます．コンパスには，円のみならず円錐曲線すべてを描くことの出来る「完全コンパス」というのが考案され，とりわけシジュジーによるその研

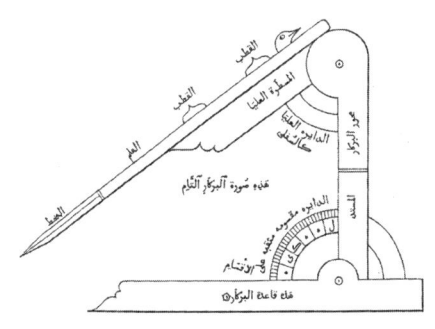

シジュジーの完全コンパス

(出典：Woepcke, F., *Études sur les mathématiques arabo-islamiques* II, Frankfurt am Main, 1986, p. 680)

究は有名です[Woepcke, 1986]．地図，アストロラーブ，日時計などの作製は球面幾何学などの知識を背景に持ち，数学器具という学問分野を構成しています[Miura 2012b]．

　さて，ギリシャ数学では理論数学に実践的要素は入っていませんでしたが，以上のアラビア数学を見ていきますと，理論数学と実践数学とが混在しています．これはアラビア数学の一つの特徴と言えるものです．大局的に言って，ギリシャでは理論数学者の多くは市民階層であり，そこに数学を日常生活に適用するという発想はあまりなかったと考えられます．もちろんギリシャには計算法など実践数学も存在しますが，それは理論数学とは別物でした．ただしヘロンやアルキメデスなどの例外もあるということは留保しておきます．アラビアでは，実用的ではあるが証明を含んだ数学，理論的ではあるが実際に使用できる数学，数学のこの2つの要素が一体となって展開していきました．それを可能にしたのは数学者の活動の場によるところも大きいようです．アラビアでは数学者はパトロンの支援のもとで，建築家，芸術家，技術者などと相互に情報交換しながら研究を進めることもあったようです[Miura 2000]．この理論と実践の両者を備えた数学の特徴は，フィボナッチにも受け継がれます．

　ところで，以上の数学分野のうちフィボナッチが関係するのは，計算術，代数学，取引算術，幾何学，測量，高度な数論，不定方程式論で，次章はこのなかからまずアラビアの代数学を見ることにしましょう．

第3章
アラビアの代数学

前章のアラビア数学ではフワーリズミーの重要性について触れました．彼の書いた代数学と計算法の書は，アラビア世界最初でしかも西洋にも影響を与えたと．しかしこれには，現存資料から判断する限り，との前提条件を付けなければなりません．代数学，とりわけ2次方程式の代数的解法の起源を巡っては様々な議論があります．メソポタミア，ギリシャ，インド，中国起源説などですが，ここではそれには深入りせずに，初期のアラビア代数学について紹介しましょう．

アラビアにおける代数学の起源

フワーリズミーの代数学書の記述は完全ではありません．基本となる用語の説明が欠けていますし，場合分けも十分ではありません．何かある理論を新しく打ち立てるときは，たいてい説明を厳密に行うのが普通ですが，フワーリズミーのこの代数学書はそうではないのです．フワーリズミーの時代にはすでに代数学が広く知られていたのではと想定できます．ここで一つの伝承を紹介しましょう．

先回ローゼンフェルトとイシャノールの目録について触れましたが，そこに記載されている最初の数学者は驚くべき人物で

す．第4代正統カリフ，アリー・イブン・アビー・ターリブ（在位656-661）なのです．なぜカリフが最初に掲載されているかというと，13世紀イエメンの数学者フザーイーが書いた，フワーリズミーの代数学のある写本に次のような話が掲載されているからです［Rashed 2007］．

ペルシャ文化の中心地ファルスから代数学の知識のある学者たちがやってきたので，カリフは金銭を払ってその知識を5日で学びました．その後この知識は書物にされることはなく，200年にわたって秘伝にされてきました．それを知ったカリフのマアムーンは，この知識を有する当時唯一の学者フワーリズミーにそれについて書くよう命じ，こうして代数学の伝統がアラビアで確立したとのことです．

この話を支持する他の資料はありませんし，カリフのアリーはシーア派イスラームの成立に密接に関わる重要人物で，多くの逸話が語られる人物でもありますので，この話は怪しいものと言わざるをえません．とはいえ，このような伝承が生まれるほどに，代数学の起源は当時から明らかではなかったようです．実際，フワーリズミーの書名は『ジャブルとムカーバラの計算の縮約書』で，そこには縮約（mukhtaṣar）とありますので，その代数学書は，彼自身か同時代人がすでに書いていた代数学書の要約であったと考えることもできます．しかもフワーリズミーと同時代に代数学を論じた人々がいたことも知られています．そのなかでは，代数学の起源を巡って優先権論争をした9世紀のトルコ人数学者イブン・トゥルクが有名です．

当時，アラビアにおける代数学の起源はフワーリズミーと言われていました．それに対してアブー・バズラ（?-910）という

数学者は，自分の祖父であるイブン・トゥルクこそが創始者だと主張しました．この時代にすでに発見を巡る熾烈な優先権論争があったのです．実際，イブン・トゥルクは『代数学』を書き，その一部が残されていますが，その内容から判断する限り，こちらの方がフワーリズミーのものよりも場合分けなど完全です [Sayılı 1962]．フワーリズミーが先かイブン・トゥルクが先か，あるいはその両者の源泉となる候補者が他にいるのか．両者の年代がはっきりしないので，これは今のところ解決できない問題です．しかし今日代数学の起源をフワーリズミーとするのは，彼の後継者の主張によるところが大きいことだけは指摘しておきましょう．その人物，アブー・カーミル (?- 930 頃) は，フワーリズミーの数学の継承者として知られています．彼はその著作『代数学』の冒頭でおおよそ次のようなことを述べています [Rashed 2012]．

> 私は算術における学者たちの書物を吟味し，彼らが述べたことを探求し，そこに書かれていることを詳しく調べました．すると，『ジャブルとムカーバラの書』として知られたムハンマド・イブン・ムーサー・フワーリズミーの書物が，基礎においてもっとも価値あり，推論においてもっとも正しいことがわかりました．算術に関わる者は彼の優先権を認めねばならず，また知識と卓越性とを彼に認めねばなりません．ジャブルとムカーバラについての書物を最初に著したのは彼であり，それを開始したのも彼であり，基礎を発見したのも彼なのです．それら基礎によって，神は我々に，覆い隠されたものを露わにし，遠ざけられたものを近づけ，難解なことを容易にし，難点を説明してくださるのです．

アブー・カーミルはフワーリズミーの優先権を第一におき，このアブー・カーミルが影響力あったゆえに，歴史におけるフワーリズミーの優先権が決定づけられたと言えるでしょう．

アブー・カーミルはフワーリズミーの数学を継承発展させ，アラビア数学に多大な貢献を残した優れた数学者です．彼の数学は東アラビアのみならずマグリブにも，さらにフィボナッチなど中世ラテン数学にまで影響を与えることになります．以下では，アブー・カーミルの仕事を中心に，アラビアの代数学を見ていきましょう．

アブー・カーミルの代数学

彼は，強力な軍隊を装備していたエジプトのトゥールーン朝(868-905)で，兵器管理係を務めていたと考えられています．「エジプトの計算家」という名前でも知られ，数学者としても著名だったようです．その作品には次のものが知られています．

『ジャブルとムカーバラ』(以下では『代数学』と呼ぶ)
『鳥の書』(1次不定方程式について)
『複式仮置法』
『加法と減法』
『測量と幾何学』(図形の面積体積の測定で，証明はない)

そのほかにも著作があったとされていますが，現存せず詳細は不明です．以上の作品からわかることは，彼の研究対象はとくに代数学であったことです．当時は，前回述べたギリシャ伝来の理論幾何学の研究の伝統もありましたが，それらには関心がなかっ

たようです．

さてここでは，フィボナッチに影響を与えることになるアブー・カーミルの『代数学』について述べていきましょう．テクストおよび図版は次のものを使用します．

・Rashed, R. (ed.), *Abū Kāmil. Algèbre et analyse diophantienne*, Berlin, 2012.

『代数学』は，代数学とその諸問題，代数学の幾何学への応用，不定方程式の3部からなります．アブー・カーミルは冒頭で次のようなことを述べています．

> 私は『ジャブルとムカーバラの書』を著しました．そこでムハンマド・イブン・ムーサー・フワーリズミーがその書物で言及したことの一部を書き留め，それ自身十全となるようにしました．そしてフワーリズミーの説明を紹介し，彼が解明できなかったこと，説明せずにおいたことを明らかにし，それを証明しました．…［中略］… 私の書物を検討する者は，ムハンマド・イブン・ムーサー・フワーリズミーがその書で言及した三つのものの知識が必要です．

こうしてアブー・カーミルはフワーリズミーの直接の継承者として，代数学の記述を始めます．ここで三つのものとは，ジズル（根），マール（財），アダド（数）です．次にそれらを見ていきましょう．

ジズル，マール，アダド

ジズルは，自らに乗ぜられる可能性を秘めた数，後に自乗され利用される数のことです．マールは，ジズルを自乗して得られるものです．他方，アダドとは，ジズルやマールからは独立し，それ自身で存在する数のことです．ここで注意すべきことは，マールは常にジズルと関係し，また現代表記するなら，ジズルは x でも $\sqrt{x}$ でもよく，そのときには，マールはそれぞれ x^2, x となることです．マールは財を意味しますので，代数学の起源は商業算術あるいは遺産分配計算であったのかもしれません．

またマールとジズルの関係は幾何学上では次のようになります [Miura 1981]．「ジズルはいつも，マールと等しいジズルの個数に等しい」．ここでマールが5つのジズルに等しいときの例で示してみましょう．

マールを正方形 ABCD とします．

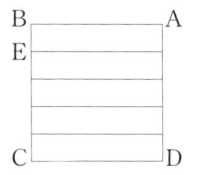

その一辺 AB が，側面にある単位 (たとえば BE) の個数5で乗ぜられると，それがこの面 ABCD となります．ジズルは，$1 \times AB$，つまり一辺が1の長方形 AE です．マールが5ジズルに等しいという方程式の場合，マールと等しいジズルの個数は5ですので，幾何学上の定義からジズルは5となります．するとマールは，5が5個で25となります．幾何学を用いて $x^2 = 5x$ を

考えると，両辺は同じ次数とならねばならないので，$5x$ の x は $1\times x$ を示すことになります（ここで5は個数）．

さてアブー・カーミルは，フワーリズミーと同じように方程式を次の6つの標準型に分類します．

$$ax^2 = bx, \quad ax^2 = c, \quad bx = c,$$
$$ax^2 = bx+c, \quad ax^2+c = bx, \quad ax^2+bx = c.$$

このうち最初の3つは単純型，後半の3つは複合型と呼ばれます．ここで注意しますと，先ほども述べたように，x^2, x は次数を落として $x, \sqrt{x}$ でもかまわないということ，そして最高次数の係数 a は1でなくてもよいことです．

では方程式は具体的にどの様に解くのでしょうか．$ax^2 = bx+c$ を例に述べていきましょう．最初にアブー・カーミルは次のように述べています．

> この問題には二つの方法がある．一つは汝をマールのジズルへと導き，もう一つは汝をマールへと導く．我々は両者とも提示しよう．そしてエウクレイデスの書物を検討した幾何学者たちが理解する幾何学的図形によって，それらの理由(イッラ)を示そう．

ここで注意したいことは，まず，求めるものがジズルとマールの双方であることです．ジズルを出してからそれを自乗してマールを出すというだけではなく，マールを直接出す方法も提示されています．次に，答を出してから，その理由つまり幾何学的証明が述べられていることです．しかもそこでは読者にエウクレイデス『原論』の知識が前提とされているのです．

「マール足すジズルが数に等しい」ときの具体例として，「一つ

のマール足す十のジズルが三九ディルハムに等しい」という問題の解法をみましょう．アラビア数字は用いられていませんが，$x^2+10x=39$ と考えることにし，ここでは $x^2+bx=c$ と一般的に表して，まず代数解法を提示しておきます．

アブー・カーミルによると，正のみを認めているので

$$\sqrt{\left(\frac{b}{2}\right)^2+c}-\frac{b}{2}$$

がジズルとなります[1]．その後これを自乗してマールを出します．

他方，マールを直接出す方法は，

$$c+\frac{b^2}{2}-\sqrt{b^2c+\left(\frac{b^2}{2}\right)^2}$$

です．

次に，理由つまり幾何学的証明の議論に移ることにしましょう．

幾何学的証明

正方形 ABCD をマールとし，BE＝10 となるように CB を延長します．すると $x^2+10x=39$ から，長方形 DE の面積は 39 となります．ここで『原論』第 2 巻命題 6 [2] を利用するため，BE を H で二等分します．するとその命題から，

---

[1] 当時は負の数は認められなかった．この伝統は近代西欧にまで続いた．
[2] 「もし直線が 2 等分され，また何らかの直線がそれに 1 直線をなして付け加えられるならば，全体に付け加えられた直線を合わせた直線と，付け加えられた直線とによって囲まれる長方形に，全体の半分の上の正方形を合わせたものは，半分の直線と付け加えられた直線を合わせた直線上の正方形に等しい」[Euclides 2008, p.260]．

40

```
       E        F



       H    M        K



       B    A        O

       C    D        N
```

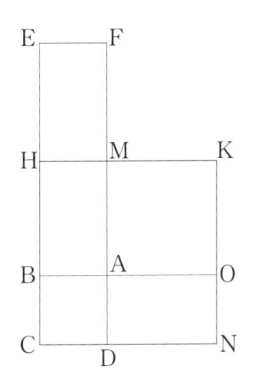

(ECとCBで囲まれる長方形) + (一辺がHBの正方形)
= (一辺がHCの正方形)

となります．しかしECとCBで囲まれる長方形はDEの面積で39，一辺がHBの正方形は5^2で25．こうして一辺がHCの正方形は$39+25=64$となり，HCは8と得られます．よって$BC = HC - BH = 8 - 5 = 3$となります．さらにこの3を平方するとマールが得られます．

ここでアブー・カーミルは，「もし私が汝に示したことを，汝が見えるように望むなら」として，図の右に$HC = CN$となるような正方形を描き，『原論』の命題の図に直接対応するようにしています．

引き続きアブー・カーミルは，マールを直接求める幾何学的証明を提示していますが，ここではマールは正方形ではなく，興味深いことに一次元の線分で表されています．それを見ておきましょう．

1マールを線分ABとし，BCを10ジズルとしますと，条件か

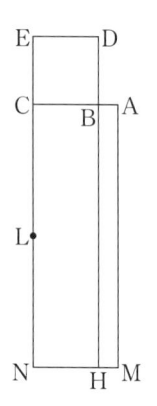

らACは39となります．このときBC上に正方形CBDEを描くと，その面積は100マールです．ここで面積BE＝AHとなるようにHを取りますと，BE＝(10ジズル)^2，AB＝1マールなので，AH＝100となります．ここで『原論』第2巻命題6を適用するために，CNをLで二等分しますと，その命題から

　　(NEとECで囲まれた長方形)＋(一辺がCLの正方形)

　　＝(一辺がLEの正方形)

となります．これは$3900+50^2=6400$ですので，LE（＝LC＋BC）は80となります．こうして

$$AB = AC - BC = (AC + CL) - (LC + BC)$$
$$= 89 - 80 = 9$$

となり，ABとして9が得られます．証明の最後は，「これが証明すべきことであった」という『原論』の決まり文句で結ばれています．

さてこのあとアブー・カーミルは，準備のため代数計算の展開式を取り上げ，それを幾何学的に証明しています．たとえば，$(a \pm b)(c \pm d)$の展開式，$a(bx) = (ab)x$，$\sqrt{x} \pm \sqrt{y} = \sqrt{x + y \pm 2\sqrt{xy}}$

などです．記号法がないので，私たちには歯がゆい記述です．

次に，問題と解法を具体的に見ておきましょう．

2次方程式の具体的問題

まず6つの標準型の基本問題が提示され，解が示されます．そのうちの5つは10を二分する問題です．たとえば第5問は，現代表記すると，
$$\begin{cases} x+y = 10 \\ xy = 21 \end{cases}$$
です．この10を二分する問題は，フィボナッチをはじめ多くの数学者が引き続き取り上げます．

その後様々な具体的問題が64問続きます．なお未知数が複数個あるときは，ディナール金貨，フェルス銅貨というような貨幣単位で表したり，より大，より小と呼んだりしています．いくつか具体例を取り上げてみましょう．

第19問は，「もし，そのジズルの3つ足す，残ったもののジズルの4つが20ディルハムとなるようなマール，と言われるなら」，すなわち
$$3x+4\sqrt{x^2-3x} = 20$$
という問題です．ここから，
$$\sqrt{x^2-3x} = \frac{1}{4}(20-3x)$$
$$\therefore\ x^2-3x = \left(5-\frac{3}{4}x\right)^2.$$
よって
$$x^2+\left(10+\frac{2}{7}\right)x = 57+\frac{1}{7}.$$

ここから解が得られます．

問題 42 も 10 を分割する問題です．
$$\begin{cases} x+y=10 \\ x^2-\sqrt{8}\,y=40 \end{cases}$$
ここでは係数に無理数が現れることが重要です．フワーリズミーでは解に無理数が現れることもありましたが，係数にはありませんでした．

問題 62 はもっとも計算が複雑なもので，$\dfrac{x^2\sqrt{10}}{2+\sqrt{3}}=x^2-10$ という問題です．ここで $y=x^2$ とおくと，$\dfrac{\sqrt{10}}{2+\sqrt{3}}$ は $\sqrt{40}-\sqrt{30}$ と変形できるので，与式は $\sqrt{40}\,y-\sqrt{30}\,y=y-10$ となり，ここから，y を求めています．しかしその値は恐ろしく複雑です．「エジプトの計算家」の計算力が垣間見られるところです．

問題 65 は 3 元連立方程式です．3 つの未知数は小，中，大と呼ばれていますが，ここでは x, y, z で示しておきましょう．
$$\begin{cases} x^2=y^2+z^2 \\ xz=y^2 \\ yz=10 \end{cases}$$
x, y を消去して，z の式にします．すると
$$\left(\frac{100}{z^3}\right)^2=\left(\frac{10}{z}\right)^2+z^2.$$
ここから $z^4=-50+\sqrt{12500}$ を求め，最終的に x, y, z を見いだします．

また解法には様々工夫が見られます．問題 67 は
$$\begin{cases} u+v=10 \\ u+2\sqrt{u}=v-2\sqrt{v} \end{cases}$$

です．そのまま計算するのではなく，第1式から $u=5-x$, $v=5+x$ とおき，第2式に代入し，

$$2\sqrt{5-x}+2\sqrt{5+x}=2x.$$

ここから $x=4$ を導いています．

アブー・カーミルの代数学にはさらに興味深いものがあります．代数学の幾何学への応用です．次にそれを見ていきましょう．

正5角形と正10角形

代数の幾何学への応用はすでにフワーリズミーの『代数学』に見られますが，それは1次方程式に関する初歩的な問題にすぎません．アブー・カーミルは遙かに高度な応用問題を提示しています．正5角形，正10角形，正15角形と三角形に関する問題（問題数はそれぞれ10, 6, 1, 3問）で，その多くは円に内外接する正5, 10角形に関するものです．以下では具体的にその問題を紹介しましょう．なお，C_n は正 n 角形の一辺の長さとします．

第1問は，与えられた直径を持つ円に内接する正5角形の辺の長さ C_5 を求める問題です．

ABDEC を円に内接する正5角形とし，図のようにします．

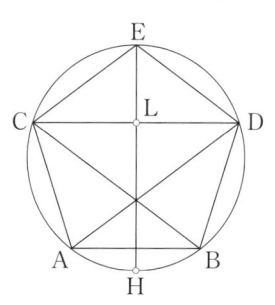

ここで円の直径を $2R$（アブー・カーミルは具体的に 10 としていますが，$2R$ とおいて一般的に論じることができます），$C_5 = x$ とします．

すると $x^2 = \mathrm{ED}^2 = \mathrm{EL} \times \mathrm{EH}$ ですから，$\mathrm{EL} = \dfrac{x^2}{2R}$．

他方で，$\mathrm{LD}^2 = \mathrm{ED}^2 - \mathrm{EL}^2$ から，$\mathrm{LD}^2 = x^2 - \dfrac{x^4}{4R^2}$．

よって $\mathrm{CD}^2 = 4x^2 - \dfrac{x^4}{R^2}$．

ここで，当時知られていた「プトレマイオスの定理」を四辺形 ACDB に用いると，

$$\mathrm{AB} \cdot \mathrm{CD} + \mathrm{AC} \cdot \mathrm{BD} = \mathrm{AD} \cdot \mathrm{BC}.$$

また $\mathrm{AD} = \mathrm{BC} = \mathrm{CD}$ より，

$$\mathrm{AB} \cdot \mathrm{CD} = \mathrm{CD}^2 - x^2 = 3x^2 - \dfrac{x^4}{R^2}.$$

$\mathrm{AB} = x$ より，$\mathrm{CD} = 3x - \dfrac{x^3}{R^2}$ が得られ，上記の CD から，

$$\left(3x - \dfrac{x^3}{R^2}\right)^2 = 4x^2 - \dfrac{x^4}{R^2}$$

より，$5 + \dfrac{x^4}{R^4} = 5\dfrac{x^2}{R^2}$．

ここで $\dfrac{x^2}{R^2}$ を y とおくと，$y^2 + 5 = 5y$ となり，これを解いて，ふさわしい方を取ると，

$$(C_5)^2 = R^2 \left(\dfrac{5 - \sqrt{5}}{2}\right).$$

$R = 5$ を代入して，$x^4 + 3125 = 125 x^2$．

こうして次が得られます．

$$x = \sqrt{62\dfrac{1}{2} - \sqrt{781\dfrac{1}{4}}}\ .$$

第 2 問は，外接円の直径と正 5 角形の一辺とが与えられているとき，正 10 角形の一辺を求める問題です．

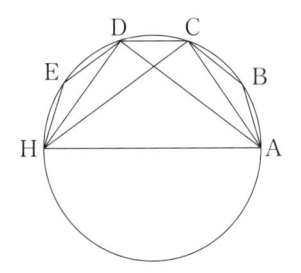

$C_{10} = DC = x$ とおきます．ここで $AC = DH = C_5$ ですから，
$$AH \cdot DC + AC \cdot HD = CH \cdot AD.$$
よって，$2Rx + (C_5)^2 = CH^2.$
ここで $CH^2 + CA^2 = AH^2$ から，
$$2(C_5)^2 + 2Rx = 4R^2.$$
こうして，$x = C_{10} = 2R - \dfrac{(C_5)^2}{R}.$

第 1 問の $(C_5)^2$ を代入して，

$C_{10} = R\left(\dfrac{\sqrt{5}-1}{2}\right)$，つまり $\sqrt{31\dfrac{1}{4}} - 2\dfrac{1}{2}$．

第 11 問は円に内接する正 15 角形の問題です．

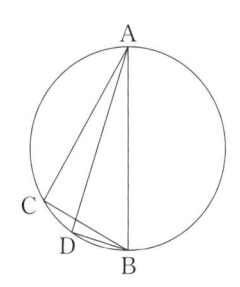

ここで $BC = C_6$, $BD = C_{10}$ とします．図から，$\overparen{CD} = \overparen{BC} - \overparen{BD} =$ 円の $\left(\dfrac{1}{6} - \dfrac{1}{10}\right) =$ 円の $\dfrac{1}{15}$，すなわち $CD = C_{15}$ となります．

四辺形 ACDB において，「プトレマイオスの定理」により，
$$AC \cdot DB + DC \cdot AB = AD \cdot BC.$$
こうして，
$$\sqrt{3}\,R \times \dfrac{\sqrt{5}-1}{2}R + C_{15} \times 2R = R^2 \sqrt{\dfrac{5+\sqrt{5}}{2}}.$$

ここから C_{15} を求めることができますが，興味深いことにここでは 60 進法に変換され，しかも近似値で 2; 4, 44, 48 と求められています．今日の小数概念はまだないので，このように小さい数を表すには，$2 + \dfrac{4}{60} + \dfrac{44}{60^2} + \dfrac{48}{60^3}$ と考えるほかはなかったのです．

問題 12 から 14 までは三角形を扱っていますが，その内容は他とは異質ですので，後に挿入された問題と考えることができそうです．

ヘロンの影響

問題 14 は，正三角形の面積と高さの和が 10 のとき，その高さを求めよ，という問題です．高さを x とおくと，一辺は $\dfrac{2x}{\sqrt{3}}$ となり，三角形の面積は $\dfrac{x^2}{\sqrt{3}}$ となります．ここで条件から，$\dfrac{x}{\sqrt{3}} + \dfrac{x^2}{\sqrt{3}} = 10$．こうして x を求めることができます．

ところでここでは，面積と高さという次元の異なるものを加えていることに注意してください．これはエウクレイデスを中心とする通常のギリシャ数学では決して認められないことなのです．

第15問は，一辺が10の正方形 ABCD が与えられているとき，正5角形 AEHRM の一辺を求めよというものです．

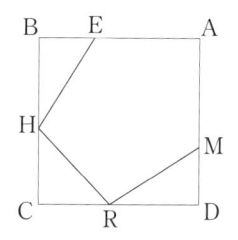

$AE = x$ とおいて，$BH = 10 - HC = 10 - \frac{x}{\sqrt{2}}$，$EB = 10 - x$，$EH = x$ です．直角三角形 BEH に注目し，$EB^2 + BH^2 = EH^2$ から x を求めることができます．

アブー・カーミルは著作『測量と幾何学』でも円に内外接する正5, 6, 8, 10角形の一辺の長さを求めていますが，いずれにせよ正5角形と正10角形の問題の起源は明らかではありません．たしかにエウクレイデスやプトレマイオスは正5角形を議論していますが，それは作図法であって，一辺の長さを具体的に求めるものではありませんし，実測問題はギリシャ数学の主流には見られません．他方，異なる次元のものの加法や実測問題は，ギリシャ数学の中でも位置づけの難しいヘロンには見られます．ヘロンの幾何学はアラビア語に翻訳されることはなかったようですが，エウクレイデス『原論』へのヘロンによる註釈を含め，ヘロンのいくつかの作品の断片がアラビア語には残されています

[Curtze 1899]．その伝統の中でアブー・カーミルはヘロン流の問題に遭遇したのかもしれません．

フワーリズミーの代数学の序文には，それがたとえ形式上だけとしても，遺産分配計算，取引計算，測量など様々な分野への代数学の応用について言及されています．他方アブー・カーミルの代数学の作品にはそういった記述はなく，きわめて理論数学的記述で，しかも理解には『原論』が前提であると明記されています．フワーリズミーの数学はまだ初歩的段階にすぎませんでしたが，その直後のアブー・カーミルにおいては，もはや数学は高度に展開していることがわかります．

しかしアブー・カーミルの数学はそれだけではありません．さらに高度な論題を扱っています．それは不定方程式で，次章はそれについて取り上げることにしましょう．

第4章
アブー・カーミルの不定方程式

　アブー・カーミルの『代数学』の第3部は不定方程式に当てられています．不定方程式は古代ギリシャのディオパントス，そして近代のフェルマが有名ですが，その間の中世アラビアでも盛んに議論され，それはフィボナッチにも影響を与えました．本章では，アブー・カーミルの仕事のなかでも，もっとも秀逸な研究である不定方程式論を見ていきましょう．

2次の不定方程式

　アブー・カーミルは38問の2次不定方程式を系統だって解いています．記述形式は統一され，まず一般的記述，次に具体的問題の記述，そしてその解法が続き，すべて文章で書かれ，アラビア数字は補足的にしか使用されていません．文末では，多くの場合も同様にして無際限に解ける，つまり解は不定であることが示されています．

　さて以下では，先回と同じく，ラーシェドのテクスト[Rashed 2012]から3問取り出してみましょう．

　まず一般的記述です．

> **問題12** 各々がジズルを持つ二つの部分に分けられるすべての数は，各々がジズルを持つ他の二つの部分にも分けられることができる．さらに他の二つの部分においても，同様に無際限に．

ジズルを x とすると，これは $a^2+b^2=x^2+y^2$ と表すことができます．このあと具体的問題の記述が続きます．

> 五ディルハムを各々がジズルを持つように二つの部分に分けよ．二つの部分の一方は四，他方は一であることがわかる．

これは $5=1^2+2^2$ のとき，それはまた他にも分割可能であることの主張です．ここでは，$a^2+b^2=x^2+y^2$ と表せるとき，$a^2+b^2=x_n^2+y_n^2$ と無際限に分解できると一般化してアブー・カーミルの解法を示しておきましょう．

$x=a+t, y=b-kt$ とおくと $(t \neq 0)$，
$$t=\frac{2(bk-a)}{k^2+1}.$$

ここで $1+4=5$ より，$a=1, b=2$ と考えます．さて $k=2$ とおき，代入して，$t=\frac{6}{5}$．こうして，$x=\frac{11}{5}$ が求まります．すると
$$y^2=5-\left(\frac{11}{5}\right)^2=\left(\frac{2}{5}\right)^2.$$

よって
$$1^2+2^2=\left(\frac{11}{5}\right)^2+\left(\frac{2}{5}\right)^2.$$

また，$k=\dfrac{3}{2}$ とおくと，$t=\dfrac{16}{13}$ となり，$x=\dfrac{29}{13}, y=\dfrac{2}{13}$ が求まります．

よって

$$1^2+2^2=\left(\dfrac{29}{13}\right)^2+\left(\dfrac{2}{13}\right)^2.$$

こうして k にさまざまな値を代入していくと，同様に無際限に解が得られます．

> **問題 15** マールを三ディルハムから引くとマールにおけるジズルが残り，二ディルハムに加えるとマールにおけるジズルとなる，と言われるとき，この答は同様に無際限である．

マールを x^2 とすると，これは

$$\begin{cases} 3-x^2=y^2 \\ 2+x^2=z^2 \end{cases}$$

のときの y, z を求める問題と解釈できます．

ここで両者を加えると，$5=y^2+z^2$ となり，問題 12 に還元でき解けます．理解が容易になるようにと各問題は順序立てて並べられているのです．

> **問題 26** マールにジズルがあり，それをそのジズルの二倍に加え，またその和に三倍のそのジズルを加えると，和はジズルを持つ．

記号法がなくわかりにくいですが，これは次のようになります．

$$\begin{cases} x^2+2x=y^2 \\ y^2+3y=z^2 \end{cases}$$

この列が無限に続くというのですが，ここではラーシェドの解釈にしたがってさらに一般化して示しておきましょう．ただし $x_i > 0$ とします．

$$\begin{cases} x_1{}^2+k_1x_1=x_2{}^2 \\ x_2{}^2+k_2x_2=x_3{}^2 \end{cases}$$

ここで $x_2 = \alpha x_1$ とおくと

$$x_1 = \frac{k_1}{\alpha^2-1}$$

$$x_2 = \frac{\alpha k_1}{\alpha^2-1}$$

$$x_3 = \frac{k_2}{\alpha^2-1}\sqrt{\alpha^3\frac{k_1}{k_2}+\alpha^2\left(\frac{k_1}{k_2}\right)^2-\alpha\frac{k_1}{k_2}}.$$

ここでこの根号内を β とすると，一般的解法は無理でも，少なくとも $\alpha = \beta = \dfrac{k_2}{k_1}$ を見つけることができます．

こうして，これを x_1, x_2, x_3 に代入すると，

$$x_1 = \frac{k_1}{\alpha^2-1}, \quad x_2 = \alpha x_1, \quad x_3 = \alpha^2 x_1$$

となります．つまり，次のようになると考えられます．

$$k_n = \alpha^{n-1}k_1, \quad x_n = \alpha^{n-1}x_1.$$

ここで，条件から $k_1 = 2, k_2 = 3$，また $\alpha = \dfrac{3}{2}$．こうして，

$$\begin{cases} x_1{}^2+k_1x_1=x_2{}^2 \\ x_2{}^2+k_2x_2=x_3{}^2 \\ \cdots\cdots\cdots\cdots \\ x_n{}^2+k_nx_n=x_{n+1}{}^2 \end{cases}$$

第4章 アブー・カーミルの不定方程式

の解は，

$$1\frac{3}{5}, \quad 2\frac{2}{5}, \quad 3\frac{3}{5}, \quad 5\frac{2}{5}, \quad 8\frac{1}{10}, \quad \cdots$$

となるのです．

当初の与えられた問題から派生して，かなり複雑なそして一般的な解法に進んでいくことがわかります．以上のような問題が38問続いた後，今までとは異なり具体的な1次方程式の問題に進みます．次にそれを見ていきましょう．

1次の具体的方程式

次の問題は4元1次連立方程式です．

> **問題39** 四人が動物を購入するため共同で出資した．第一の人物は他の三人に言った．「もしあなた方が私に所持金の半分をくれるなら，私の所持金は動物の値段になろう」．第二の人物が他の三人に言った．「もしあなた方が私に所持金の三分の一をくれるなら，私の所持金は動物の値段になろう」．第三の人物が他の三人に言った．「もしあなた方が私に所持金の四分の一をくれるなら，私の所持金は動物の値段になろう」．第四の人物が他の三人に言った．「もしあなた方が私に所持金の五分の一をくれるなら，私の所持金は動物の値段になろう」．では動物の値段と各々の所持金はいくらか？

これは

$$\begin{cases} u = \dfrac{1}{2}(y+z+t)+x \\ u = \dfrac{1}{3}(x+z+t)+y \\ u = \dfrac{1}{4}(x+y+t)+z \\ u = \dfrac{1}{5}(x+y+z)+t \end{cases}$$

から，$(x, y, z, t, u) = (1, 19, 25, 28, 37)$ を得ています．同様の問題はフィボナッチにも見られます．

問題44　一群の兵士が遠征に出かけ，第一の兵士が一ディルハムを得た．各々の獲得したものは他の［獲得した］ものを一ディルハム［づつ］超過し［ていき］，彼らが獲得したものの和は三百ディルハムになる．この一群の人数は何人か？

これは，初項1，公差1の数列の和の問題で，$x = 24$ を得ています．ここではさらに兵士間の様々な問題がつけ加えられています．

問題64　三人の雇用者がいて，第一の人物［の月給］は三ディルハム，第二は六，第三は四とする．彼らは［合わせて］一ヶ月間働き，同じ給与を得た．では各々は何日働いたか？

これは，

$$\begin{cases} x+y+z = 30 \\ 3x = 6y = 4z = 30t \end{cases}$$

より，$(x, y, z, t) = \left(13\dfrac{1}{3},\ 6\dfrac{2}{3},\ 10,\ 1\dfrac{1}{3}\right)$ と求められています．

ただし実際は，3, 6, 4 より，3人の労働時間は $x, \frac{1}{2}x, \frac{3}{4}x$ とおいて計算されています．

以上のように様々な具体的問題が含まれていますが，それらは当時よく知られていた問題と思われます．問題にしばしば兵士が登場するのは，アブー・カーミルの兵器管理係という職業柄でしょうか．

さてアブー・カーミルには他に不定方程式に関する書があります．こちらは題材が統一されていて，鳥が主題となります．次にそれを見ていきましょう．

■『鳥の書』

アブー・カーミルは『鳥の書』で6問の連立1次不定方程式を扱っています．問題はすべて，100ディルハムで3-5種の鳥を合わせて100羽買うと，それぞれ何羽買えるかというものです．ただし，鳥の価格はそれぞれ異なるものとします．

第1問は，アヒルが5ディルハム，スズメが $\frac{1}{20}$ ディルハム，若鶏が1ディルハムのとき，100ディルハムではそれぞれ何羽買えるかというものです．ここで購入できる3種の鳥の数をそれぞれ，x, y, z としますと，この問題は次のようになります．

$$\begin{cases} x+y+z=100 \\ 5x+\frac{1}{20}y+z=100. \end{cases}$$

解法は，z を消去して，

$$4x=\frac{19}{20}y.$$

ここから，

$$y = \left(4 + \frac{4}{19}\right)x.$$

x, y, z は整数ですので，x は 19 の倍数となり，$x = 19$, $y = 80$, $z = 1$ が得られます．こうして解は 1 組です．

第 2 問以下は次のように現代的に書くことができ，解も示されていますが，ここでは解の個数のみを付けておきます．

第 2 問 $\begin{cases} x+y+z = 100 \\ \dfrac{1}{3}x + \dfrac{1}{2}y + z = 100 \end{cases}$ 　　　　　　6 組の解

第 3 問 $\begin{cases} x+y+z+t = 100 \\ 4x + \dfrac{1}{10}y + \dfrac{1}{2}z + t = 100 \end{cases}$ 　　　　98 組の解

第 4 問 $\begin{cases} x+y+z+t = 100 \\ 2x + \dfrac{1}{2}y + \dfrac{1}{3}z + t = 100 \end{cases}$ 　　　　304 組の解

第 5 問 $\begin{cases} x+y+z = 100 \\ 3x + \dfrac{1}{20}y + \dfrac{1}{3}z = 100 \end{cases}$ 　　　　　　解不能

第 6 問 $\begin{cases} x+y+z+t+u = 100 \\ 2x + \dfrac{1}{2}y + \dfrac{1}{3}z + \dfrac{1}{4}t + u = 100 \end{cases}$ 　2678 組の解

以上 6 問では，問題が解の個数の順に系統だって取り上げられ，しかも解不能の場合までも挿入されています．第 6 問は複雑ですので，記号を用いて少し解説しておきましょう．ここでは u を消去して，$x = \dfrac{1}{2}y + \dfrac{2}{3}z + \dfrac{3}{4}t$ とします．すると

$y=2k$, $z=3l$, $t=4m$ とおけます (k,l,mは正整数). ここで, $x+y+z+t=\frac{3}{2}y+\frac{5}{3}z+\frac{7}{4}t<100$ なので, $3k+5l+7m<100$. ここから, $1\leqq k\leqq 29$, $1\leqq l\leqq 17$, $1\leqq m\leqq 13$ となります. この場合, アブー・カーミルは表を作成し, そこから解の個数を1233個と見いだしました.

他方, $y=2k+1$, $z=3l$, $t=4m+2$ とおくこともできます. すると同様に, $3k+5l+7m+5<100$から, アブー・カーミルは解の個数を1443個としました. ただし実際は, 2676個 ($=1233+1443$) ではなく2678個で, アブー・カーミルは計算間違いをしているようです. しかし, 写本欄外にはさらに2つの正解が付け加えられているので, アブー・カーミルのテクストを筆写した人物 (未詳) は相当の数学力があったことがわかります.

さてこれらの問題で興味深いことを指摘しておきましょう.

まず, 先回も述べましたが未知数の表記法です. 最初の未知数にはアラビアの代数学で通常用いる「モノ」(シャイ) が使用されていますが, 第2番目の未知数からは貨幣単位が利用されています. すなわち, ディルハム銀貨, ディナール金貨, ファルス銅貨, カータム (貨幣単位) です. こうして複数の未知数を混乱なく扱うことが出来たのです. ただしこれはアブー・カーミルの場合であって, 他の数学者は他の単位を用いています.

次に, これらの問題の由来です. これら連立1次不定方程式は古代ギリシャのディオパントスの不定方程式には見られません. 本書は鳥を題材としていますが, 同様な問題がすでに中国で百鶏問題として知られ (たとえば5世紀頃の『張丘建算経』), またインドにも同じようなものが見られるようです. すなわちこの種の問題は, 西方ではなく東方からもたらされた可能性が高いの

ですが，その伝達の詳細は不明です．ともかくアブー・カーミルの時代には，アラビアではすでに広く行き渡っていた問題でした．

最後にアラビア数字の使用について指摘しておきましょう．本文ではすべて数詞が用いられていますが，複雑になると場合分けの表が付けられ，そこではアラビア数字が用いられています．こうして，当時アラビア数字は，数学の文章中では用いられる習慣はなかったが，表やメモでは用いられたことがわかります．

ところで，訳文では省略していますが，問題の大部分は「次のように言われたとき，〜」という言葉で始まり，そこには「言われた」という単語が見えます．このことは当時問題が文字通り口頭で伝えられていたことを示唆するのではないでしょうか．ただし複雑な問題や大きな数が出てきた場合には，アラビア数字を用いてメモを取ることもあったでしょう．この時代すでに紙が普及していたとはいえ，一般的にはまだ口伝で解法が教えられたことと想像できます．

さてこれからの問題はアブー・カーミルで終わったのではなく，フィボナッチも同じように論じ，その『算板の書』第11章では，次のような問題が見られます．

> ある男がウズラ，ハト，スズメ30羽を30デナリウスで買う．彼はウズラ1羽を3デナリウスで，ハト1羽を2デナリウスで，スズメ2羽を1デナリウスで，つまりスズメ1羽を$\frac{1}{2}$デナリウスで買う．それぞれの鳥を何羽買うかが問われる．

答はそれぞれ 3, 5, 22 羽となります．さらにそこにキジバトを含めて 4 種の場合も論じられています．これらの問題がアブー・カーミルに直接由来するかどうかわかりませんが，鳥を題材とした問題が広範囲で論じられていたことがわかります．

不定方程式の起源

フワーリズミーは不定方程式を扱ってはいませんが，他方アブー・カーミルの不定方程式はかなり程度の高いものです．両者の間には 50 年ほどの隔たりがありますが，その間に何が起こったのでしょうか．

アブー・カーミルは不定方程式論の冒頭で次のようなことを述べています．

> 何人かの計算家たちが流動(フッサーブ)と呼ぶ多くの不確定な問題(サッヤーラ)を今や説明しよう．そのことを通じて，説得性のある図解[1](ガイル・マフドゥーダ)と明解な方法とで多くの真の解を決定することが出来る，と私は言いたい．これらの問題のいくつかは型に応じて計算家の間に流布しているが，彼らは自分たちの行う根拠を確立してはいない．正しい原理と容易で役に立つ方法とを用いてそれらのうちのいくつかを私は解いた．…[中略]… 計算家たちが自分たちの書

---
[1] 図解とは原文では giyas（類推）であるが，ラテン語には ratio（根拠）と訳され，この話をもって図解が始まるのでここでは図解と訳しておく [Miura 1981]．

物の中で定義したこと，そして型に応じて行ったことの大半を，ジャブルと図解とを用いて同様に説明しよう．そうすれば，それを読んで検証した者は真に満足し，また暗唱したり著者を模倣したりするだけにとどめることもないだろう．

　ここからわかることは，不定方程式はすでに流動(サッヤーラ)という名前で当時知られており，何人かの計算家がすでにその解法を書物にしていたことです．それらの資料はまったく残されていませんが，フワーリズミーとアブー・カーミル両者の時代の間には，多くの数学者が様々な研究をしていたことがわかります．アブー・カーミルはそれらに対して，新しくジャブルと図解という方法を用いて不定方程式論を展開したのです．

　ここで不定方程式論の起源を見ておきましょう．古代ギリシャで有名なのがディオパントスの『数論』です．それはギリシャ人キリスト教徒のクスター・イブン・ルーカー(860年頃活躍)によって，ギリシャ語からアラビア語に訳されましたが，ここで興味深いことが指摘できます．『数論』は本来13巻でしたが，今日ギリシャ語では6巻しか残されていません．13巻すべてがアラビア語に訳されたかどうかは不明ですが，アラビア語訳のほうは4巻が現存しています．しかしそれはギリシャ語版にはない部分なのです．こうしてアラビア語訳は失われたギリシャ数学の復元に大いに役に立つことになるのです．

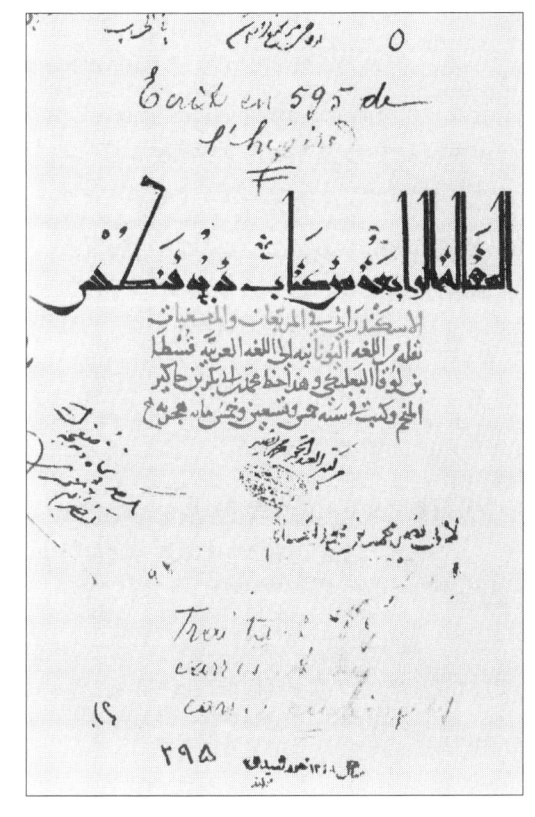

第4章　アブー・カーミルの不定方程式

ディオパントス『数論』第4巻アラビア語訳冒頭

(出典：Rashed, R. (ed.), *Diophante: Les arithmétiques livre IV*, Paris, 1984, photo 1). イランのマシャドにあるイマーム・レザー廟付属図書館所蔵で現存唯一の写本．中央上部太字は「ディオパントスの第4巻」と読める．その下4行は赤字で書かれ，「平方と立方に関する，アレクサンドリアの．バールベックのクスター・イブン・ルーカーがギリシャ語からアラビア語へ翻訳した．天文学者ムハンマド・イブン・アビー・バクル・イブン・ジャーギールの手で，彼はヘジラ暦595年に書き移した」とある．この年は1198年である．筆写した人物の詳細は知られていない．

さて『数論』は，ギリシャ語がアラビア語化したアリトメティーキーではなくアル゠ジャブルというアラビア語で引用されています．両者はそれぞれ英語では arithmetic, algebra に相当します．ここでは，ギリシャの『数論』はアラビアで成立した代数学の枠組みの中に新たに組み替えられたのです．アラビアは単にギリシャ数学を翻訳しただけではなく，それを自らの数学の中に取り込み，やがて独自に発展させていくのです．たとえば，ディオパントス『数論』ではジャブルやムカーバラに対応する単語はありませんが，アラビア語訳ではそれらの用語がしばしば用いられています．それのみか訳文冒頭で次のように説明されています．

> ジャブルは負であるものを両辺に加えることを意味し，ムカーバラは等しいものを両辺から除去することを意味します．

　この一文はもちろんギリシャ語原典にはなかったもので，訳者はただ単なる翻訳者ではなかったことを示しています．
　アブー・カーミルとクスター・イブン・ルーカーとはほぼ同時代人といってもいいのですが，前者と『数論』アラビア語訳との関係は不明です．アブー・カーミルはディオパントス『数論』の問題と似た問題を解いてはいますが，解法は同じではありません．一般的にアラビア数学においては，先行者と同じ問題や解法が出典が明記されずよく引用されることがあります．アブー・カーミルの場合はそれに該当しませんので，彼はディオパントスの翻訳がなされる以前にすでに不定方程式を議論していたのかもしれません．ともかくアブー・カーミル以降，アブー・カーミルとディ

オパントスのアラビア語訳とは不定方程式研究のモデルとなり，その後の展開を促します．それについて次に触れておきましょう．

アラビアの不定方程式論

アブー・カーミルに引き続き不定方程式を論じたのはカラジー（？-1029）です．彼によってアラビアの不定方程式論は完成の域に達したと言えます．著書『ファフリー』(ファフル王[への献上書])は代数や計算法を扱い，ディオパントス『数論』の問題を多く引用しています．

カラジーで特記すべきは高次の未知数を表記していることです．マール(財)は x^2，カアブ(立方)は x^3 で，ここまではすでにフワーリズミーが用いていますが，カラジーはさらに次のような組合せを考え，16次まで言及しています．

マール (x^2)，カアブ (x^3)，マール・マール (x^4)，マール・カアブ (x^5)，カアブ・カアブ (x^6)，…．

以上から推論すると，マールとカアブの加法によって指数が示されています．これはディオパントスと同じ方式で，そこではギリシャ語のデュナミスとキュボスという単語が用いられています．ここで注意しておきますと，マール・カアブはアラビア語文法上では「カアブのマール」という意味ですから，本来言語上では3乗を2乗したもの，つまり $(x^3)^2 = x^6$ を指し，x^5 ではありません．したがって，高位の表記法はアラビア語圏の外に由来すると考え

ることもできます.

カラジーはさらに『バディーア』(驚嘆すべきことども)で不定方程式を簡潔にまとめています. その後それはサマウアル(?-1175)などが継承していきますが, ここでは次の二人に簡単に言及しておきましょう.

アブー・ジャアファル・ハージン (960年頃活躍) は本来天文学者で, また円錐曲線論に由来する3次方程式研究で重要ですが, またいわゆるピュタゴラスの3組, つまり $x^2+y^2=z^2$ となる正整数解を見つける問題も検討しています. ここでは不定方程式がさらに数論へと発展していることが見て取れます. なかでも平方和の問題は重要です.

たとえば, $a=4m(2n+1)$ とし, □を平方数とすると, $x^2 \pm a = □$ となる x を求める問題では, 次のように解いています.

$\frac{a}{2}$ の因数 s, t をとって, $st = \frac{a}{2}, s^2+t^2 = □$ となるようにします. このとき s と t とは, $s^2+t^2 \pm 2st = (s \pm t)^2$ より, $s^2+t^2 = x^2$ と考えればよくなります. ここで最小の a を求めると, $a=24$. こうして, $\frac{a}{2} = 3 \times 4$ となり, $3^2+4^2=5^2$ から, $x=5$. 実際, $5^2+24=7^2$ となります. さらに24の倍数を考えると, $120 = 8 \times 15$ より, $8^2+15^2=17^2$ から, $17^2+240=23^2$ となります. ただし $a \neq 4m(2n+1)$ のときは不可能です(Anbouba, 1979). このようにアラビアでは不定方程式, さらには数論の研究が豊かになっていきます. 以上に関しては, フィボナッチがさらに論じていますので, そこで詳しく述べることにします.

フィボナッチより後の時代になりますが, バグダードにイブヌル・ハッワーン (1245-1325) という数学者がいました. その著

作『計算法則に有益なもの』では，目下のところ解が見つからない 33 問に，「私はその不可能性を確立したと言い張っているのではなく，私にはそれらを解く能力がないと宣言しているのです」，と注意を促しています．そのなかには「二つの立方の和が立方となる立方を書け」というのがありますが，これはフェルマの問題の次数が 3 の場合です[Djebbar, 2005]．

　以上のように，アラビアの不定方程式論はたいへん豊かなもので，フィボナッチはその一部を受け継いでいます．アラビア数学には三角法や組合せ論など，まだまだ興味深い題材があります．次章は，本章で登場した数学者がバグダードやカイロなど東方で活躍したのに対して，西方の地のアラビア数学を見ていきましょう．それは距離的に西洋のフィボナッチにより近い数学です．

第5章
西アラビア数学

　アラビア数学の中心地といえば，まずバグダードやカイロなどの中東地域を思い浮かべますが，それらだけではありません．北アフリカやイベリア半島でも多くの数学者が活躍しました．イベリア半島南部地域はアンダルシア，北アフリカはマグリブと呼ばれ，イスラームの支配する地域でしたが，数学が盛んになるのは，東アラビアに遅れて 12 世紀ころからです．本章は，あまり紹介されることのない，それら西アラビアの数学，とりわけフィボナッチと同時代の数学を見ていきましょう．その代表はイブヌル・ヤーサミーンです．

イブヌル・ヤーサミーン　人と著作

　イブヌル・ヤーサミーン（? –1204）はイベリア半島のセビージャで学び，その地と北アフリカのマラケシュで，数学に限らず法学や詩を教えたようですが，詳細は不明です．

　イブン・ハルドゥーンは『歴史序説』第 6 章算術の項で，「この主題を扱った最良の包括書として，当時のマグリブでは，ハッサールの小冊子がある．イブヌル・バンナー・マッラークシーも，計算の法則について，正確かつ有用な簡略的記述でこの問題を扱っている」(イブン・ハルドゥーン『歴史序説』第 3 巻(森本

公誠訳），岩波文庫，2001, p.343 を参考）と，二人の数学者について言及しています．ここでハッサールはイブヌル・ヤーサミーンと同時代人であり，他方イブヌル・バンナー（1256-1321）の弟子であるイブン・クンフドゥ（1339-1407）は，イブヌル・ヤーサミーンの数学に註釈を書いており，したがってイブン・ハルドゥーンはイブヌル・ヤーサミーンの名前も当然知っていたと思われます．しかしその算術書がすぐれているにもかかわらず，どうしたことかその名前には言及しておらず，きわめて不自然さが残ります．それは数学の内容上の理由などではなく，彼が放縦な生活を送ったことで生前から非難されていたこと，またムワッヒド朝の第3, 4代アミール，マンスール（1184-99）とナースィル（1199-1213）とに密接な政治的関わりがあったことによると考えられます．彼は1204年政敵に暗殺され，その遺体は自宅の前に放置されたと伝えられています．

ところで，彼の数学はイスラーム世界に少なからずの読者を持ち，現存著作は4点あります．平方根の様々な計算を扱う『根の詩』，複式仮置法を扱う『秤の詩』，1, 2次方程式の解法を扱う『ジャブルとムカーバラの詩』，そして『グバールの印を使用することについての概念の接種』です．

彼は詩人兼数学者として，初等的内容の数学を「ラジャズ」という韻律を用いて短い詩に3篇書いていますが，もっともよく知られているのは『ジャブルとムカーバラの詩』です．次にそれについて紹介しましょう．テクストはアブデルジャウアドのものです．

・Abdeljaouad, M., *Sharh al-Urjūza al-Yāsminīya l-Ibn al-Hā'im al-Misrī*, Tunis: ATSM, 2003.

数学詩

　数学と詩とは一見すると正反対のもののように思われます．しかし数学史には数学詩がしばしば登場します．印刷術のない前近代では，暗記が重要な役目を果たしたので，暗記しやすいように韻を含んだ詩の形で解法が表現されることがよくあります．中国では何平子《ruby》『詳明算法』(1373頃)，日本では今村知商『因帰算歌』(1640)，中世西洋ではヴィルデューのアレクサンドル『アルゴリスムの歌』(1200ころ)，ルネサンス西洋ではタルターリャの3次方程式の代数的解法を述べた一節などが有名です．アラビアでも同じで，ここではイブヌル・ヤーサミーンの数学詩を紹介しましょう．

　英訳は次に見られます．

http://membres.lycos.fr/mahdiabdeljaouad/Urjuza.pdf

　そこでは，アラビア数学伝来の6種の2次方程式代数的解法や，指数計算と解釈できる計算法が詩の形にされています．そして記憶に容易な方法として，「初心者には備忘録として，また上級者には手引きや参考書として，わたしはこれを著した」とされています．したがって，この詩に記述されていた内容は，当然のこととして当時知られていたと推測できます．今その一部を取り上げてみましょう．

　　次に，[半分にして]平方して，数を引け
　　　すると残ったものの根が汝の目的となる．
　　次にそれを，引いたり加えたりせよ
　　　汝が選んだ汝の根の半分から．

マールの根のひとつは引き算から
  他方は足し算から．
平方が数に等しいとき
  その根は半分にしたもの．
数より小さいとき
  解がないことを知る．

以上は，$x^2+c=bx$ の代数的解法で，$x=\dfrac{b}{2}\pm\sqrt{\left(\dfrac{b}{2}\right)^2-c}$ を求めています．最後に，$\left(\dfrac{b}{2}\right)^2=c$ と $\left(\dfrac{b}{2}\right)^2<c$ のときをきちんと場合分けしています．また次のような記述もあります．

次に位を扱おう

  少ない言葉で，しかし理解できるように．
根が最初で，マールが続き
  次に立方が続き，自動的に次々と．
これらに関してそれらがすべて基本
  その数が無際限でも．
掛け算では双方の要素の位を取れ
  すると積の位が知られる．
立方に対しては三が繰り返され
  マールだと二が
根だと常に一
  しかし数だと位は知られない

「位」（マンジラ）とは、本来マルタバと同じで，桁を意味すし

ますが，ここでは今日の $x^n \times x^m = x^{n+m}$ における指数に相当します．「無際限」という言葉を用いて，その関係が常に成り立つことを示しています．解法をあらかじめ学んだ者は，上述の詩でそれを思い出すことが出来るのです．

『ジャブルとムカーバラの詩』について，後にエルサレムで活躍した数学者イブヌル・ハーイム(1352-1412)は，「イブヌル・ヤーサミーンの表現は非常に魅力的なので，多くの人々はその詩を暗記したが，含まれる命題はとても複雑なので，多くの人々はそれらを説明せねばならなかった」，と述べています．実際，マグリブからエジプトまでの後代の数学者たちは，イブヌル・ヤーサミーンの数学詩に註釈を付け，それは17世紀まで続きましたが，そのうち20点の註釈が現存しています．

『ジャブルとムカーバラの詩』は後世に影響を与えましたが，それほどではありませんがより重要なのが，散文で書かれた『グバールの印を使用することについての概念の接種』です．ここで「グバール」とは塵や砂を意味するアラビア語，印とは計算に用いられる記号，すなわち数字を指します．本書は計算法を扱ったもので，計算法理解に必要なあらゆることを説明した包括的入門書として，次のような内容で5章40節から成立しています．

第1章　自然数の四則

第2章　分数計算

第3章　素因数や検算など計算に必要な事柄

第4章　比例，複式仮置法，代数学の3つの方法による1,2次方程式解法

第5章　平方根や立方根の計算と，幾何学問題や日常問題など様々な応用問題

最後は幾何学を扱っていますが，アブー・カーミルなどの東アラビア数学とは異なり，西アラビア数学の書物で本書のように幾何学問題を扱うのは少ないようです．本書は必ずしもオリジナルではなく，バグダードで活躍したカラジーの『カーフィー』からの抜粋も一部含まれていますので，東アラビア数学の直接の影響を見ることも出来ます．

　ところで，イブヌル・ヤーサミーンの数学に見られる特徴のひとつは分数表記法です．これはまた西アラビア数学の特徴でもあります．分数表記を紹介する前に，小さな数はどの様にして表されたのか，それをまとめておきましょう．

小さな数の表記法

　1よりも小さい数を表す場合，小数という表記法がなかった時代はどのように工夫したのでしょうか．

　分数は数値ではありますが，$\frac{a}{b}$を$a:b$と解釈するときのように，二つの数の間の関係と考えることもできます．「関係」と考えると当初それは数概念の中では想定さえ出来ませんでした．ただし単位分数は別です．これは数そのものの特殊な形態と見なせるからです．たとえば$\frac{1}{3}$は3の特殊な形，すなわち3から作られると考えればよいからです．それが最初に用いられたのは古代エジプト数学です．

　古代エジプト数学では，数を表すのに言語的制約がありました．用いられたのは10進法ですが，そこに位取り記数法はありません．ヒエログリフでは数字の上に口型の記号 ◯ （ラーと発

音)をおいて，その数の単位分数を示すとしました．さらに一般分数に相当するものは，単位分数の和を用いて表記されます．そこに加法記号はないので，並列することで和を表します．たとえば，今日の $\frac{18}{65}$ は，$65 = 13 \times 5$ なので，13 から作られる $\frac{1}{13}$ と，5 から作られる $\frac{1}{5}$ とを併記して，$\frac{1}{5}$ $\frac{1}{13}$ と表記します．

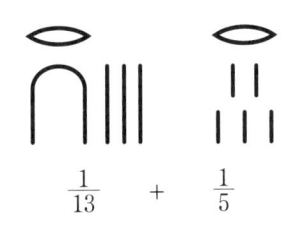

$\frac{1}{13}$ $+$ $\frac{1}{5}$

ヒエログリフによる単位分数の和としての $\frac{18}{65}$

$\frac{1}{65}$ が 18 個というわけにはいきませんでした．古代エジプト語では，あらゆる分数は単位分数の和としてしか表記できなのです．しかし単位分数の和にするその変換はたいそう面倒な，しかも工夫のいる作業であり，実際古代エジプト数学がほとんどこの分数計算に費やされたのもうなずけます．この単位分数表記は，その後もギリシャやアラビアでも受け継がれます．

なお古代エジプト数学については，その文化的背景にも言及した次をご覧ください．

・三浦伸夫『古代エジプトの数学問題を解いてみる』，
NHK 出版，2012．

古代ローマでは，それに代わって様々な単位が代用されまし

た．たとえば，重量や貨幣に用いられる単位のウンキア（オンスの語源）は，全体の 1/12 を示すので（今日，1 トロイ・ポンド = 12 トロイ・オンス），「1 と 5 ウンキア」であれば，現代的には $1\frac{5}{12}$ を示すというわけです．1.04 を示すのに，1 円 4 銭というのと同じです．重量や貨幣の単位を用いるこの方法は，古代ローマのみならず，前近代では各文明圏で一般的に用いられた方法です．しかし，下位単位は必ずしも 10 進法ではなく，12 進法，20 進法などのこともあり，相互の変換はたいへん面倒でした．そのため近世まで実用数学書では，数多くの換算に関する練習問題が収録されてきました．

アラビアの場合，小さい数を表すときには以上の方法を継承すると同時に，新たな展開も見られます．まずは単位分数表記を見ておきましょう．

原則的にアラビア語の単語は，3 種の子音に 3 種の母音を組み合わせて意味をなすように作られています．こうして 2 から 10 までの読みの母音を変えて $\frac{1}{2}$ から $\frac{1}{10}$ が作られます．たとえば 5 の khamsa から，$\frac{1}{5}$ の khumsun がつくられ，□ を子音とすると，単位分数は □ u □□ un という形をしています．しかし分子が複数の場合，また分母が 11 以上の場合（11 は，「10 と 1」というように，二つの単語で表記される）はどうするかというような，これは後に解決されますが，言語の根本に関わる大きな問題がありました．$\frac{3}{4}$ は $\frac{1}{4}$ が 3 つというのではなく $\frac{1}{2}+\frac{1}{4}$，$\frac{1}{100}$ は「$\frac{1}{10}$ の $\frac{1}{5}$ の $\frac{1}{2}$」というように，古代エジプトと同じく単位分数を用い

て表記するように努めるのが常道でした．

第2の方法は，各種単位を援用するローマで用いられた方法です．通常，そこでは貨幣重量単位のディルハム（銀貨）やディーナール（金貨）が用いられました．しかしアラビア数学は時間的空間的に広範囲であるため，換算率も異なることがあります．

第3の方法は，天文学者たちが用いた方法です．煩瑣な天文学計算では上記の方法ではとうてい間に合いません．したがって古来メソポタミアで用いられてきた60進法を基準に，その値をアラビア数字，あるいはアラビア語の各アルファベットに数値を与えたジュンマル数字と呼ばれる数記法を用いて表すものです．これは60進小数と言えるでしょう．しかしそこには今日の小数点に相当する記号はなく，古代メソポタミアの場合と同じように，文脈から数の位を判断することになります．

小数の誕生

今日用いられているような小数の現存最古の資料は，ウクリーディシー（10世紀）の『インド式計算法の諸章』（952年）です［Saidan, 1978］．これは紙の上にペンで計算するという，10進法によるインド・アラビア式計算法を体系的に詳細に論じた作品です．そこで彼は，「奇数を二分するとき，1位の半分としてその前に5を置く．そして場所を示すために1位の場所の上に印がつけられる」，と述べています．アラビア語は右から書くので，その前とは，1位の右となります．その印とは，残された資料から，数の上に引いた短い縦線です．たとえば3.5は35となります．アラビア数学では，少なくともここで初めて小数記号が登場することになります．

ところでウクリーディシーはその小数表記法についてその名前もその原理も説明していないので，この表記法はすでにそれ以前から知られていたことがわかります．後にサマウアル(？-1175)は『計算術教程』(1172)で体系的に小数を論じていますし，その後もこの小数は，12世紀にアラビア世界で用いられ，また15世紀には「トルコの方法」と呼ばれて東ローマ世界で用いられました．しかし必ずしもすべての数表記が小数に置き換わるというわけではありませんでした．

ヨーロッパでは，クリストフ・ルドルフ(1499頃-1545頃)の『例題小論集』(1530)というドイツ語数学書にそれはすでに見られます．

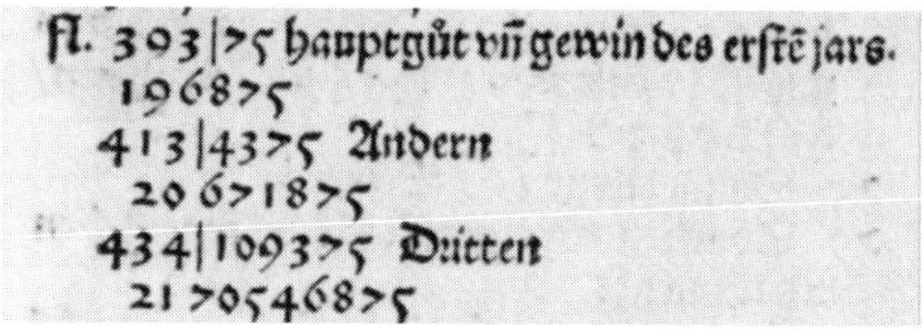
fl. 393|75 hauptgůt vñ gewin des erstẽ jars.
196875
413|4375 Andern
20671875
434|109375 Dritten
2170546875

図2

ルドルフ『例題小論集』より． $375\left(1+\frac{5}{100}\right)^n$ の計算． $n=1$ のとき，393.75 は 393|75 と書かれている(1 行目参照)．以下 $n=10$ まで計算している

記号こそ異なりますが，現在と同じような小数概念が16世紀前半には西洋に存在したのです．その後オランダの数学者ステヴィン(1548-1620)は奇妙な形の小数記号法を考案し，1585年にヨーロッパでは初めて小数理論を論じます．それによると，たとえば3.14は，3⓪1①4②と書けます．しかしこの形式は広まらなかったようです．やがて17世紀初めにヨーロッパで対数が

誕生すると，その計算には桁数の多い小数が必要とされることから，小数が一気に普及することになります．

ところで東アラビアとは異なり西アラビアでは，この小数が用いられたという記録は現在のところ見つかっていません．フィボナッチにおいても同じです．そこでは小数にかわって分数表記法が発展しました．そこにはいくつかの表記法が混在しますので，次にそれを見ておきましょう．

アラビアの分数

アラビア語では分数は，カサラ(壊すの意味)に由来しカスルと呼ばれていました．これは英語で分数を意味する fraction が，ラテン語の fractio(砕くこと)に由来するのと同じです．

アラビア数学では，インド式計算法の浸透とともに分数表記に変化が生じてきます．まず東アラビア数学では，今日の $\frac{13}{25}$ と $4\frac{13}{25}$ とは，$\begin{smallmatrix}0\\13\\25\end{smallmatrix}$ と $\begin{smallmatrix}4\\13\\25\end{smallmatrix}$ のように，縦に並べて書き表されるようになりました．今日でいうと，上から整数部分，分子，分母の順となりますが，まだここには括線(分数の横棒)はありません．

しかし西アラビアでは 12 世紀中頃から変化が生じます．それは括線の導入です．それを最初に述べたのは，知られている限りではハッサール(1150 年ころ)ですが，最初の導入が彼である確たる根拠はありません．

ハッサールの正式名は，アブー・バクル・ムハンマド・イブン・アブダッラー・イブン・アッヤーシュ・ハッサールですが，

生涯の詳細は不明です．著名な法学者としてセビージャで活躍し，その数学書はとりわけマグリブで普及したようです．少なくとも2点の数学書を残し，ともに後世に影響を与えました．

西アラビアにおける現存最古の算術書であるハッサール『証明と喚起の書』は，10進法位取り計算法を扱っています．そこには，4と5を除いて，今日と同じアラビア数字がはっきりと見えます．また先に述べたように，括線も見られます．本書は1271年にヘブライ語に訳されますが，訳者モーゼス・イブン・ティッボン(1240–83に活躍)は当時南仏のモンペリエにいたので，西アラビア数学が西洋の領域にまですでに侵入していたことがわかります．さらにハッサールは『数計算の完全なる書』で，数列の和，開平法，開立法のほか，素因数分解を展開しています．

さて彼は，分数を次のように分類しています．

(1) 単純分数(カスル・バシート)：今日の $\frac{5}{17}$ のような分数です．

(2) 連携分数(カスル・ムッタシル)：これは $\frac{34}{11\ 13}$ のように表記し，$\frac{4+\frac{3}{11}}{13}$ つまり $\frac{4}{13}+\frac{3}{11\times 13}$ を意味します．

アラビア語は右から書いていくので，$\frac{4}{13}$ が先に来ます．

(3) 多様分数(カスル・ムフタリフ)：これは複数の分数を併記するもので，分数の和を意味します．$\frac{3\ 4}{11\ 13}$ が $\frac{4}{13}+\frac{3}{11}$ を表すようにです．

(4) 分離分数(カスル・ムバッアド)：これは複数の分数の積に相

当するもので，$\frac{4\,|\,3}{13\,|\,11}$ は $\frac{3\times 4}{11\times 13}$ を意味します．

ハッサールは述べていませんが，西アラビアではもう一つの型の分数がありました．

(5) 除去分数（カスル・ムスタスナー）： $\frac{71}{82}$ ‌Y $\frac{1}{4}$ のように引き算の形をとっており，

$$\frac{7+\frac{1}{2}}{8} - \frac{1}{4} = \frac{4(7\cdot 2 + 1)-(1\cdot 8 \cdot 2)}{8\cdot 2\cdot 4}$$
$$= \frac{64-16}{64} = \frac{44}{64}$$

です．これはたとえば，のちにカラサーディーが述べる方法です．ここで引き算記号はアラビア語単語のイッラー（〜を除いて）の省略形 Y が用いられています．

以上の表記ではそれぞれ計算が異なりますので，別個に計算法が述べられています．(1)(2)はまた，カスル・ムフラド，カスル・ムンタシブとも呼ばれました．

これらの方法はのちにフィボナッチも採用することになり，フィボナッチの数学が少なくともマグリブ数学と関係を持っていたことがわかります．

最後にイブヌル・ヤーサミーンの同時代人たちを紹介しておきましょう．彼らはまたフィボナッチと同時代人でもあるのです．

イブヌル・ヤーサミーンの同時代人

最初はクラシー（1184没）です．アブル・カーシム・クラシーはビジャーヤで生まれ，その地で代数学と遺産分配計算を教えまし

た．イブン・ハルドゥーンはアブー・カーミルについて述べたとき,「クラシーの書物は最良の注釈書の一つである」, とわざわざ付け加えていますので, 彼はアブー・カーミルの註釈を書き, しかもそれがたいへん評価されていたことがわかります. と同時に, この時期ビジャーヤではアブー・カーミルの作品がよく知られていたこともわかります. その地に若い頃滞在したことのあるフィボナッチはその影響下にあったことはもちろんです. クラシーの著作は14世紀までマグリブで読まれたようですが, もはや現存せず, 題名も不明で, 後のイブン・ザカリーヤー(?-1403/4)等の書物の抜粋によってしかその内容を知ることはできません．

ところで西アラビア数学の特徴の一つに組合せ論があります．その題材はすでに東アラビアでも, 音楽, 占星術, 天文学などに関連して議論されてはいました. しかし著作の一章を割いて数学的に議論をしたのはイブヌル・ムンイム(1228年没)が最初です．

彼はアンダルシアのデニア(バレンシア近郊)生まれで, マラケシュで医者として働き, 数論と幾何学とに優れていたといわれています. イブン・アブドル・マリク(1303没)は, イブヌル・ムンイムについて次のように述べています．

> 幾何学への情熱の例として, 彼はエウクレイデス『原論』の書物を心に刻むまで夜一睡もしなかったと言われている. そのとき彼は最後の命題から初め, それに先行する命題へと戻り, こうして最初の命題に至ったという. なぜなら, 命題はすべてそれに先行する命題の把握に基づいていることを彼は理解していたからである. 以上が彼について知られていることである.

数学の論証の本質について十分な理解があったことをうかがわせる一文です．知られている著作は3点で，そのうち数論と組合せ法を扱う『計算の知識の書』のみが現存し，それは13-14世紀にマグリブでたいそう影響を与えたようで，イブヌル・バンナーやイブン・ザカリーヤーなどの著名な数学者が引用しています．他方，本書は多くの数学者の名前にしばしば言及し，ここから今日西アラビア数学についての情報を得ることができるのです．

　他にも，『計算問題の中心の中心』を著したイブン・ファルフーン(1205年没)などが活躍し，13世紀前後は西アラビア数学が活気を帯び始めた時代となります．フィボナッチの生きたのはまさしくこの時代なのです．さらにその準備のもと，次の世代にイブヌル・バンナーやイブン・ザカリーヤーの活躍する西アラビア数学の全盛期が訪れます．

第6章
ギリシャ，アラビア，ラテン
── 数学の翻訳

　フィボナッチはアラビア数学の影響を多大に受けたと述べました．ではどの数学者のどの作品をどの様にして学んだのでしょうか．しかしそれについて答えることは容易ではありません．ここではフィボナッチの著作から言えることを述べておきましょう．

　著作に名前が引用されている数学者は，ギリシャでは，エウクレイデス，アルキメデス，プトレマイオスです．意外に少ないことに驚かされます．このうちで，エウクレイデスはそのラテン語訳に接することができたでしょうが，アルキメデスとプトレマイオスとは，他の未詳の作品を介して学んだのかもしれません．名前は言及されていませんが，メネラオス，テオドシオスなどの作品に含まれる定理も利用しています．ところでアラビアの数学者の名前はほとんど見えません．しかし，フワーリズミー，アブー・カーミル，アフマド・イブン・ユースフ，バヌー・ムーサー，アブー・バクルの作品のラテン語訳を参照したことは確実です．またユダヤ人のアブラハム・バル・ヒッヤの作品も名前は挙げていませんが参照した可能性があります．

　さてフィボナッチは，以上の作品を原典ではなくラテン語訳で参照したようです．では，それらのラテン語訳はどの様になされたのか，ギリシャからアラビアへ，そしてアラビアからラテンへ

の数学の流れを概観しておきましょう．

ギリシャ語からアラビア語へ

　ローマ帝国がキリスト教化し，なかでも三位一体論を採用するようになると，それに同調できないキリスト教のグループは5世紀に宗教会議で異端とされ，ローマの地を追われ東方に移動します．それに従って古代ギリシャの数学も移動します．

　当時東方では，シリア語が広範囲に使用されていました．したがって数学を含むギリシャ語作品のいくつかは，まず5-8世紀にシリア系キリスト教徒によってシリア語に訳されたようです．ここでいうシリア語は，当時の地中海東岸で話されていた国際語アラム語の一種で，独自の文字を持っています．念のために付け加えますが，現在のシリアではアラビア語が主として用いられ，このシリア語が使用されることはありません．またシリア系キリスト教というのは，ネストリウス派と単性論派のキリスト教で，今日前者はアッシリア東方教会など，後者はシリア正教会などとして続いていますし，またインドや中国のキリスト教にも影響を与えています．

　ところで伝達や翻訳に関わったのは主としてキリスト教徒なので，残された翻訳作品には，宗教関係の翻訳と比べると医学，論理学，哲学，錬金術，数学などの分野は少ないのが現状です．またシリア語話者はその後国家形成をすることはなかったので，シリア語作品を守っていく者もなく，したがって今日研究者も少ないことなどから，シリア語訳に関する研究は未開拓の領域と言えるでしょう．

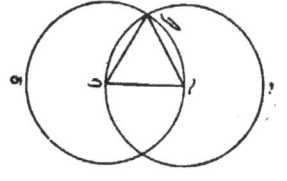

第6章 ギリシャ，アラビア，ラテン ——数学の翻訳

シリア語訳エウクレイデス『原論』も知られていますが，現存する第1巻断片はどうやら通常の翻訳とは逆の経路で，ずっと後の13世紀頃アラビア語から訳されたようです．そうであれば，その頃においてもいまだシリア語の数学が必要であったことを意味し，シリア語は長期にわたって使用された重要な言語と言えそうです．

シリア語訳『原論』第1巻命題1
(出典：Furlani, G. "Bruchstücke einer syrischen Paraphrase der Elemente des Eukleides", *Zeitschrift für Semitistik und verwandte Gebiete* 3 (1924), 27-52, p.29)

ギリシャ語からアラビア語への翻訳は，このシリア語を仲介とすることが多かったようです．シリア語とアラビア語とは同じセム系言語なので，すでになされていたシリア語訳からアラビア語へ翻訳することはそれほど困難ではなかったのです．最も重要な訳者の一人フナイン・イブン・イスハーク(807–73)はネストリ

ウス派キリスト教徒で，シリア語に精通していました．また初期アラビア数学で重要な貢献をし，また翻訳にも関わったサービト・イブン・クッラ(836-901)はシリア語が母語であったと言われています．彼ら翻訳者によって，ギリシャの重要な作品はほとんどアラビア語に翻訳され，それが直ちに利用され，展開していくのです．

ここで翻訳者の多くはまた研究者でもあったことが特徴的です．内容を理解したうえで翻訳し，それをもとに専門論文や註釈を書いている訳者もいます．したがって訳文は逐語訳ではなく，意訳といえるでしょう．それに対して逐語訳と言えるのが，アラビア語からラテン語訳の場合です．次にそれを見ておきましょう．

アラビア語からラテン語へ

西洋中世地中海地域は，アラビア世界やアフリカ世界との交易が盛んになり，10世紀頃から活気を帯びてきます．農業革命，大学の成立など，生活や社会に大きな変化が現れ始めます．それに伴って，学術への関心も起こってきます．当時の学術の中心地はアラビア世界でしたから，西洋はまずはアラビア世界から学ぶことになります．こうしてラテン世界の12世紀は，アラビア語からラテン語への翻訳の時代と特徴づけることができます．翻訳の中心地はイベリア半島のトレードですが，それ以外にシチリア島のパレルモでも翻訳が行われていました．この両地域はともに西洋がアラビア世界と直接接する地域です．この時代，哲学，医学，天文学，数学など多くの学術作品がアラビア語からラテ

ン語に翻訳されました．

冒頭にあげたフィボナッチに関係するアラビア語作品と，そのラテン語訳への訳者を表にしておきましょう．

数学者	著作	訳者
フワーリズミー	『ジャブルとムカーバラの書』	ゲラルド (クレモナの) ロバート (チェスターの) グイエルモ (ルナの)
アブー・カーミル	『代数学』	グイエルモ (ルナの)
アフマド・イブン・ユースフ	『比と比例について』	ゲラルド (クレモナの)
バヌー・ムーサー	『幾何学』	ゲラルド (クレモナの)
アブー・バクル	『計測法』	ゲラルド (クレモナの)

以上のうち，アフマド・イブン・ユースフについてフィボナッチは，『算板の書』第9章，物品交換問題に関するところの一箇所で言及しています．その最初の問題はつぎのものです．

> 20ブラキアの布切れはピサのお金で3リブラ，綿42巻きは同じようにピサのお金で5リブラする．布切れ50ブラキアはどれだけの巻きの綿になるかが問われる．

ここで，リブラは今日の英国のポンド記号£のもとになるLibraで，ブラキア(腕)は腕の長さを基準にした単位です．フィボナッチは長々と計算法を文章で述べていますが，ここではその欄外の図だけに注目しておきましょう．その計算法がわかりやすく図示されています．

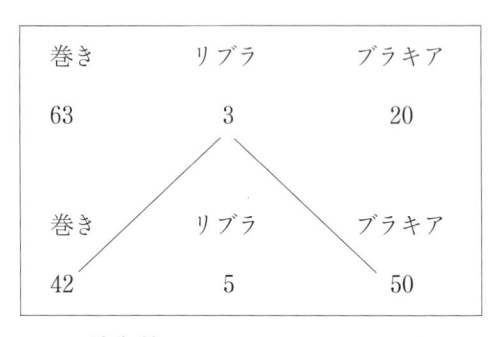

```
巻き        リブラ       ブラキア
63           3           20


巻き        リブラ       ブラキア
42           5           50
```

図 1：これは $\frac{42 \cdot 3 \cdot 50}{5 \cdot 20}$ の計算を示しています．ここでは代数は用いられていませんが，あえて書くと $\frac{50}{x} = \frac{20}{3} \cdot \frac{5}{42}$ なる x を求めています．

さてこの比例関係はすでに古代に知られていました．いわゆる「メネラオスの定理」と呼ばれるものです．これはメネラオス（1世紀ころ）が発見したものではなく，すでにヒッパルコス（前2世紀ころ）に遡ることができると考えられている定理です．

問題の最後には次のような文が見られます．

> これは，プトレマイオスがその『アルマゲスト』で，円の方形化による円の証明や他のことを見つけることを教えた，分割定理すなわちセクトルの中で示された比の命題のようなものである．そしてアメトゥス・フィリウスはそのうちの 18 種を比についての本に収めた．

分割定理（figura cata）とは，おそらくアラビア語 shakl qaṭā'a に由来し，シャクルは定理などを，カターアは分割を意味します．セクトルは英語のセクターのことで，「メネラオスの定理」は

また今日英語では the sector theorem とも呼ばれています．

メネラオス『球面論』3巻のギリシャ語原文はすでに消失しています．しかし2種のアラビア語訳，そしてそこから訳されたラテン語，さらにヘブライ語訳が存在します．それによると「メネラオスの定理」は『球面論』第3巻命題1に記載されています．しかし以上の記述からわかることは，フィボナッチはメネラオスからではなく，プトレマイオスの作品からその定理を学んだようです．実際プトレマイオス『アルマゲスト』第1巻命題13にそれは記述されていますし，フィボナッチは他でも『アルマゲスト』に言及しています．アラビア語に訳されていた『アルマゲスト』は，クレモナのゲラルドによって1175年にラテン語に訳されました．

アフマド・イブン・ユースフ

ところでフィリウスはアラビア語のイブン（息子）に対応し，アメトゥス・フィリウスとはアフマド・イブン・ユースフ（ユースフの息子アフマドという意味）のラテン語名です．彼はアフマド・イブン・ユースフ・イブン・イブラーヒーム・イブヌル・ダーヤ（9世紀後半）としても知られたバグダード出身のエジプトで活躍した数学者で，アブー・カーミルと同じトゥールーン朝に仕えたようです．

フィボナッチはアフマド・イブン・ユースフの主著である『比と比例について』のラテン語訳を知っていたようです．本書は3部からなり，その第3部は6量に関して述べており，2量の比が残りの4量からどの様に合成されるかなどを論じています．そこ

では文章で表現されていますが，ここでは現代的に書きなおしておきましょう．

量を線分で表して考えます．AG, UG が G で，AE, UB が Z で交わるとします．このとき，
$$\frac{AG}{GB} = \frac{AE}{EZ} \cdot \frac{ZU}{UB}$$
を言います．なお分数は比を表すとします．

さて証明では，B を通って $BD \mathbin{/\mkern-6mu/} AE$ を取ります．

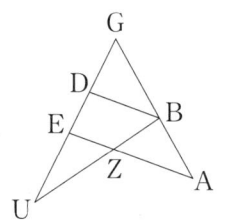

すると，
$$\frac{AE}{BD} = \frac{AE}{ZE} \cdot \frac{ZE}{BD}.$$

ここで
$$\frac{ZE}{BD} = \frac{ZU}{BU}.$$

よって
$$\frac{AE}{BD} = \frac{AE}{ZE} \cdot \frac{ZU}{BU}.$$

また
$$\frac{AE}{BD} = \frac{AG}{BG}.$$

よって

$$\frac{AG}{BG} = \frac{AE}{ZE} \cdot \frac{ZU}{BU}.$$

こうして「これが証明したいことである」.

　以上の関係が，全部で24に場合分けされ証明されています．記号法はなく，また数による具体例はありません．興味深いことに，本来ギリシャでは球面天文学の定理であったものが，アラビアでは比例関係の定理と理解され，さらにフィボナッチでは具体的な商業問題にも利用されているのです．

　『比と比例について』はその後中世西洋でもよく知られ，カンパヌスやブラドワディーンなどが言及しています．西洋中世の数学において比例論はきわめて重要な役割をしましたが，その基本作品の一つとなったのです．ルネサンス期イタリアの数学者パチョーリは『スンマ』(1494)で、比例論に関して，エウクレイデス，ボエティウス，ヨルダヌス・デ・ネモーレ，ブラドワディーン，パルマのブラシウス，サクソニアのアルベルトゥスと並んでアフマド・イブン・ユースフの仕事を称賛しています．

フワーリズミーのラテン語訳

　さて12世紀にもっとも重要な貢献をした翻訳者の一人にクレモナのゲラルド(1114年頃-1187年頃)がいます(ゲラルドゥス，ジェラルドとも呼ばれる)．ストラディバリの出身地，今日音楽の町としても知られる北イタリアのクレモナ出身です．その後イベリア半島に行き，トレード司教座聖堂参事会の聖職者として聖務に務めるかたわら，哲学，医学，論理学，数学，天文学，占

星術など，およそあらゆる学術を含む71点を越える翻訳をしました．驚くべき数と量ですので翻訳には助手がいたと考えらます．訳された数学書には，エウクレイデス『原論』，テオドシオス『球面論』，アルキメデス『円の計測』，メネラオス『球面論』，フワーリズミー『代数学』などがあります．なかでも最後のものは，アラビアのみならず，翻訳を通じてラテン世界でも重要な役割をしました．次にそれを見ておきましょう．

フワーリズミー『ジャブルとムカーバラの計算の縮約書』はアラビア代数学の初期のテクストとして重要な役割をしたことは第3章で述べました．2部からなり，第1部は1, 2次方程式の代数的解法と，その幾何学的証明，および練習問題．さらに1次方程式の幾何学への応用です．

第2部は遺産分割計算問題です．イスラーム法は遺産分割に関して詳細に定め，それは『クルアーン』にも見ることができます．この第2部がいちばん長いのですが，これは内容から判断すると本来のフワーリズミーの代数学テクストにはなかったと考えられ，あとから付け加えられた可能性があります．その後ラテン語訳されたのは，第1部の練習問題までで，遺産分割の箇所はラテン世界では関係がないので，訳する必要はありませんでした．アラビア数学以外で遺産分割に関する計算問題が数学に登場することはまれなのです．

さてラテン語訳は3種あります．訳者は，クレモナのゲラルド，チェスターのロバート，そしてルナのグイエルモです [Hughes 1986 : Hughes 1989 : Hissette 2003]．チェスターのロバートが翻訳を完成したのが1145年なので，この年は西洋代数学の元年ということもあります．最後のルナのグイエルモの人物

像は未詳で，本当に訳したのか疑問も呈されていますが，他にアブー・カーミルの代数学をラテン語に訳した可能性もあります．

さて利用した元のアラビア語版の相違によるのか，3種の翻訳は様々な点で異なっています．たとえば問題数は次のようになります．ここで，単純型とは $ax^2 = bx$ のような2項からなる方程式，複合型とは $ax^2 = bx+c$ のような3項からなる方程式です．

翻訳者	単純型例題数	複合型例題数	練習問題数
クレモナのゲラルド	10	6	12
チェスターのロバート	9	6	16
ルナのグイエルモ	9	5	10

アラビア語原文では，未知数はシャイ，その自乗はマール，そして単なる数はアダド・ムフラドと言いますが，それらに対してそれぞれ異なる訳語が用いられています．たとえばマールには，ゲラルドとグイエルモは census，ロバートは substantia というラテン語をあてています．基本語が異なりますので，独立して翻訳されたと考えられます．少し細かいことを述べてきましたが，それはフィボナッチがどの訳書を利用したかを見るためです．彼は主として『算板の書』第15章で代数学を論じていますが，練習問題の順番が等しいこと，用語のみならず文体までもが同一であることから，ゲラルド訳を利用したことがわかります［Miura 1981］．

特記すべきこととして，ロバートの訳文には序文がついています．また幾何学的証明では，グイエルモはアラビア語原文にはないエウクレイデス『原論』第2巻の命題を引用しています．さらにこのグイエルモ訳は，フィボナッチの時代より後ですが，14世紀初頭にイタリア語にも訳されています．

現在3種のラテン語訳写本21点が残されており，そのうちの6点はなんと16世紀に書き写されたものです．フワーリズミーの生きた時代から700年後のこの時期においてさえ，代数学をフワーリズミーの作品から直接学ぼうとした著名な数学者がいたのです．チュービンゲン大学数学教授ヨハン・ショイベル（1494 – 1570）や，ベルギーの数学者アドリアン・ファン・ローメン（1561 – 1615）です．彼らはさらにチェスターのロバート訳を出版しようとさえしました．当時はまだ新しいものよりも，より古いもの，より根源に遡るものが良いとされた時代でした．西洋では16世紀に至るまでフワーリズミーの影響力がいかに大きかったかがよくわかります．

　古代ギリシャの作品は，以上のようにアラビア語訳を介してラテン世界に伝わったのですが，中にはギリシャ語から直接翻訳されたものもあります．次にそれを見ておきましょう．

ギリシャ語からラテン語へ

　シチリアの東の都市シラクサはアルキメデスが活躍したところですし，南部のアグリジェントは，古代ギリシャ遺跡が数多く残されているところで有名です．そもそもシチリアは古代においてはギリシャの植民都市でした．その後東ローマ帝国の支配を経て，北方からバイキングが侵入し，ノルマン王朝が成立します．その後もフランス，スペインなどが乱入しました．以上のように，シチリアはギリシャ，アラビア，ラテン世界が入り交じり，中世においてはこの3つの言語が公用語でした．翻訳の環境がこれ以上整っている地域はありません．この地では国王がアラビア

第6章 ギリシャ，アラビア，ラテン ——数学の翻訳

の学術に多大な関心を寄せ，その摂取を支援しました．とりわけルッジェーロ2世，グリエルモ1世などの統治下で盛んに翻訳が行われました．ただしそこでは歴史的いきさつから，ギリシャ語からラテン語への翻訳が中心となりました．

イベリア半島では聖職者が翻訳したのに対して，ここではヘンリクス・アリスティップス (12世紀後半) など高位の役人が翻訳したのが特徴です．ただし一人詳細不明の翻訳者がおり，エウクレイデス『原論』をギリシャ語からラテン語に訳しています．この人物はさらにプトレマイオス『アルマゲスト』なども訳していますので，きわめて重要な人物と言ってよいでしょう．この人物はサレルノのエルマンノであると推定され，それについては次の書物に詳しく書かれています．

- 伊東俊太郎『12世紀ルネサンス』，講談社学術文庫，2006．

さて，『原論』は本来13巻ですが，古代にすでに2巻が付け加えられていました．第14巻(9命題)はヒュプシクレス，第15巻(5命題)はミレトスのイシドロスの作と言われています．『原論』はイベリア半島でも，たとえばクレモナのゲラルドによってアラビア語から15巻全巻が訳されていますが，シチリアでなされたギリシャ語からの翻訳には特徴があります．それは1-13, 15巻の正規版と，ゲラルド版にはないラテン語異版14-15巻を含んでいるのです．正規版とこれら異版を比較すると，用語や表現が異なりますので両者は独立して訳されたと考えられ，たとえば，15巻命題5は，正規版では「与えられた20面体に12面体を内接させること」ですが，異版では「描かれた20面の正三角形から

なる立体内に、12面の正五角形からなる立体を作図しよう」と，内容は同じですが，幾分詳しく書かれています．

この異版がアラビア語からの翻訳なのか，それともラテン語で新たに書かれ，ギリシャ語からの訳文に付け加えられたのか，それはわかりません．しかしここで重要なことは，少なくともこの版をフィボナッチが『幾何学の実際』で引用し，『精華』で利用していることです（ただしフィボナッチには他にも様々な『原論』の版を見た痕跡があります）．しかもこの版を利用したのは知られている限りフィボナッチのみなのです．この異版は数学的に優れており，そのことはアラビア語訳の欠点を指摘し，重複している箇所を削除していることなどに散見されます．ところで13世紀初頭にラテン世界で数学的に優れた人物といえばフィボナッチですので，彼自身がこの版を作成した可能性がある，と『ギリシャ語から直接なされたエウクレイデス「原論」の中世翻訳』を出版したベルギーの数学史家ビュザールは主張しています［Busard 1987］．さらに言うと，フィボナッチは『原論』全体を再編成した可能性も否定できないのです．実際彼は，著作で『原論』を盛んに引用し，それらは既存のラテン語訳とは文体が異なり，またとりわけ第10巻を独自に再解釈し，それを『算板の書』に挿入しているからです．

本章ではラテン語訳について見てきました．そのほかこの時代にはカタルーニャ語訳，フランス語訳，イタリア語訳なども行われます．中でも重要なのはアラビア語からヘブライ語への翻訳です．次章はそれについて述べることにしましょう．

第7章
中世ヘブライ数学

イスラームでは、キリスト教、ユダヤ教は兄弟の宗教と見なされ、それらの信者にもアラビア数学の枠組の中で活躍した数学者が少なからずいたことはすでに述べました。そこで用いられた言語はユダヤ教徒といえどもアラビア語です。ではユダヤ教の言語ヘブライ語では数学はなされなかったのでしょうか。本章は中世におけるヘブライ語による数学を見ていきましょう。

ヘブライ数学

ヘブライ語はアラビア語と同じ系統の言語で、文法はよく似ていますが文字は異なります。現代数学で無限集合の濃度を表すアレフℵはご存じでしょう。これはヘブライ語アルファベット最初の文字です。

中世アラビア世界には多くのユダヤ系学者が数学に関わりました。どれほどいたのか、それを記述した重要な著作があります。シュタインシュナイダーの次の本です。

- M. Steinschneider, *Mathematik bei den Juden*, Hildesheim, 1964.

これは、1893–1899年、1901年に出されたものの合冊リプリントです。そこにはタルムードの時代から1550年までの、おお

よそ270名のユダヤ系数学者の名前がその作品とともに見えます．現在のところこれを越えるヘブライ数学の総覧は存在しないと言っていいでしょう．ヘブライ数学史，ヘブライ科学史の研究は再開されたばかりで，最近の研究はヘブライ大学発行の「科学とユダヤ主義の歴史研究」専門誌『アレフ』(2001年-)に掲載されています[1]．

さてここで問題としたいのは，ユダヤ人の数学ではなくヘブライ語で書かれた数学です．ユダヤ人は必ずしもヘブライ語で書いたわけではありませんが，他方ヘブライ語で書いたのはすべてユダヤ人です．中世においてユダヤ人はマイノリティですので，ヘブライ語の著作の流通範囲は広くはなく，ユダヤ人コミュニティにのみ通用したものですが，それでもそれらの中にはラテン語訳を通じてフィボナッチに影響を与えた可能性のあるものがあります．

ヘブライ数学の起源は，もちろん古代のタルムードの時代にありますが，それらは文脈の中でのみ意味を持つ書き方しかされていないのでここでは省きます．

本格的な数学は中世に生じます．中世アラビア世界ではユダヤ人は通常アラビア語で著作したので，それは通常アラビア数学の部類に属します．ところが11世紀西アラビアのムラービト朝とムワッヒド朝で大きな変化が生じます．この北アフリカ発の王朝はイスラーム主義をとり，大規模にユダヤ人排斥を行い，イベリア半島にも勢力を伸ばしていきます．するとその地でユダヤ人迫害が起こります．その中でユダヤ人たちは結束し，また神学論争

---

[1] *Aleph : Historical studies in sciece and Judaism, Hebrew University of Jerusalem.*

第 7 章 中世ヘブライ数学

などを起こして，徐々にヘブライ語で数学や科学を書き著すようになります．

この時代 12 世紀の 2 大ヘブライ数学者は，アブラハム・バル・ヒッヤ (1065 頃 – 1136 頃) とアブラハム・イブン・エズラ (1090 頃 – 1167) で，フィボナッチよりおおよそ 100 年前の時代です．

イスラームにおける寛容の時代は終わり，ユダヤ人の多くはイベリア半島から北に向かい，南仏のプロヴァンスで活躍することになります．フィボナッチの少し後の時代ですが，レビ・ベン・ゲルション (1288 – 1344) やタラスコンのエマニュエル・ベン・ボンフィス (1350 年頃) 等の大学者がその地で数学にも貢献します．

レコンキスタの完成によって 1492 年ユダヤ人たちは完全にイベリア半島を追われ，南仏，北アフリカ，北イタリア (ヴェネツィア)，小アジア (コンスタンティノポリス) などに拡散していきます．その新しい土地でも多くの数学書をヘブライ語で著した

חשבון השטחים

[folio 95a] תחלת מה שצריך לדעת קורא זה הספר הוא שלש חלקים אשר
אמרם כבר הנהומר אלבוארזמיי* בספרו והם (שרשים ומרובעים ומספרים)[1]
ראדיש אלוש קאנטאש. והשורש הוא כל דבר שי[ת]רבה על עצמו כמו האחד
ומן האחד ולמעלה ושבריו ושבריו שבריו עד אין להם סוף. והאלוש הוא המתקבץ
מהתרבות זה השורש על עצמו שלם יהיה או נשבר. והמנין הוא הצמוח מאליו
אשר לא יוכל לפעול בו לא שם שורש אלו שם והוא המתיחס אל מה שבו מן
האחדיי. ואלו השלשה חלקים כבר יהיה כל אחד מהם יהיה שוה לכל אחד
מהחלקים הנשארים וכבר יהיה ששוה כמו השני חלקים שנשארו. אם שיהיה
שוה לכל אחד (מהחלקי) מהנשארים זה כמו שיאמרו לך אלוש ישוו שרשים
ואלנו ישוו מספרים ושרשים ישוו מספרים. ואם שיהיה שוה החלק האחד לשני
החלקים הנשארים הוא כמו שתאמר מרובעים ושרשים ישוו למספרים ומרובעים
ומספרים ישוו לשרשים ושרשים ומספרים ישוו למרובעים ואלו הם ששה חלקים
וצריך לבאר.

フィンズィによるヘブライ語訳アブー・カーミル『代数学』現代編集本の冒頭（出典：Martin Levy, *Algebra of Abū Kāmil, in a Commentary by Mordecai Finzi*, Madison, 1966, p.29.）

101

ことはいうまでもありません．ただし独創的というものではないようです．北イタリアのマントヴァで活躍したモルデカイ・フィンズィ（？-1475）は，この時代においてもまだアブー・カーミル『代数学』をアラビア語から，さらにフィボナッチの同郷であるピサのダルディ（14世紀中頃）の代数学書をイタリア語からヘブライ語に訳しました．

ところで本来ヘブライ語では数学といえるほどものはほとんどなかったのですから，まずはアラビア語からの吸収，すなわち翻訳運動から始めなければなりません．こうしてラテン語訳運動の「12世紀ルネサンス」におおよそ1世紀遅れて，13世紀には多くのアラビア語数学書がヘブライ語に訳されるようになります．ティッボン家やカロニモス家は翻訳家を多く輩出したことで重要な家系です．

さて12-14世紀のヘブライ語の数学の目的は2つあります．まず，どの文明でもそうですが，実用的で商業など日常生活に必要な計算を扱うものです．もう一つは，宗教的議論で使用するものです．神学論争が起こると，世界創造や天体などの議論が介入しますが，その中で重要なのがとりわけ天文現象です．そこで利用できるものとして数学，とりわけ計算法があります．ここでは複雑な近似計算や三角法が必要となりますが，数学そのもののための研究というものではありません．ただし，それでもそれを超えた高度な数学もわずかながら存在しますが，ここではそれに触れる余裕はありません．

以下では，その作品がフィボナッチと関係があると考えられるアブラハム・バル・ヒッヤについて見ていきましょう．

アブラハム・バル・ヒッヤ：人と作品

アブラハム・バル・ヒッヤの生涯についてはほとんどわかっていませんが，バルセロナのバヌー・フード(1039–1118)の支配下の「守衛長」であったようです(ただし他にもアブラハム・イブン・エズラもその地位にいました)．この役職はアラビア語でṣāḥib ash-shurṭa と言い，それがなまってラテン語で Savasorda となり，このサバソルダという名前でもよく知られています．またラテン語でユダヤ人アブラハム(Abraham Judaeus)と呼ばれることもあります．単にそれだけで同定できたわけなので当時から著名であったようです．当時アラゴン＝カタルーニャ領であったプロヴァンスやバルセロナで活躍し，当地のアラビア語を知らないユダヤ人たちに，哲学，数学，天文学などのアラビア文化をヘブライ語で伝える役割をしました．その意味では，中世ヘブライ文化の創始者とも言える人物です．

数学作品は2点あります．まず百科的著作『学問の基礎と信仰の塔』があり，そこでは古代ギリシャのゲラサのニコマコス(100年頃)『算術入門』などに基づいた算術，幾何学の基本を扱っています．ユダヤ文化にはニコマコスに見られるような数を用いた世界認識(ピュタゴラス主義)がしばしば登場しますが，この作品もその一つです．

それとはまったく内容が異なり，より実践的数学的なのが，ヘブライ語で書かれた『幾何学的計測』です．これは1116年に書かれ，1145年には自身とティヴォリのプラトーネとによってラテン語に訳され，『面積の書』という名前で知られるようになりました．なお，ティヴォリとはイタリア中部の都市で，プラトーネは

プラトンのイタリア語表記です．この人物には多くの訳書がありますが，人物の詳細は不明です．

このラテン語訳は中世科学史家クルツェが論文[Curtze 1902a]や次の本で編集しています．ただし写本で確認しますと（たとえばフランス国立図書館 BN lat.11246），クルツェの解読には誤りが多々見られます．

- M.Curtze, *Urkunden zur Geschichte der Mathematik im Mittelalter und der Renaissance*, Leipzig, 1902.

ヘブライ語テクストはユダヤ哲学史家グットマンによって1912年に編集され，さらにバルセロナの科学史家バリクロサがそれをカタルーニャ語に要約しています．

- José María Millás Vallicrosa(ed.), *Llibre de geometria*, Barcelona, 1931.

ただしヘブライ語原文（カタルーニャ語訳）とラテン語訳とはかなり異なります．序文に見えるトーラーからの様々な引用もラテン語訳では省かれています．翻訳は，まずサバソルダが自分の本をヘブライ語からカタルーニャ語に訳し，それをプラトーネがラテン語に訳した，という現代の研究者もいます．もしそうであれば，サバソルダはラテン語に，プラトーネはヘブライ語に堪能ではなかったことになりそうです．これが内容の相違に繋がったのか，それは不明です．

この翻訳の状況と同じことは，たとえばエウクレイデス『原論』がラテン語訳から中国語訳されたときにも見えます．イタリア人マテオ・リッチは『原論』をラテン語から中国語に口述訳し，それをインテリ官吏である徐光啓が正しい中国語に書き留めまし

た．こうして完成されたのが『原論』1-6巻の中国語訳『幾何原本』(1607)です．ティヴォリのプラトーネも徐光啓も翻訳対象言語を必ずしも習得してはいなかったのかもしれません．大文化圏の言語（ラテン語，中国語など当時の文明語）への翻訳の際には，これに類した共同翻訳作業がしばしば起こるようです．これに比べると，江戸時代の蘭学者たちが，助けをほとんど借りずに未知なるオランダ語からほぼ正確に和訳したことは驚くべきことです．

さてその『面積の書』とはどの様な内容か，それを次に見ていきましょう．

『面積の書』

まずラテン語訳序文を見て，全体の内容を把握しておきましょう．

> サバソルダによってヘブライ語で編集され，ティヴォリのプラトーネによってアラビアのサフェル月510年にラテン語に翻訳された『面積の書』が始まる．
>
> 　計測と分配のすべての法則を正しく知りたいと思う者は，計測と分配との方法基礎づける算術と幾何学の一般命題を知らねばならない．それを完全に理解すれば最高の熟練者となり，決して道を踏み外すことはないであろう．
>
> 　それゆえ本書は4章に分けられる．第1章は幾何学と算術の一般命題を含み，それらの読解によって真の理解に達するであろう．第2章はそれぞれの図形，すなわち三角形，四角形，円形他の任意の形をした土地測量の知識である．第3章は，第2章でその計測を証明したあらゆる図形の分割を扱う．第4章は穴や井戸やそれに類したも

の，さらに立てられた物体，球体，容器の計測である．

こうして本書には完全な知識が含まれているので，いかにしてそれを実践するかを示せば，本書の目的は達せられるであろう．

以上から本書は計測の実践書に見えますが，実際第1章は『原論』第1巻と第6巻の抜粋で，単なる実用書と断定することはできません．そこでは定義，公準，公理の数もギリシャ語版『原論』とは異なり，中世ヘブライ数学で『原論』がどの様に受容されたかもわかります．

『面積の書』は，チェスターのロバートによるフワーリズミー『代数学』と同じ1145年にラテン語訳が完成されましたので，ラテン世界で2次方程式が論じられた書物としてはもっとも初期の部類に属します．しかしフワーリズミーの代数的手法はそこには見えません．次は $x^2-4x=21$ の解法の箇所です．

正方形の面積があり，その領域からその辺のすべてが一つに集められたものが取られると21が残るなら，実際何ウルナ含むか，そしてその正方形はいくつか．次のようにすれば答えは明らか．

というのも，もし4であるその辺の数が二つに分割されると，二が出てくる．それを自乗すると，もちろん4である．それゆえ，面積を超過する21がそれに加えられると，25が出てくる．その平方根は5となる．それに辺の数の半分つまり二が加えられると7になる．これが正方形の辺であり，その面積は49で完成する．

ここでは確かに2次方程式が解かれていますが，アラビア代数学の用語はまったく用いられてはいません．ラテン世界にフワーリズミーの代数学が導入される以前に，すでに南仏ではそれとは別の経路でユダヤ人たちに2次方程式解法が知られていたのです．

円の求積

ここでは興味深いことを2,3あげておきましょう．それは円に関係することです．

まず，円周率として $\frac{22}{7} = 3\frac{1}{7}$ を用いていることです．「円周全体と直径の大きさを知りたければ，円周の 22 の部分のうちの 7 つの部分をとるか，あるいは円周を 3 と七分の一の部分で割ると，直径を見いだすことが出来る」と述べています．これと同じような内容はフィボナッチにも見られます．

また次のようにも言います．

> 円の部分を abc，その弦 adc が 8，その矢 db が 4 ウルナであるとすると，それは半円となるであろう．その面積を知りたいならば，その弦 ——円の直径—— の半分をその弧の半分に掛けると，半円の面積が出てくるであろう．

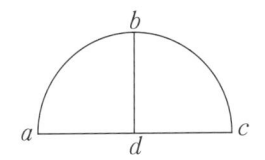

なおここでラテン語のウルナ (腕) は両腕を広げた長さに相当します．

さて円の求積には独自の説明が見られますので，その概略を示しておきましょう．以下はラテン語訳にはない箇所です [Vallicrosa 1931]．

　直径の半分と円周の半分との積は円の面積となることを示すため，学者たちが主張した証明は次のようである．尖ったもので円を開き，すべての円形の線を直線に変形し，円の外側の線から中心まで，周りの線を点つまり中心になるまで小さくしながら進める．たとえば線を ABGDEWZHTIKLMN とする．外側の線はすべての中でいちばん長く，それよりも内側の線 B を越え，この B は G よりも大きい．それらはこうして小さくなっていき，中心である点 N に至り，こうして三角形が得られる．ところで三角形の面積は，底辺の半分と高さとの積である，とすでに説明した．よって円の面積は，円周の半分と直径の半分との積となり，我々が描いた図では直線 A と高さ AN との積の半分となる．

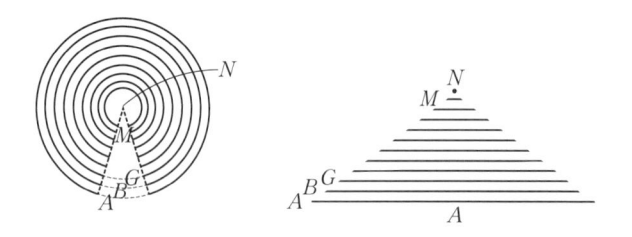

このような円の求積は他ではほとんど見ることができません．ただしタルムードにそれに類したことがいくらか書かれているの

で，サバソルダはそこからヒントを得たのかもしれません．

次にサバソルダとフィボナッチとの関係を見ていきましょう．それはエウクレイデス『図形分割論』に関係します．

図形分割論の伝統

古代ギリシャのエウクレイデスは『原論』で有名ですが，さらに『図形分割論』という作品もあります．この書物はすでに古代に失われていましたが，アラビア語訳断片が存在しています．

アラビアではこの図形分割論の伝統が受け継がれ，多くの研究が進められました［Miura 1995］．中世ラテン世界でもアラビア数学の影響の元に，サバソルダ，ヨルダヌス・デ・ネモーレ，ジャン・ド・ミュールなどが議論しています．なかでも詳細に取り扱ったのはフィボナッチ『幾何学の実際』です．その第3, 4章は全体で8章からなるその書物の半分も占めていることから，この分野の重要性がわかります．

ここでは，三角形と四角形の2等分が議論されているサバソルダ『面積の書』第3章の図形分割論と，さらにそれとフィボナッチとの関係を見ておきましょう．

その第4問は三角形を1辺上の点を通る直線で2等分する問題です．その点が辺の中間であれば，そこから向かいの頂点に線を引けば簡単ですが，点が中間にはないときが問題です．

図のように三角形 abc をとり，d を辺 ab の中間ではない点とします．

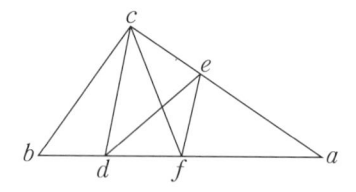

このdを通って三角形を2等分することが求められます．すると中間点fをとり，dcに平行にfeを引きます．このとき
$$\triangle cde = \triangle cdf.$$
すると

四辺形 $cbde = \triangle cbd + \triangle cde$

$\qquad = \triangle cbd + \triangle cdf = \triangle cbf$

となり，四辺形cbdeは三角形の半分となります．

ここでのサバソルダの説明は明解ではないので，同じことを論じたフィボナッチの箇所を利用して説明しました．実際，サバソルダとフィボナッチとは12問で内容が同じです．

では次の問題はどうでしょうか．四辺形abcdがあり，対角線の交点をeとし，対角線bdの中点をfとすると，頂点aからどの様な線を引けば四辺形は2等分されるでしょうか．

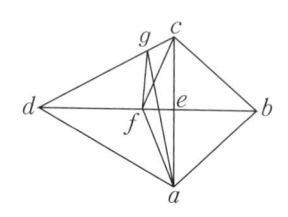

サバソルダとフィボナッチ

　サバソルダとフィボナッチとは文体も説明の仕方も異なり，フィボナッチの方が遙かに洗練された説明です．サバソルダはこの箇所では，菱形を almuncharif（アラビア語 al- munḥarif に由来）としている一方，他の箇所では rhomboides と呼んでいます．またフィボナッチはサバソルダのラテン語訳とは異なり，図形に用いる記号を *abcdef* ではなく *abgdez* としています．これはギリシャ語 $\alpha\beta\gamma\delta\varepsilon\zeta$（$\gamma$ はガンマ，ζ はゼータ）に対応しますので，フィボナッチはギリシャ語著作あるいはその訳書からヒントを得て書いたと想像できます．

　図形分割論以外にも図形の求積など，サバソルダ『面積の書』とフィボナッチ『幾何学の実際』とには同じ題材がたくさん見られます．ラテン世界ではサバソルダと同時代に，アラビア語の作品アブー・バクル『計測の書』，サイード・アブー・ウスマーン『サイード・アブー・ウスマーンの書』，ムハンマド・バグダーディー『平面分割論』が，おそらくクレモナのゲラルドによってラテン語へ訳されつつありました．しかもそれらには相互に類似の問題が見られ，それはまたサバソルダやフィボナッチにも当てはまります．しかしサバソルダやフィボナッチが以上の3書を実際に参照した直接の証拠はありません．

　ただしサバソルダとフィボナッチは，著作冒頭に『原論』の抜粋を記述している点で，実用を目的とする上記3点とは異なります．すなわち両者は，実践を目指しながらも理論を基礎におく方法をとって執筆しています．たしかに両者は同じ題材を扱いながらその表現法は異なるようですが，その目標は似ているのです．

フィボナッチはサバソルダの数学の枠組みを受け継いだと言えそうです．

第 8 章
フィボナッチを巡る人々

　13 世紀イタリアの学問を語る場合，重要な人物がいます．神聖ローマ帝国皇帝（在位 1220-50），ならびにシチリア王（在位 1197-1250）であったフェデリーコ 2 世（1194-1250）です．ドイツ系のホーエンシュウタウフェン家出身であったので，歴史学などではドイツ語でフリードリヒ 2 世と呼びますが，イタリアで生まれ育ち亡くなったので，ここではイタリア語でフェデリーコ 2 世と呼ぶことにします．ところで彼は学問を奨励し，とりわけアラビア文化を愛好しました．実際彼はアラビア語を流暢に話すことができたと伝えられています．そのパレルモの宮廷には，民族や宗教の違いを超えて多くの学者が集まり，数学の話題に花咲き，それにはフィボナッチも関係しています．

　本章は，フィボナッチの作品の序文を通じて当時の文化的環境を見ていきましょう．さらにフェデリーコ 2 世と学術交流した人々にも触れておきましょう．

フェデリーコ 2 世

　フェデリーコ 2 世の政治的手腕や歴史に関しては，カントローヴィチの浩瀚な古典的書物があります（カントローヴィチ『皇帝フリードリヒ二世』（小林公訳），中央公論新社，2011）．4 歳で両親を亡くし，皇帝となり十字軍に関与するも，教会から 2 度も

破門され「教会の敵」とまで言われ，と波瀾万丈の生涯を終えました．しかし本章は政治史ではなく文化史的な観点が主題です．そのための基本文献はいまだハスキンズのものが，生涯については逸話も交えて吉越氏や塩野氏のものが詳しく描いています．

- Ch. H. Haskins, *Studies in the History of Mediaeval Science*, Cambridge: Mass., 1924.
- 吉越英之『ルネサンスを先駆けた皇帝』，慶友社，2009.
- 塩野七生『皇帝フリードリッヒ二世の生涯』2巻，新潮社，2013.

まずフェデリーコ2世自身の貢献について触れておきましょう．彼は歴史家ミケーレ・アマーリによって「キリスト教化したスルタン」と呼ばれているように，西洋中世では誰よりもアラビア文化に心惹かれた皇帝で，その行幸には象，ライオン，豹，ラクダなどが伴われていたと言われています．著作で有名なのは『鷹狩り論』で，それには長短2つの版があります．そこで彼は，まずアリストテレス読解に基づき，さらに自らの経験を踏まえ，鳥類の習慣や解剖などを「あるがままの姿」で描き，その後鷹狩りについてのアラビアの技法を紹介しています．

またフェデリーコ2世は数多くの城を建設しましたが，なかでも南イタリアのプーリア州に建設したカステル・デル・モンテ（山の城の意味）は，8つの塔をもつ完璧な正8角形をなし，軍事用ではなくおそらく鷹狩り用として作られた特異な幾何学的建築物で，今日世界遺産に登録されています．

さらに1224年にはナポリ大学を設立しました．これは今日，「ナポリ・フェデリーコ2世大学」と呼ばれ，パリ大学やオックスフォード大学の誕生には遅れますが，初期の大学としてその後

カステル・デル・モンテ．(出典：Stefania Mola, *Castel del Monte*, Bari, 2009, p.14)

西洋の学術思想展開に重要な役目を果たし，中世最大の神学者トマス・アクィナスを生んでいます．

しかしここで問題としたいのは，これらの革新的偉業ではなく，その宮廷に様々な学者たちが集まり，学術的議論が花咲いたことです．そこにはどのような人物が集まったのか，それを見ていきましょう．『算板の書』初版は今日すでになくなっていますのでわかりませんが，それ以外の著作の献上先は次の表のようになります．

作品	献上先
『算板の書』第2版	ミカエル・スコット（皇帝付占星術師）
『幾何学の実際』	ドミニクス（友人）
『平方の書』	フェデリーコ2世（皇帝）
『精華』	ラニエロ・カポッチ（枢機卿）
『テオドルス師への手紙』	テオドルス（皇帝付哲学者）

フィボナッチ『平方の書』の序文には次のように書かれています[Boncompagni 1862].

> 私が数について書いた本[=『算板の書』]を陛下は畏れ多くもお読みくださり，幾何学と数とに関する精緻な事柄をいくつかお聞きになりたいという，ピサから来た報告と宮廷から来た報告とを最近聞くにおよんで，私は陛下の宮廷で陛下の哲学者が私に提示した問題を思い出しました．そしてその問題に着手し，陛下の栄誉のためこの作品を著作することにし，私はそれを『平方の書』と呼ぶことにいたしました．

ここに見るように，フェデリーコ2世自身数学には多大な関心があったようです．というよりも，他の学問はもちろん数学にも，と考えた方がよいでしょう．学問に対する関心はたいへん旺盛であったようです．

ピサと東方

さて当時レオナルドの活躍したピサは，ヴェネツィア，ジェノヴァなどと並んで地中海貿易で大繁栄していました．繁栄していたのは経済面だけではありません．さらに学術文献の翻訳の面でもピサは重要な都市でした．たとえばピサのブルグンディオ(? – 1193)は，古代のアリストテレスやガレノスの著作をギリシャ語からラテン語へ翻訳しています．またピサのステファノ(12世紀中頃活躍し，アンティオキアのステファノ，哲学者ステファノとも呼ばれる)は，アラビア医学や薬学をアラビア語からラテン語

に翻訳しています．

ここでピサにはアラビア語由来の地名も残っていることに注意しましょう．キンシカ地区にあるサミュエル門，アガジル門などは一族の名前に由来すると言われています［バーネット，2000］．ピサとアラビアとは密接に交流があったのです．

さらに海外に目を向けると，ピサと東方との密接な関係がよく見えてきます．第1回十字軍におけるピサの貢献で，ピサは地中海東岸の大都市アンティオキア(現トルコ)に土地を与えられました．その地はアラビア科学，そして古代ギリシャ科学の集積地であったようです．というのも，12世紀ルネサンスの大翻訳者バスのアデラードがこのアンティオキアに滞在したからです．しかも彼はそこでアラビアの学問を求めてやって来たピサのステファノに出会っていた可能性も指摘されています．『算板の書』では訪れた土地の一つにシリアの名があげられていますが，それはこのアンティオキアなのかもしれません．しかしピサとアンティオキアの学術を直接結ぶ人物，それはピサのステファノだけではありません．次に述べるテオドルス(13世紀前半)がより重要です．

皇帝付哲学者テオドルス

フィボナッチの小品に不定方程式を解いた『テオドルス師への手紙』という書簡があります．以下ではこの人物テオドルスについて見ていきましょう．フィボナッチはその序文で次のように書いています．

> 鳥やそれに類したものについての次の問題を解く方法を

著作するようにと，私のある親友は絶えず懇願し要請してきました．というのも，彼自身あたかもこの学問に新しく導き入れられたばかりのように，数についての私の本[=『算板の書』]のなかに含まれる強い糧に驚き，また生まれたばかりの赤子のように甘美なミルクを準備されたので，彼はより強靭となり，より困難なことを理解できるようになりました．私は彼のためにこの発見法を見いだし，それによって，同種の問題だけでなく，金銭に関する様々な種類の問題すべても解くことができます．そして私はこの方法を，その学問の中でより卓越した有益なものとして選び，皇帝付哲学者であられる，尊敬すべきテオドルス師，あなたに私はそれをお送りすることに決めました．こうして閣下はそれを読了され，不要なものを除外し，有益であるものを失わないようにすることができるのです．

　鳥の問題とは連立1次不定方程式で，それに関してはすでに第4章でアブー・カーミルを述べたときに触れましたが，いずれ詳しく扱う予定です．ここではフィボナッチとテオドルス師との密接な関係に注意してください．

　テオドルスは本来小アジアのアンティオキアに生まれた単性論派キリスト教徒です．当初シリア語やラテン語，さらに古代ギリシャの学問を学んだようです．その後モスルに行き，そこではイブン・ユーヌス（後述）のもとで，『原論』,『アルマゲスト』，さらにファーラービーやイブン・シーナーなどによるアラビア哲学を学びました．さらにバグダードでは医学を学び，各地でスルタンや王に仕えましたが，それらの地では学問への情熱は満されることはなく，その間フェデリーコ2世の大使に出会い，その宮廷に連

13世紀地中海の地図

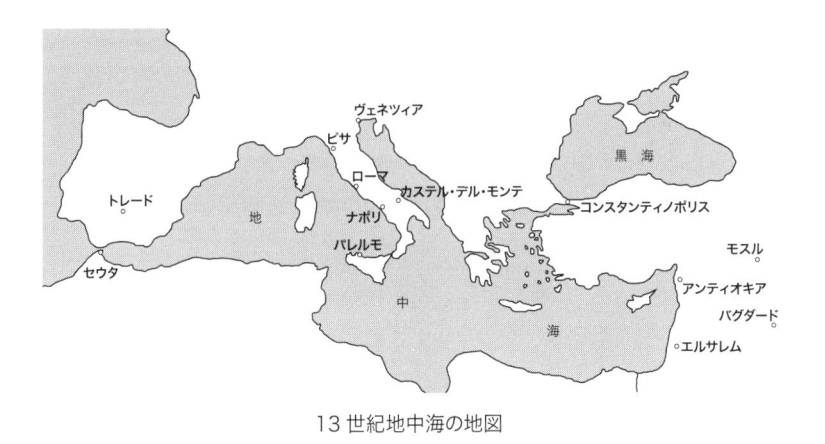

れてこられたと伝えられています．こうしてフェデリーコ2世に
たいへん気に入られ，仕えることになります．

　彼は学者としては最高位の地位である「皇帝付哲学者」にまで
登り詰めました．それだけではなく，ミカエル・スコット（後述）
亡き後は，彼に代わり「皇帝付占星術師」という職名も授与され
たようです．しかし宮廷では大使や医者の役も引き受けました．
最も重要な著作は，鷹狩りについてのアラビア語作品『モアミン』
（詳細は不明）のラテン語訳です．これを後にフェデリーコ2世自
身が改訂しています．

　フィボナッチの作品にはそのほかにも人名が登場します．次に
それを見ていきましょう．

フィボナッチの作品の登場人物

　ミカエル・スコット（13世紀初頭活躍）は，アラビア語からラ

テン語への自然哲学等の翻訳家として，また占星術師，哲学者として，フェデリーコ2世の宮廷で最もよく知られた人物です．ただし彼はたしかに皇帝に仕えましたが，「皇帝付哲学者」の地位にあったわけではなく，それよりかは劣る「皇帝付占星術師」でした．スコットの名前からスコットランドと関係がありそうですが，詳細は不明です．トレードで翻訳活動の後，ボローニャ，パレルモなどで活躍します．フィボナッチはこのスコットに『算板の書』第2版を献上して次のように述べています．

> 最も偉大な哲学者，我が師ミカエル・スコット，あなたは私が何年も前に著作しあなたにお送りしました数についての本[『算板の書』]に関して我が主人[フェデリーコ2世]にお書きになりました．こうしてあなたの御指摘に従いまして，あなたの慎重さをより精緻に検討しまして，あなたの名誉と他の多くの方々に役立つように，私はこの作品を正すことができました．

ドミニクスについての詳しいことはわかりませんが，ドミニクス・ヒスパヌスと記述されている箇所があり，スペイン出身のドメニコと考えられます．フィボナッチは『幾何学の実際』で彼を「我が友」と呼んでいますので，さほど高位の人物ではないのでしょう．

> 我が友，尊敬すべきドミニクス師，あなたは私に幾何学の実際についての書物を書くようにすすめました．こうしてあなたの友情に奮励され，あなたの熱願に従いまして，私はかつてより企図していた論考をあなたのために書き綴りました．

ところで、フィボナッチがフェデリーコ2世に実際に謁見できたかどうかの資料は残されていませんが、以下で見る『平方の書』の序文から、それは実際にあったと推定できます。

> ドミニクス師がピサで、最も栄光ある主人 F [フェデリーコ2世] 皇帝のもとに私を導き、私はそこでパレルモのヨハンネス師に出会いました。ヨハンネス師は私に、幾何学というよりも数に関する次の問題を提示しました。そこから五が加えられたり引かれたりすると、常に平方数が生じるような平方数を見いだせ、というものです。私はすでに見出していたこの問題の解を熟考のすえ、この解自体が、平方数と、平方数の間に関係する多くの事柄とに起源を持つことを知りました。

これは

$$\begin{cases} x-5 = b^2 \\ x+5 = c^2 \end{cases}$$

となる x を求めよという問題ですが、それについてはいずれ詳しく述べることにします (20-21 章)。

パレルモのヨハンネスについても詳しいことはわかりませんが、シチリアのパレルモ出身の哲学者であったようです。『精華』の本文冒頭には次のような言及があります。

> ピサでは、最も栄光ある主人フェデリーコ皇帝の御前で、皇帝付哲学者パレルモのヨハンネス師が私に一連の数学問題を提示されました。そのうちの二つは幾何学というよりは数論に属しています。

最後はラニエロ・カポッチです．彼はローマにあるサンタ・マリア・イン・コスメディン聖堂の枢機卿で，フィボナッチが作品を書いていることを聞き知りその完成を懇願しました．

　さて次に，テオドルスが教育を受けたモスルにおける数学の状況について話を移しましょう．

「カマール学派」の師イブン・ユーヌス

　カマールッディーン・イブン・ユーヌス（1156-1242）は，当時アラビア世界で最も影響力あった学者の一人と言える人物です．元来はシャフィイー派神学者ですが，イスラームの学問（法学，神学）つまり宗教的学問はもちろん，ギリシャの学問（数学，医学など）つまり科学や哲学にも通じた万学の学者です．モスルで学問を教え，天文学で有名なナシールッディーン・トゥーシー（1201-74）もそこで学んでいます．なおイブン・ユーヌスと呼ばれるもう一人の有名人がいます．アブー・ハサン・アリー・イブン・アブドゥッラフマーン・イブン・アフマド・イブン・ユーヌス（950頃-1009）で，こちらはエジプトで活躍した天文学者・数学者ですので，間違わないようにしてください．

　イブン・ユーヌスはとりわけ数学に関心があったようです．フェデリーコ2世がアイユーブ朝（エジプト，シリア，メソポタミアのイスラーム王朝）のスルタン，カーミル（在位1218-38）に提示した数学問題は，その地のシリア人たちには解けず，その後そこからイブン・ユーヌスに回され，彼はそれを解いたとされます．フェデリーコ2世とカーミルとは十字軍で敵対関係にあったのですが，両者とも争う気はなく，知的交流を望み，それは生

涯続いたと言われています．

さてこの数学問題自体はフィボナッチも『テオドルス師の手紙』で解いています．さらにそこで出された問題のなかには，円の切片を同面積の正方形に変換する，つまり求積問題があり，それをモスルの哲学者・天文学者アブハリー（13世紀前半）に送ったところ，彼はそれを解き，そのことを聞き知ったイブン・ユーヌスは彼をたいそう褒め称えたということです．ただしその解は間違っています．ともかくも当時は求積問題がさかんに議論され，そこではアルキメデスの作品もよく研究されたようです．

このイブン・ユーヌスのグループは彼の名前カマールから「カマール学派」とも呼ばれ，モスル（今日のイラクの都市）をその学術の中心地としました．そしてその地の成果はその後ルネサンス期西洋にまでも影響を与えることになります［三浦，2012］．すなわちアラビア数学の西洋への導入は主としてイベリア半島でおこなわれましたが，他方でモスルやバグダードの東アラビアの数学がアンティオキアなどを介してピサなどのイタリアにもたらされたのです．その流れは確かにイベリア半島に比べるとわずかではありますが，西洋ラテン世界は様々な経路を通じてアラビアの学術を受け入れていたことがわかります．

西洋と東洋とには学術交流が頻繁にあったので，それをいくつか紹介しましょう．

東西学問の橋渡し

フェデリーコ2世は書簡の形で問題をアラビアの為政者たちに送りました．

彼はミカエル・スコットを介して，当時トレードにいたユダ・ベン・ソロモン・コーヘンと幾何学・天文学の問題を取り交わし，後者は 18 歳のとき問題を解いています．その幾何学問題は，与えられた球に内接する正 5 角形を作図すること，5 つの正多面体に球を内接することです．これは『原論』最終巻第 13 巻を理解していれば解ける問題で，コーヘンはすでに『原論』をすべて理解できていたことがわかります．

　またフェデリーコ 2 世はエジプトのカラーフィー (? – 1283 年頃) というマーリキー派法学者に 7 つの問題を送っています．そのうちの光学問題は，澄んだ水の中に一部を沈めた櫂や直線物体などはなぜ曲がって見えるのか，スハイル星 (カノープス) は南中時よりも水平線近くにあるときの方がなぜ大きく見えるのか，などです．以上は錯視に関することなので，実際に目に見えることしか信用しなかったと言われる皇帝の思想信条がこれらからよくわかります．

　またペリパトス派哲学者兼スーフィーのイブン・サビーン (1216 頃 –71 頃) は，汎神論の嫌疑をかけられイベリア半島南端のセウタに逃避していましたが，彼にフェデリーコ 2 世は「シチリア問題」として知られている形而上学などについて 5 問を提示しています．おそらくイブン・サビーンの秘書が書いたとされるその序文では，フェデリーコ 2 世の学問への関心がよく現れています [Amari 1853]．

> 　これらの問題を含む資料は皇帝陛下によって東方，つまりエジプト，シリア，イラク，小アジア，イエメンに送られました．しかしこれらの地域の賢人たちが与えた解答

は決して国王を満足させるものではありませんでした．同様に，彼がアフリカに調査を開始したときも，そこに学者たちは見いだされはしますが，その土地ではそのような研究はまったく欠いていたと記述されています．最後にフェデリーコ2世は西方とスペインに解答を依頼し，そしてこの地にイブン・サビーンという名の男がいることを知らされましたので，哲学問題をムワッヒド朝のスルタン，ラシードに書き送りました．するとカリフは直ちにセウタにいる補佐官イブン・ハラスに依頼し，当該の人物[イブン・サビーン]を見つけ出すように指示し，こうしてイブン・サビーンはローマの君主[フェデリーコ2世]が提示した問題に答えることができたのです．

　以上から，イブン・サビーンは当時西アラビアでは最も知的な学者の一人と見なされていたこと，そしてフェデリーコ2世が自らの質問に答えてくれる学識者を各地に広く求めていたことがわかります．

　さて以上の問題のやりとりは「質問と解答」という形式を取っています．これはアラビア語で「マサーイル・ワ・アジュイバ」と言い，またラテン語でも quaestiones et responsiones として知られ，当時広くおこなわれていた学問形式です．ここで注意すべきは，そのやりとりがイスラームとキリスト教という宗教的枠組みを越えてなされていたことです．十字軍の最中に神学，哲学，数学，天文学などの高度な議論が敵味方を超えて盛んにおこなわれていたことは驚くべきことではないでしょうか．宗教や言語や人種の枠組を超え学術交流をおこなったのがフェデリーコ2世

の貢献です．その多文化的環境に生きたフィボナッチは，時代の雰囲気の中で自由にアラビア，ビュザンティオン(ギリシャ数学の継承地)から数学を学び取ることができたのです．

　以上に登場する人物は専門的数学者ではありませんが，皆数学に関心がありました．宮廷人や為政者に近い人々には数学が重要な話題であったということがわかります．それは数学が占星術に必須であったからです．当時は，戦争，遠征，祝祭，婚姻など，あらゆる行事に占星術が利用され，皇帝付占星術師もいたことは述べました．後の天文学者ケプラーも神聖ローマ帝国皇帝ルドルフ2世の皇帝付占星術師で，複雑な計算のために対数を詳しく論じています．とはいえ，彼らはときに占星術を離れ，数学問題を出し合いながらあらゆる枠組みを超え知的交流を楽しんだようです．

第9章
『算板の書』：数と計算

　フィボナッチは『算板の書』で，アラビア数字を用いた10進位取り計算を具体例を交えて紹介しています．ところでこの「算板」とはアバクス（abacus）の訳です．それは一体どの様な意味なのでしょうか．さらにそこではどの様な数字が用いられていたのでしょうか．本章は『算板の書』の中の数と計算とを見ていきましょう．

アバクス

　アバクスとはラテン語で（英語ではアバカス），イタリア語では abaco または abbaco です．ラテン語では通常 b は一つですが，フィボナッチの写本では b を重ねることもあり一定していません．本来は計算用の板（木や石）で，位を示す線が何本か引かれ，そこに必要な個数の小石を載せたり，あるいは直接数を書いたりして数表記をするものでした．これを「線付きアバクス」と言い，この形のアバクスが長く使用されていました．やがて小石に数を記入しておけば少ない個数の小石ですむことに気づき，11世紀にはそこにアラビア数字が用いられることがありました．この形のアバクスを「ジェルベール型アバクス」といいます．オーリヤックのジェルベールは後にローマ法王シルヴェステル2世

(在位999-1003)となる学者です．

　その後アラビアからアラビア数字とともに10進位取り記数法が導入され，筆算がおこなわれるようになります．しかし紙はまだ用いられることはなく，木や石の板の上に書いて計算しました．この板は従来のアバクスから線を省いたもの，というよりも白紙のようなもので，ここでは算板(計算板，書板)と呼びます．フィボナッチは「白く塗られた板」(tabula dealbata)と呼んで，そこに文字を書くと「容易に消せる」と述べています．さらにはそこで用いられたその筆算による計算法自体もアバクスと呼ばれるようになりました．すなわち10進位取り記数法導入以降，線付きアバクス，ジェルベール型アバクス，筆算としてのアバクス，とアバクスの意味に変化が生じたのです．ただしその後もこの3種は併用され，筆算が他の2種に置き換わってしまったというわけではありません．

　フィボナッチの主著 *Liber abaci* は「アバクスの書」の意味ですが，ここでのアバクスは筆算による計算法を示すと考えてよいでしょう．フィボナッチ自身は著作の中で一箇所だけ単に「計算の書」(*liber de calculatione*)と呼んでいますが，ここでは著作冒頭の一文「千二百二年，ボナッチ家の息子でピサ人レオナルドによって書かれた liber abaci が始まる」から，『算板の書』と呼ぶことにします．もちろんこの算板と東洋の十露盤，算盤などとは区別する必要があります．算盤は算木を置いて計算する紙や布で，そこに格子状の線を引いて数の位を表すものです．

『算板の書』

『算板の書』はボンコンパーニ編集の全集第 1 巻 (1857) では全体の 450 頁を占めています．30 万語弱のラテン語著作で，西洋中世では最大の数学書の一つと言えるものです．今日ではそれに基づく英訳 (*Book of Calculation*) と，その英訳に基づく中国語訳『计算之书』があります [Fibonacci 2008]．中国語訳ではフィボナッチは裴波那契と綴られ，「シルクロード数学名著翻訳シリーズ」に含まれ，そのシリーズの中には他にフワーリズミー『代数学』などの中国語訳も含まれています．もちろんこれも英語からの訳です．重訳ですから細かく見ていくと問題点がないわけではありませんが，それでも大要がわかるわけですから，読める人にはたいへん便利と言えます．実に現代中国における数学史研究の急激な進展には目を見張るものがあります．

さて『算板の書』の内容を第 2 版冒頭の途中から訳しておきます．

> ・・・私はこの修正版で，必要な事柄を加え，余分な事を省きました．そこでは，インド人たちの方法にしたがって数の理論を編集し，その学問の中で最も素晴らしい方法を選びました．そして算術と幾何学とは互いに関係し助けあっているので，数に関する完全な知識は幾何学に出会うことなくしては示されることはできず，さもなければ，このように数に関しておこなうことが幾何学に近いということを知ることはできません．その方法は幾何図形で作られた多くの証明で満たされています．また幾何学の実際に関して私が書いたもう一冊の書物の中でも，私は

幾何学に関するこのことやその他多くのことを適切な証明を付けて説明しました．確かに本書は実践というよりは理論についてのように見えます．こうして，この学問の実際をよく知りたいと思う者は誰でも継続使用して，実際に長期にわたって練習することに専念すべきです．というのも，学問は実践を通じて習慣となるからです．記憶と知覚とはまさしく手と図に呼応し，それらはあたかも同時に押したり引いたりしてすべてにわたって自然に一致するのです．こうして学生が習慣に従うなら，しだいにその完成に容易に到達することができるでしょう．そして理論が容易にわかるようにと，わたしは本書を十五章に分けました．こうして本書を読みたいと思う者は誰でも容易に見出すことができるようになるでしょう．さらに本書の中に不十分な事柄あるいは欠点が見いだされるなら，私はそれをあなたの訂正に委ねることにします．

冒頭からわかるように，本書はミカエル・スコットに献上された第2版（1228）です．初版（1202）はすでに消失し，両者の間に『幾何学の実際』(1220) が書かれたことも触れられています．まず全体の目次を訳しておきましょう．

> [1章] 9個のインド人たちの数字の説明と，いかにしてすべての数がそれらを用いて書かれるか，そして数とは何か，そしていかにしてそれらを手を用いて記憶すべきか，そしてアバクスの導入について
> [2章] 整数の乗法について
> [3章] それら相互の加法について

[4章] 大きな数からの小さな数の減法について

[5章] 整数による整数の除法について

[6章] 分数を持つ整数の乗法，および整数を持たない分数の乗法

[7章] 分数を持つ整数の加法と減法と除法，そして数の諸部分の単位分数への変換について

[8章] 商品などの売買について

[9章] 商品の交換，貨幣の購入，同様の規則について

[10章] 仲間うちでなされたカンパニアについて

[11章] 貨幣の鋳造と，鋳造に関する規則について

[12章] 我々が仮置法と呼ぶ多くの提出された問題の解法について

[13章] エルカタイムの規則，それによってほぼすべての仮置法の問題がいかに解かれるか

[14章] 平方根と立方根の見いだし方，それら自身の乗法，除法あるいは減法，そして双和項と双差項およびそれらの平方根の考察について

[15章] 幾何比例に関する規則について，アルゲブラとアルムカーバラの諸問題について

見慣れない単語もありますが，それらはいずれ詳しく説明することとし，ここで各章の全集版に占めるおおよそのページ数を見ておきましょう．どれが重要と見なされていたのかがわかります．ローマ数字は章，括弧内が頁数です．

I (6), II (12), III (5), IV (2), V (25), VI (17), VII (21), VIII (36), IX (18), X (9), XI (24), XII (153), XIII (35), XIV (36), XV (73).

全体の三分の1を第12章が占めるわけですから，本書は仮置法を用いた問題 (現代的には1次方程式の問題) の解法についての本と呼べるかもしれません．

さて全体の15章を内容から分けると，数と計算 (1-7章)，商業問題 (8-11章)，計算規則 (12-13章)，高等数学 (14-15章) の4部となります．以下では最初の「数と計算」について見ておきましょう．

指による数表記

『算板の書』第一章冒頭では9個の数字と0による10進位取記数法が紹介されていることは，本書の第1章で述べました．その後フィボナッチは，「数とは単位の和あるいは単位の集合で，それらを加えることで数は徐々に限りなく増大する」，と述べています．エウクレイデス『原論』の数の定義，「数とは単位からなる多である」(第7巻定義2) が想起できます．このフィボナッチの表記を厳密に解釈すれば，古代ギリシャと同じように，数とは2から始まり，1は単位であって数ではない，ということになりますが，計算上ではフィボナッチはそうは解釈していないようです．後に述べますが，今日の無理数なども数として方程式の係数に用いているからです．

さて大きな数を表記したり発音したりする場合，フィボナッチは注意しています．たとえば15桁の数678935784105296は，3桁ずつ区切って，その上に弧を書くことを勧めています．$\overbrace{678}\overbrace{935}\overbrace{784}\overbrace{105}296$ のようにです．そしてそれは，678千千千千935千千千784千千105千296と発音するというのです．今日

の3桁ずつの区切りが見てとれます．

さて私たちは乗法の場合，繰り上がる数を一時的に暗記しておかねばなりません．たとえば 45×87 の場合，$5 \times 7 = 35$ の10位の3がそれにあたります．これはフィボナッチも同様で，その際3つの方法を提案しています．

まず数そのものを暗記する方法で，次は乗法表を参照する方法です．乗法表は九九と言えるもので，2×2 から始まり 9×9 まで，さらに 9×10, 10×10 の表が付け加えられています．

そして重要なのが最後の指表記の方法です．

> ... 上記の位取りの数字がしばしば利用されよく理解されましたので，より精緻でより巧妙に見えるアバクスの術を使いたいと思う者は，アバクスの熟練者たちの使用法に従って，古代の最も優れた発明である手による数字の計算を知らねばなりません．その仕草は次のようです．左手の小指を掌の真ん中のほうに曲げると一を示します．その同じ指と薬指とを同様に手の掌の真ん中の方に曲げることで私は2を意味することにします．それらと中指を曲げると3....

ここでは指を用いた数表記法が具体的に詳しく述べられています．

さてその後，「手が描かれた以下のページでそれは証明されます」と書かれていますが，全集版の元になったフィレンツェ写本（Firenze BN. Conv. Sopp. C. 1 2616）にはその図版は見られません．しかしシエナやミラノにある写本には色つきでそれが見事に描かれています．

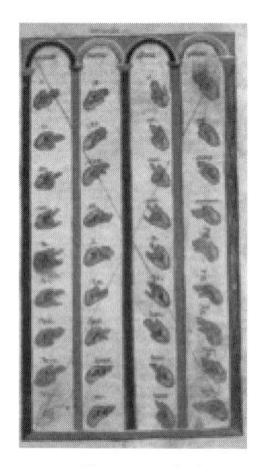

フィボナッチの指表記
(出典：Siena, Bc. cod. L.IV.20.fol. 3r)

　この指による数表記法は，誰にでもどこでも使用できるという簡便さから，すでに古代から存在し，さらにアラビア世界のみならず中世ラテン世界でも，しかもルネサンス期になっても使用されました．フィボナッチも頻繁に使用しています．

　以上のように整数では問題なく話を進めることができます．しかし現実世界ではそれ以外に小さい数が必要とされます．この小さい数の取り扱いはとてもやっかいで，古代エジプト数学からアラビア数学において計算書の大半を占めてきたことは述べました（第5章）．西洋中世でも様々な計量補助単位を用いて小さな数を表記する工夫がされていました．フィボナッチは分数を用いているのが特徴で，数と計算の部分 (1-7章) の7割を占めています．次にそれを見ていきましょう．

フィボナッチの分数

フィボナッチによる分数の書き方は次のようになります．

> 任意の数の上に線が引かれ，この線上に他の任意の数が書かれると，上の数は下の数によって決められた一つの部分または諸部分の数を示します．下の数は名称付けられた数と呼ばれ，上の数は名称付ける数と呼ばれます．

ここに見られるのは今日の分数表記と同じです．ここで分母を示すdenominatus（名称付けられた数）は，中世の大学で教えられていた理論数学では比例論と関係し，複雑な議論が展開されていました．しかしフィボナッチはそれには目もくれずに，おおよそ今日の分数概念を提示しています．

とはいってもフィボナッチの分数は今日のものとは異なります．たとえば $\frac{abcd}{klmn}$ という表記に対し次のように4つの解釈があることを述べています．右辺が今日の表記になります．

[1] $\dfrac{abcd}{klmn} = \dfrac{d}{n} + \dfrac{c}{m \times n} + \dfrac{b}{l \times m \times n} + \dfrac{a}{k \times l \times m \times n}$

[2] $\dfrac{abcd}{klmn}\circ = \dfrac{d}{n} + \dfrac{c \times d}{m \times n} + \dfrac{b \times c \times d}{l \times m \times n} + \dfrac{a \times b \times c \times d}{k \times l \times m \times n}$

[3] $\circ \dfrac{abcd}{klmn} = \dfrac{a \times b \times c \times d}{k \times l \times m \times n}$

[4] $\dfrac{a\ b\ c\ d}{klmn} = \dfrac{d}{n} + \dfrac{c}{m \times n} + \dfrac{b}{l \times n} + \dfrac{a}{k \times n}$

フィボナッチは分数の型に名前を付けてはいませんが，分数の前後に○を付けたり，数の下に線を引いたりして4つの型を区別

しています．これらの分数は右から読んでいるので，アラビア数学の影響下にあることは間違いありません．$\frac{4}{7}49\frac{3}{5}$ は今日の $\frac{3}{5}\times\left(49+\frac{4}{7}\right)$ を示します．

　フィボナッチはこのうちもっぱら第1の型を使用しています．一見複雑なように見えて，実はこの型はきわめて有用だからです．

　前近代の貨幣単位はたいへん複雑で，たとえばリブラ，ソルドゥス，デナリウスという単位は，1リブラ＝20ソルドゥス，1ソルドゥス＝12デナリウスと換算できます．では6リブラ，7ソルドゥス，4デナリウスなら何リブラとなるでしょうか．これは第1の型を用いれば，右から順に書いて $\frac{4}{12}\frac{7}{20}6\left(=6+\frac{7}{20}+\frac{4}{20\times12}\right)$ リブラとなります．英国ではシリング，クラウン，ギニーなどの単位が近年まで使用されていましたが，このように10進法ではない貨幣単位の場合，フィボナッチの方法はたいへん有効です．

　さて $k=l=m=n=10$ とするとどうでしょうか．$\frac{a}{10^4}+\frac{b}{10^3}+\frac{c}{10^2}+\frac{d}{10}$ となり，それぞれ文字が一位の数なら $0.dcba$ となり，今日の小数との対応が注目されます．実際フィボナッチは『算板の書』12章で次のような問題を考えています．

> 　ある男が100ベザント持って十二都市を旅行しました．所持しているベザントの十分の一を各都市に払わねばならないとしますと，十二番目の都市を出発した後，彼にはベザントはいくらか残っているでしょうか．

ベザントとはビュザンティオン（東ローマ帝国）の名前に由来する金貨です．さて，

$$100\circ\frac{9}{10}\frac{9}{10}\frac{9}{10}\frac{9}{10}\frac{9}{10}\frac{9}{10}\frac{9}{10}\frac{9}{10}\frac{9}{10}\frac{9}{10}\frac{9}{10}\frac{9}{10}$$

から，9^{12}を計算し，

$$\frac{1}{10}\frac{8}{10}\frac{4}{10}\frac{6}{10}\frac{3}{10}\frac{5}{10}\frac{9}{10}\frac{2}{10}\frac{4}{10}\frac{2}{10}28$$

を出し，これを100から引けば

$$\circ\frac{9}{10}\frac{1}{10}\frac{5}{10}\frac{3}{10}\frac{6}{10}\frac{4}{10}\frac{0}{10}\frac{7}{10}\frac{5}{10}\frac{7}{10}71.$$

以上の表記は小数に対応しているように見えますが，これは問題がたまたま十分の一であったためであり，そのようにすれば常にわかりやすいという認識はなかったので，ここではまだ小数概念は見られないと言えそうです．

素数

単位分数は古代エジプトで最初に用いられ，その後ギリシャやアラビアでもよく用いられました．それに関する理論付けはアラビア数学ではなされましたが，ラテン世界でそれを初めて論じたのがフィボナッチで，第7章の最後は7つに場合分けして論じられています．

その前にまず素数が次のように定義されます．

> ある数は非合成で，それらは算術でも幾何学でも素数と呼ばれています．それゆえこれは，単位以外のいかなる存在

する小さな数によっても測られ数えられることはありません．アラブ人たちはそれらをハサンと呼びます．ギリシャ人たちはそれらを非通常数（コーリス・カノーン）と呼ぶので，我々も非通常数 (sine regulis) と呼ぶことにします．そのうち百より小さい数は次の表に順に書かれています．百を超える他の素数を見いだす規則を教えましょう．残りは合成数あるいはエピペディで，これは最も熟練した幾何学者エウクレイデスが呼ぶところの平面数です．それゆえ，これらの数は，十二が二と6の乗法によって，また三と4の乗法によって合成されるように，すべて乗法によって合成されるので，これらの数を通常数と呼ぶことにします．

アラビア語では素数 (primus numerus) は ḥasam（良い，美しい，完全な，の意味）です．『原論』第7巻によりますと，1, 2 次元の数はギリシャ語で線数（グラッミコス），平面数（エピペドス）と呼ばれています．ここではアラビア語やギリシャ語が音訳され，さらにエウクレイデスの名前も挙げられているように，フィボナッチは当時の地中海数学を広く学んでいたことがわかります．

素数を述べたあと，因数分解を用いた除法が述べられます．ただしその表記法は今日と異なります．たとえば，$67898 \div 1760$ の場合，まず 1760 は $2 \cdot 8 \cdot 10 \cdot 11$ となることを求め，これをフィボナッチは 1760 の規則と呼び，$\frac{1}{2} \frac{0}{8} \frac{0}{10} \frac{0}{11}$ と書いています．今日の因数分解をしたあと逆数をとったものです．さて因数で割っていくと，$67898 \div 2$ は 33949 で，余り 0．次に $33949 \div 8$ は 4243 で，余り 5．以下，$4243 \div 10 = 424$，余り 3，$424 \div 11 = 38$,

余り 6. こうしてその余り (0,5,3,6) に注目し，$\dfrac{0}{2}\dfrac{5}{8}\dfrac{3}{10}\dfrac{6}{11}38$ とします．では単位分数分解法を見ておきましょう．

単位分数分解法

7つの方法が述べられています．

(1) 通分できる場合．これはさらに 3 分されます．（ⅰ）単純型（分母が分子で割りきれる場合）では，$\dfrac{3}{12}$ は $\dfrac{1}{4}$ となります．（ⅱ）複合型では，$\dfrac{2\ 0}{4\ 9}$ は，$\dfrac{2}{4}$ が $\dfrac{1}{2}$ となるので，$\dfrac{1\ 0}{2\ 9}$ となります．（ⅲ）後退複合型では，$\dfrac{3\ 0}{5\ 9}$ の場合，$\dfrac{a\ 0}{b\ c}=\dfrac{a\ 0}{c\ b}$ と交換できるので，$\dfrac{3\ 0}{5\ 9}=\dfrac{3\ 0}{9\ 5}=\dfrac{1\ 0}{3\ 5}$ となります．

(2) 通分はできないが，分子が分母の因数の和からなっているとき．たとえば $\dfrac{5}{6}$ のとき，$5=2+3$ から，$\dfrac{5}{6}=\dfrac{2}{6}+\dfrac{3}{6}=\dfrac{1}{3}+\dfrac{1}{2}$. これは商業でよく使うので，$\dfrac{i}{n}$（$1\leq i\leq n$, $n=6, 12, 20, 24, 60, 100$．ただしこの n は換算によく用いられる数値）の単位分数分解表を掲載し，それを覚えておくことを勧めています．

(3) 通分ができず，分子は分母に 1 を加えた数を割ることができる場合．たとえば $\dfrac{2}{11}$ は，$(11+1)\div 2=6$ から，$\dfrac{1}{6}+\dfrac{1}{6\cdot 11}$.

(4) 分母が素数で, (分母＋1) が (分子－1) で割り切れる場合. たとえば $\frac{5}{11}$ の場合, $\frac{5}{11} - \frac{1}{11} = \frac{4}{11}$ となり, $\frac{4}{11}$ は (3) より $\frac{1}{33} + \frac{1}{3}$ となるので, 結局 $\frac{1}{33} + \frac{1}{11} + \frac{1}{3}$.

(5) 分母が偶数で, (分子－2) とすると, (1) と (3) に還元できる場合. たとえば $\frac{11}{26}$ では, $\frac{11}{26} = \frac{9}{26} + \frac{2}{26}$ で, $\frac{9}{26}$ は (3) から $\frac{1}{78} + \frac{1}{3}$, $\frac{2}{26}$ は $\frac{1}{13}$. よって $\frac{1}{78} + \frac{1}{13} + \frac{1}{3}$.

(6) 分母が3の倍数, (分母＋1) が (分子－3) で割り切れるとき. たとえば $\frac{17}{27}$ の場合, $\frac{17}{27} = \frac{3}{27} + \frac{14}{27}$. ここで $\frac{14}{27}$ は (3) より $\frac{1}{54} + \frac{1}{2}$. また $\frac{3}{27} = \frac{1}{9}$. よって $\frac{1}{54} + \frac{1}{9} + \frac{1}{2}$.

(7) 分母を分子で割っても割り切れないとき, その商に近い2つの整数で考える方法で,「より有益な方法」と述べられています. $\frac{4}{13}$ の場合, $13 \div 4$ は3と4の間にあるので, 結局 $\frac{1}{4}$ より大きく, $\frac{1}{3}$ より小さくなります. ここで $1 = \frac{13}{13}$ の $\frac{1}{4}$ をとると $\frac{1}{4}\frac{3}{13}$ となり, これを $\frac{4}{13}$ から引くと, $\frac{3}{4}\frac{0}{13}$. $\frac{3}{4} = \frac{1}{4} + \frac{1}{2}$ から, これは $\frac{1}{4}\frac{1}{2}\frac{0}{13} = \frac{1}{52} + \frac{1}{26}$. したがって, $\frac{4}{13} - \frac{1}{4} = \frac{1}{52} + \frac{1}{26}$ から, $\frac{4}{13} = \frac{1}{52} + \frac{1}{26} + \frac{1}{4}$.

以上はすべてを網羅した分解法ではありませんが, フィボナッチはその後も多くの例を用いて様々な形を紹介しています.

第10章
商業問題

『算板の書』に登場する問題は，記号法がないのですべて具体的数値を伴った問題です．それらの問題には3種あり，日常生活に出くわす現実問題，取り巻く状況は現実的なものの実際にはあり得ない仮想問題，そして最後は遊びとしての遊戯問題です．『算板の書』8-11章はいわゆる商業問題を扱い，大半は現実問題，一部が仮想問題です．そこで扱われている問題はすべてが比例算つまり「3数法」で解ける初等算術にすぎません．その意味では，数学的に見るとあまり重要ではないと言えるでしょう．こうして『算板の書』のこの部分は紹介研究されることはあまりありませんでした．

しかし数学を離れて人々の生活や文化を示す資料と見ると，この箇所はとても興味深い内容となります．当時の経済生活からの実例が豊富で，そこからフィボナッチの時代の経済活動が具体的によくわかるからです．本章は，『算板の書』のこの商業問題の部分を紹介します．

地中海の商業

8-11章に登場する都市名は，イタリアではピサ，ジェノヴァ，メッシーナ，フィレンツェ，ボローニャ，ヴェネツィア，パド

ヴァ，パレルモ，タラントです．他の章ではさらにトリノ，ローマ，ルッカなどの名前にも言及されています．以上の都市で活発に商業活動が行われていたことが示されています．しかし重要な海洋貿易拠点都市であったアマルフィの名前はありません．それは 12 世紀前半にシチリア公国に併合されたからでしょうか．また西方ではバルセロナ，セウタ，ビジャーヤ，マグローヌ（プロヴァンスの都市）があり，東方ではアレクサンドリア，コンスタンティポリスなどの名前が見え，当時の商業がほぼ地中海全域に渡っていたことがわかります．しかしアルプス以北の都市の名前は見えません．

その他取り上げられている地域名では，シチリア，ガルブム，プロヴァンス，シリア，キプロスなどがあります．ここでガルブムとはアラビア語 gharaba（日が沈む）に由来し，西方を指します．今日の北アフリカ西部，つまりマグレブの名前はそれに由来します．

このガルブムは常に「ガルブムのビザンツ金貨」として現れています．このビザンツ金貨 (bizantius) は「サラセンのビザンツ金貨」「キプロスのビザンツ金貨」としても登場し，ビザンツ帝国（ビュザンティオン，東ローマ帝国）の金貨の総称で，その名前から「ベザント金貨」とも呼ばれます．その金貨は高純度を維持していたので，長期にわたって地中海地域において共通貨幣の役割をし，東西ローマ世界のみならずイスラーム世界でも使用されていました．各都市では貨幣単位が異なるので，換算はベザント金貨を基準にしていました．11 世紀ころからその品質が下落していきますが，それでもフィボナッチの時代に依然として流通していました．他方 13 世紀頃からはサルディニアにあるピサ市所有の鉱山で良質の銀が産出されるようになり，またアフリカ内部

産出の銀がビジャーヤを通じてピサ商人の手に渡ってきます．すなわちフィボナッチの時代はベザント金貨の時代から銀貨の時代への過渡期なのです．

次に売買される商品を見ておきましょう．チーズ，布，油，リンネル，羊の皮，綿，乳香，辰砂，シナモン，リンゴ，ナシ，穀物，豆，大麦，レンズ豆，キビ，鳥（ハト，スズメ，ヤマウズラ），肉（牛，ヤギ，豚）などが見えますが，さらにサフラン，金，銀，コショウは高価な商品として特別扱いされています．しかしフィボナッチはコショウでもどの様なものが良質かなどには言及しません．あくまで計算問題の材料としての品目です．

変換計算

第8章は次の4部からなります．(1) 重さや個数で販売される商品．(2) 税や物々交換．(3) カンネ，バッラ，トルケッロ等，(4) カンタレのロトゥロの変換．

まず冒頭ではピサの重量単位がまとめられています．

1 カンタレ＝ 100 ロトゥロ

1 ロトゥロ＝ 12 ウンキア

1 ウンキア＝ $39\frac{1}{2}$ デナリウス

1 デナリウス＝ 6 カルベ（穀粒）

1 カルベ＝ 4 グラーヌム

アラビア語ではカンタレはキンタル，ロトゥロはラトルと呼ばれていました．基本貨幣単位はリブラ，ソルドゥス，デナリウ

スです．

1 リブラ ＝ 20 ソルドゥス

12 デナリウス ＝ 1 ソルドゥス

さらにマルカは銀の重さの単位で，1 マルカ ＝ 8 ウンキア．カンネは長さの単位で 1 カンネ ＝ 8 パルムス (掌尺)，バッラは体積の単位，トルケッロは長さの単位です．

この第 8 章にはそのほかにも数多くの単位が登場し，それらの変換が具体的に計算されています．しかし複雑なことに，地域によって値が異なり，たとえばロトゥロでいえば，ピサ，ジェノヴァ，メッシーナ，フィレンツェのそれぞれのロトゥロが言及され，1 フィレンツェ・ロトゥロ ＝ $\frac{6}{13}$ ジェノヴァ・ロトゥロなどのように，同じロトゥロでも異なるのです．また変換計算は単に比例計算にすぎませんが，さらにその変換率も一定ではなかったようです．たとえばピサの 20 ソルドゥスに対してボローニャでは，$\frac{1}{2}\frac{8}{12}24$ であったり $\frac{3}{9}\frac{9}{12}24$ であったりします．

複雑な計算には，7 や 9 や 11 や 13 による合同式で検算 (probatio) がなされています．たとえば 6 章の 9 による検算は次のようになります．

$\frac{2}{3}13 \times \frac{5}{7}24 = \frac{1}{3}\frac{5}{7}337$ の場合，

$$\frac{2}{3}13 = 9+4+\frac{2}{3} = 9+\frac{9+5}{3} \implies 剰余は 5$$

$$\frac{5}{7}24 = 18+6+\frac{5}{7} = 18+\frac{45+2}{7} \implies 剰余は 2$$

よって $\frac{2}{3}13 \times \frac{5}{7}24$ の剰余は 5×2 より 1 となります．次に積に目を転じると，

$$\frac{1}{3}\frac{5}{7}337 = 337 + \frac{5}{7} + \frac{1}{3\times 7}$$

$$= 37\cdot 9 + 4 + \frac{5}{7} + \frac{1}{3\times 7}$$

$$= 37\cdot 9 + \frac{27+6}{7} + \frac{1}{3\times 7}$$

$$= 37\cdot 9 + \frac{9\times 3}{7} + \frac{18+1}{3\times 7} \implies 剰余は 1$$

こうして両者の剰余は 1 で一致するので，計算は正しいことになり，その図は次です．

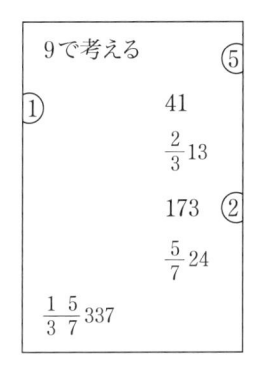

```
┌─────────────────────────┐
│ 9で考える            ⑤ │
│ ①        41             │
│         2/3 13          │
│          173        ②  │
│         5/7 24          │
│  1/3 5/7 337            │
└─────────────────────────┘
```

物々交換

第 8 章は 4 数の比例関係でしたが，第 9 章は 6 数が問題となり，3 部からなります．

(1) 商品の物々交換

(2) 物々交換によるお金の購買

(3) 定められた日数で大麦を食べる馬

物々交換は前近代社会では最も一般的な取引形態です．たとえば「コショウからシナモンへ」の交換は，「コショウ100ケントゥムが13リブラで，シナモン1カンタレが3リブラである．コショウ342リブラでどれだけのロトゥロのシナモンが得られるか」で，以下の図のように数が書かれ，斜めの342×13×100を計算し，これを他の斜めの100×3で割ります．この方法は「物々交換法」と呼ばれています．

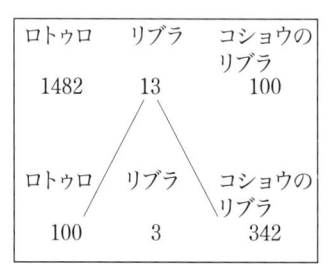

```
ロトゥロ    リブラ    コショウの
                      リブラ
1482        13        100


ロトゥロ    リブラ    コショウの
                      リブラ
100         3         342
```

物々交換法の図

これは前に述べた（第6章）アフマド・イブン・ユースフの方法を用いる問題です．複数の比から作られた比なので，フィボナッチは「比の比」(proportio proportionum) と呼んでいます．物々交換は同様に他にも乳香，サフラン，辰砂などの間で行われています．計算にはすべて図が伴われ，視覚的に理解できるように配慮されています．

以上は6数ですが，さらに増える場合も同様にできます．たとえば「複数の同じような貨幣の間の交換」では，「31ピサ・デナリウスは12帝国デナリウス，1ジェノヴァ・ソルドゥスは23ピサ・デナリウス，そして1トリノ・ソルドゥスは13ジェノヴァ・デナリウス，そして1バルセロナ・ソルドゥスは11トリノ・デナ

リウスである．15帝国デナリウスの値はバルセロナ・デナリウスではいくつになるか」．この場合斜めの掛け算を斜めの掛け算で割ればよく，その図は次のようになり，左上の $\frac{3}{11}\frac{3}{13}\frac{8}{23}20$ ($= 20\frac{1180}{3289}$) が答となります．

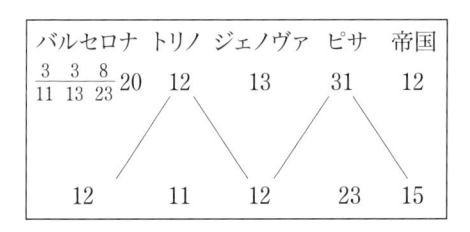

```
バルセロナ  トリノ  ジェノヴァ  ピサ   帝国
3/11 3/13 8/23 20   12      13      31    12


  12       11      12      23    15
```

この章の最後は物々交換から離れ，馬を題材とした6数の比例が問題です．「9日で干し草を6セクスタリウス食べる5頭の馬がいる．10頭の馬は16セクスタリウスを何日で食べるか」．これも先ほどと同じようにすればよく ($5×16×9÷6÷10$)，図のようにして12を求めています．

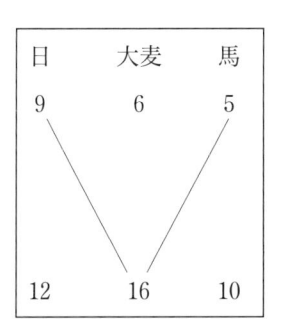

```
 日     大麦    馬
 9       6      5



 12      16    10
```

この箇所で見られる問題をひとつあげておきましょう．「ある

王がある木を植えるために30人の男を送り，彼らは9日で1000本植えた．では36人が4400本植えるためには何日かかるか」「5人の男が30日間で穀物を4モディア食べた．では7人の男は30日間でどれだけのモディアを食べるかを知りたい」．

第9章の最後は，このような問題はしばしば見られるので記憶して常に応用できるようにすべきである，と締めくくられています．

カンパニア

第10章はカンパニアの問題です．カンパニアとは複数の出資者が共同で出資して利益を出す組織あるいは商形態です．ラテン語の campania は cum（と共に）と panis（パン）に由来し，「共にパンを食べる人」を指し，今日の英語の company の語源となったものです．しかし英語では partnership 問題と呼ばれています．

たとえば二人では，「共同でカンパニアを構成する男が二人いて，そこでは最初の男は18リブラ，もう一人は25リブラをカンパニアに出資する．そのときカンパニアが7リブラの利益をあげると，各々は7リブラのうちどれだけを受け取るかが問われる」．この場合，それぞれは $25+18=43$ から，7リブラの $\frac{18}{43}$，$\frac{25}{43}$ を受け取ればよくなります．フィボナッチは4人によるカンパニアについても述べています．4人それぞれが，$31\frac{1}{3}$, $43\frac{3}{4}$, $56\frac{4}{5}$, $86\frac{5}{6}$ 出資し，$\frac{7}{12}\frac{9}{20}126$ の利益を得た場合です．

カンパニアの問題には分数が当然出てくるので計算はたいへん複雑になります．また登場する貨幣単位を変えて，問題を複雑にしています．しかしどの様な事業に出資したのか，それにはまったく触れてはいません．フィボナッチは出資額に応じた利益分配の計算を扱っていますが，後の時代になりますと，参加者の加入の時期が同一ではなく，参加期間を考慮して配分される問題が加わります．

貨幣鋳造

第 11 章は貨幣鋳造についてで，技術そのものには言及されていませんが，鋳造材料の配合計算が取り上げられています．まず冒頭の説明を訳しておきます．

> その額面がどうであれ，銀と銅の混合から作られるものを貨幣という．銀が銅よりも多く含むとき大貨幣と呼ばれ，より好まれる．より少ないときは小貨幣と呼ばれる．与えられた量の銀が貨幣 1 リブラにされることを貨幣の鋳造という．貨幣に含まれるウンキアの数がたとえば 2 のとき，1 リブラの貨幣の中には銀が 2 ウンキアあると我々は理解する．貨幣は実に 3 通りの方法で鋳造される．最初の方法は，与えられた量の銀や銅から鋳造するとき．第 2 は，すでに与えられた貨幣から，銀や銅，あるいは両方を加えて鋳造するとき．第 3 は，与えられた貨幣からだけ鋳造するとき．以上はこの章全体で扱われて，それを我々は 7 つに区分する．

その7区分は次のようになります．

[1] 与えられた量の銀や銅から貨幣を鋳造する．
[2] 与えられた貨幣があり，その貨幣よりも少ない量の銀を含む他の貨幣が作られる．その際必ず銅が加えられる．
[3] ある貨幣に銀を加えることで大貨幣を造る．
[4] 未知なる量の貨幣に銅を加えることで小貨幣を造る．
[5] 未知なる量の貨幣に銀を加えることで大貨幣を造る．
[6] 銅や銀を追加することなく行われる鋳造．
[7] 貨幣以外の物の混合規則．

ではこの7つそれぞれを例で示してみましょう．第1は次のような場合です．「ある男が銀を7リブラ持っており，そこからリブラあたり2ウンキアの銀を含む貨幣を造りたい．そのとき鋳造の全体量，加えるべき銅の量はいくらか」．1リブラ＝12ウンキアなので，$7 \times 12 \div 2$ リブラの貨幣が造られ，1リブラには銀と銅はそれぞれ2，10ウンキア含むので，$10 \times 42 \div 12$ リブラの銅が必要となります．

第2は，「ある男が5ウンキア含む貨幣を7リブラ持っており，そこから2ウンキア含む貨幣を造りたい．加えるべき銅の量，そして鋳造の全体量はいくらかを知りたい」です．$5 \times 7 \div 2$ が全体量で，この $17\frac{1}{2}$ から初めの7を引くと，加えるべき銅の量となります．

第3は，「ある男が2ウンキアの銀を含む貨幣を9リブラ持っており，そこから5ウンキア含む貨幣を造りたい．鋳造で加えるべき銀の量はいくらか」です．

第4は，「5ウンキアの貨幣があり，銅を加えてそこから2ウ

ンキアを含む貨幣を30リブラ造りたいとき，貨幣の量と銅とはいくらか」．この問題はうまく解けますが，次の問題はそうもいきません．「6ウンキアと7ウンキアの大貨幣があり，4ウンキアの銀貨1リブラを造りたい．それぞれの大貨幣はどれだけあり，また銅はいくら加えればよいか」．現代式を用いて6, 7ウンキアの大貨幣，加えられる銅をそれぞれ，x, y, zとおくと，$6x+7y=4$；$x+y+z=1$となり，不定方程式となります．そこでフィボナッチは3つの条件を付けて解いています．$x=y$のとき，$x \neq y$のとき，そして$\frac{x}{y}=\frac{4}{3}$のときです．

第5は，「銀を4ウンキア含む貨幣と3ウンキア含む貨幣があり，ここに銀を加え，7ウンキア含む貨幣1リブラを造りたい．もとの各貨幣と加える銀はいくらか」．7ウンキアの貨幣には5×12の銅が含まれ，それを$(12-4)+(12-3)$で割ると，$3\frac{9}{17}$．これが当初の貨幣であり，加える銀は$4\frac{16}{17}$となります．

大貨幣と小貨幣

次の第6は大貨幣と小貨幣，そしてそれらの中間の配合の貨幣に関するもので，さらに6つに分けられます．

[1] 大貨幣と小貨幣，中間配合貨幣が与えられたとき，前者2つから第3番目を導き出す鋳造を行うために必要な後者の重さを求める．

[2] 小貨幣2つと大貨幣1つが与えられ中間配合貨幣を求める．

[3] 小貨幣 1 つと大貨幣 2 つの問題.

[4] 異なる 4 種の貨幣が与えられたとき，中間配合貨幣に必要な割合.

[5] 異なる 7 種の貨幣が与えられたとき，中間配合貨幣に必要な割合.

[6] 異なる 2 種の金貨から中間配合貨幣を造る.

第 7 は混合問題です．「ある男が金 1 リブラを二分し，一方をリブラあたり 67 ベザント金貨，他方をリブラあたり 50 ベザント金貨で売る．こうして双方から 56 ベザント金貨得た．双方の重さはいくらか」という問題は，「鋳造問題」に変換して解かれています．つまり，「67 ウンキアと 50 ウンキアの貨幣があり，56 ウンキアの貨幣 1 リブラ造りたい」と．

これと同じ問題が題材を変えて以下のように様々作られています.

「ある男が豚肉 1 リブラを 3 デナリウスで，牛肉を 2 デナリウスで，ヤギの肉を $\frac{1}{2}$ デナリウスで買う．そして 3 種の肉 7 リブラを 7 デナリウスで買う．そのとき各々はどれだけか」．ここから当時の肉の値段がわかります．

「女性商人が 7 個のリンゴを 1 デナリウスで買い，6 個を 1 デナリウスで売り，また 8 個のナシを 1 デナリウスで買い，9 個を 1 デナリウスで売る．さて 10 デナリウス投資すると，利益は 1 デナリウスとなった．リンゴとナシにそれぞれいくら投資したか」．この問題から，当時女性商人がいたことがわかります．

「ある男は労働に対して一ヶ月に 7 ベザント金貨を受け取る．もしある期間労働をしなかったら，彼は 4 ベザント金貨を返還し

なければならない．彼は一ヶ月滞在し，労働したりしなかったりした．こうして彼は労働に対して1ベザント金貨を得て，労働しなかったときは勘定に入れない．すると彼はどれだけ労働したのか」．

以上とは異なり，さらに抽象的な問題もあります．「私は20を二分し，一方の$\frac{1}{3}$と他方の$\frac{1}{8}$を取り，それらに20を加え，和全体から五分の一をとると，20が残った」．このように数で抽象化するとわかりやすくなります．

さらに具体例は続きます．

「ある男がコンスタンティノポリスで穀物，キビ，豆，大麦，レンズ豆90モディウスを$21\frac{1}{4}$ベザント金貨で購入した．規則によると，穀物100モディウスは29ベザント金貨，キビは22，豆は18，大麦は25，レンズ豆は16で売られる．各々をどれだけ購入したか」．ここではモディウスとは枡を意味し，乾量単位です．

「ある男は5種の金属で鐘を作りたい．ある金属1ロトゥロは16リブラ，もう一つは18，さらにもう一つは20，さらにもう一つは27，そしてさらにもう一つは31リブラです．そして彼はそれらから重さ775ロトゥロ，値段$162\frac{3}{4}$リブラの鐘を作る．用いられた各々の金属はどれほどか」．「ある男はヤマウズラ，ハト，スズメ合わせて30羽を30デナリウスで購入した．彼はヤマウズラを3デナリウスで，ハトを2デナリウスで，2羽のスズメを1デナリウスで購入した．各々の鳥をどれだけ購入したか」．

以上，様々な問題に適用されることを念頭において具体例で解かれています．

貨幣鋳造と数学者

ところで貨幣鋳造の際に偽金は造られなかったのでしょうか．フィボナッチはそれについて触れています．

> ある男が，一般に偽銀と呼ばれる錫と混ざった銀を購入したいと望んでいます．混合した銀1リブラにどれだけ純粋な銀が含まれるかわからないので，5カルベ $2\frac{1}{2}$ グラーヌム，つまり $5\frac{5}{8}$ カルベの重さのその小粒で始め，それを火にくべ，銀を錫と混ぜます．これがなされると，2カルベ $2\frac{1}{2}$ グラーヌム，つまり $2\frac{5}{8}$ カルベの純粋の銀が見いだされ，混合した銀1リブラの中にどれだけの純粋な銀が含まれるかがわかる．

この問題から1リブラの銀貨には $2\frac{5}{8}$ カルベの銀が含まれていたことがわかります．銀貨は銀に銅を混ぜて造られますが，それは純粋銀だと改鋳が行われる可能性があり，銅を混入することで摩耗を防ぎ，形を維持できるようです．銅の代わりに錫が混入された銀貨もあったのかもしれません．

ところで偽金と貨幣鋳造の話で有名なのはニュートンです．1696年造幣局幹事となると早速貨幣鋳造計画を実施し，さらに当時はびこっていた数々の贋金を点検し，贋金作りを告発したのです．それについては次に詳しく書かれています．

・トマス・レヴェンソン『ニュートンと贋金づくり』(寺西のぶ子訳)，白揚社，2012．

中世から近世西洋まで貨幣と数学者とは大いに関わりました．コペルニクス (1473-1543) は『天球の回転』で著名ですが，その前半は三角法論を扱っていますから，数学者とも言えるでしょう．ところで彼には『貨幣論』(1526，未刊) があり，そこではいわゆる「悪貨は良貨を駆逐する」という「グレシャムの法則」がグレシャム (1519-79) に先行して述べられています．また中世フランスには『比例の比例』『エウクレイデス「原論」註釈』などを著したニコル・オレーム (1320頃-82) がいます．彼にも貨幣論が存在します．ただしオレームは学者としてアリストテレス『政治学』との関わりで貨幣観を論じたのであり，鋳造における調合の具体的割合を論じたわけではありません．このようにコペルニクスもオレームも貨幣の意味を論じたのであり，フィボナッチとは文脈が異なります．

商人や一般人が貨幣鋳造することはなく，貨幣鋳造技術を図示した著作は16世紀のアグリコラ (1494-1555) の作品までないようです[1]．

フィボナッチが貨幣鋳造問題を第11章に取り入れたのは，比例算の実例としてでした．それはまた西洋では貨幣鋳造問題を扱った最初の文献でもあります．それ以降しばしば算法書では同様な問題が取り扱われますが，フィボナッチほど具体例が豊富というわけではありません．

フィボナッチの商業問題は一見様々な問題の羅列のように見えて，実際は単純な問題から複雑な問題へと移行していき，さらに解法によって分類され，しかも計算図を用いて視覚的に示されて

---

[1] アグリコラ『デ・レ・メタリカ』(三枝博音訳)，岩崎学術出版社 1968.

います．こうして『算板の書』8-11章は西洋中世における商業問題の百科的例題集と言えるでしょう．

第11章
遊戯問題

　『算板の書』のもっとも長い章は12章で，9部に分かれています．数列，4数の比例，樹木の問題，財布を探す問題，与えられた比でカンパニアのメンバーが馬を買う問題，旅行者問題，仮置法，数の言い当て問題，平方列の和です．合わせると400近くの具体的問題から成立していますが，そこで用いられている主たる解法は3数法と仮置法です．

数列の和と比

　まず数列の和については，一，二，三のような与えられた数で増大する与えられた数列の和を求めたいとき，数列の初項と末項の和の半分を数列の項数で乗じます．フィボナッチには記号法がなかったので，これを含め数列の和の記述はとても煩瑣ですが，$\sum_{k=1}^{n} k$, $\sum_{k=1}^{n} k^2$ の公式を得ています．

　証明は『平方の書』で幾何学的に行ったと述べ，例題が続きます．

　次は2数の比例関係で，最初にその定義がなされています．

　　　数は数に対して等比，大比，小比を持つ．3と3のように数が互いに等しいときは等比，4に対する8の

ように小さな数で大きな数が割り切れるとき，それらの数は大比にあり，この場合は二倍比であるが，それは 4 で割られた 8 は 2，あるいは 8 は 4 の二倍だからである．同様に 3 に対する 9 は，9 が 3 の三倍なので三倍比という．5 に対する 16 は，5 で割られた 16 が $\frac{1}{5}3$ なので，三倍と五分の一比という... 小比にある数は，8 に対する 4 のように，より大きな数でより小さな数が割られた結果の比であり，8 で割られた 4 は一の半分なので，あるいは 4 は 8 の半分なので，半比という．同様に [9 に対する] 3 は，3 が 9 の三分の一なので，三分の一比であり，16 に対する 5 は，16 で割られた 5 は間違いなく $\frac{5}{16}$ なので，$\frac{5}{16}$ 比という．

　さらに連比が「すべての項が同順で同じ比にあるとき連比と呼ばれる」と定義されています．そして「3 数が連比のときは，第一番目の数と第三番目の数の積は第二番目の数の平方に等しい」などの性質 (つまり，$a:b=b:c$ のとき，$b^2 = a \cdot c$) が述べられ，例題が付けられています．

　以上が解の基本となり，次に解法に移りましょう．まず 3 数法で，それは 12 章の中で最も長い節である「樹木の問題」の中で紹介されています．

樹木の問題

樹木の問題とは一部地中に埋まっている樹木の長さに関する問題です．最初は，「樹木があり，その $\frac{1}{4}\frac{1}{3}$ が地中に埋まっており，それは21パルムスである．その木の長さはいくらか」．地中にあるのが $\frac{1}{4}\frac{1}{3}=\frac{7}{12}$ で，それが21ですから，$7:21=12:x$ として，3数法が用いられています．さらに，$\frac{7}{12}$ が地中にあり，地上にある部分が21パルムスのとき，という問題が続きます．この場合は $12-7=5$ を用いて，$5:21=12:x$ とします．以上2つを取り上げましたが，フィボナッチはそれぞれを樹木の第1規則，第2規則と呼び，$\frac{a}{b}=\frac{c}{x}$，$1-\frac{a}{b}=\frac{c}{x}$，$1+\frac{a}{b}=\frac{c}{x}$，$\left(1-\frac{a}{b}\right)+1=\frac{c}{x}$，$\left(1+\frac{a}{b}\right)-1=\frac{c}{x}$ のように第5法則まで述べています．しかしすべて3数法とその変形にすぎません．

基本となる上記の規則を述べた後，「以上で樹木の規則が説明されたので，類似の問題に移ろう」として，この式を駆使して多くの問題を解いています．以上の規則は問題の対象に応じて，「卵の規則」，「カップの規則」などとも呼ばれています．

12章の問題はほとんど3数法と仮置法で解かれます．しかしそれらを用いないで解かれる問題も登場します．フィボナッチ数列が登場する有名なウサギの問題，完全数を見いだす問題，そして最終節にある平方列の和の問題などです．

平方列の和の問題

この問題には複利問題が関係します．「ある男が100リブラ所持し，毎年資本4リブラにつき5リブラを得る．18年間ではどれだけ得るか」．これは年 $\frac{5}{4}$ つまり25パーセントの複利となる問題で，フィボナッチはこれを

$$100 \circ \frac{555555555555555555}{444444444444444444}$$

と書いて，$\frac{403456247270}{888888888888}5551$ を見いだしていますが，これは $100\left(\frac{5}{4}\right)^{18}$ の計算です．

平方列の和の問題で興味深いのはチェス盤を用いた問題です．チェスはインド起源ですが，中世のアラビアや西洋でもよく見られるゲームでした．チェス盤には数字をあてはめることもできるので，計算の練習用にと教育にしばしば用いられたりしました．2つのチェス盤のコマ上に2のベキをあてはめて，その和を求める問題が登場します．

アルフォンソ10世『チェスと骰子と盤上遊戯の書』(13世紀)より，ムスリムとキリスト教徒がチェスをしている．
(出典：al-Hassani, S.T.S, *100 Inventions*, Washington, D.C., 2012, p.46)

第1列の数を加えると $1+2+4+\cdots+128$ で，これは $256-1$ となります．ここでは2のベキを求めればよいわけですから，第2列目の最後までの和は $2^{16}-1$．こうしてフィボナッチは2つのチェス盤を並べて考え，2の128乗を求め，そこから1を引き，なんと39桁の正しい値を出しています．

340 282 366 920 938 463 463 374 607 431 768 211 456 という39桁の数字が見える．

(出典：Siena, BC. cod. L.IV.20, f.149r)

兆の上は京，垓，秭，穣，溝，澗と続きますので，これは 340澗... となり，とんでもなく大きな数ですので，ここでフィボナッチは新しい単位を導入しています．

$2^{16}=1$ アルカ(箱，金庫)
$2^{32}=1$ ドムス(家)
$2^{48}=1$ キヴィタース(都市)

と呼ぶというのです．すると最終的に答は 2^8 キヴィタースより1小さくなります．

この節には第9章で述べた「12都市を旅行する男」の問題もあり，大きな数の計算処理法を理解することが目指されています．

次に興味深い問題を見ておきましょう．

動物の問題

12章にはライオン，蛇，狐，犬，羊，ヒョウ，熊，蟻など動物が登場する問題があります．そのうちのひとつは，「あるライ

オンが1頭の羊を四時間で食べ，ヒョウは五時間で，熊は6時間で食べた．もし1頭の羊がそれらの前に投げ出されたら，それらは何時間で羊を食い尽くしてしまうか」という問題です．それぞれは $\frac{1}{4}$，$\frac{1}{5}$，$\frac{1}{6}$ 時間で食べますが，ここで簡単に整数にして考えるため最小公倍数60を取ります．こうして60時間で何頭の羊が食されるかを考えます．ライオンは4時間で1頭なので，60時間では15頭，ヒョウは12頭，熊は10頭．合わせると37頭．60時間で37頭なので1頭は何時間かを考え，$1\frac{23}{37}$ となります．

カランドリの『算術小品』に見えるドラゴン

（出典：F. Calandri, *De Arithmetica opusculum*, Firenze, 1518）

ライオン，ヒョウなど興味深い動物を登場させ，問題に彩りを加え，後で問題を動物の名前で想起しすぐさま応用できるようにしています．フィボナッチには登場しませんが，上図カランドリの作品など架空の動物ドラゴンを引き合いに出す問題も他の算術書には見えます．

数の言い当て問題

サイコロの問題は後のルネサンス数学ではよく見られる問題です．カルダーノ『実用幾何学』(1539)によるサイコロを用いた賭けの問題は有名で，やがてそれが確率論の展開に導くことはよく知られています．しかし中世でもサイコロはゲームとしてしばしば登場し，禁止されてはいますが賭けの対象となることもあったようです．フィボナッチも賭けこそ話題にしてはいませんが，「3個のサイコロ (taxillus) の数を言い当てる」でサイコロを用いた問題を出しています．

> 3個のサイコロを投げるとき，各々のサイコロがいくつになるかを知りたい．一個のサイコロの数を2倍し，その2倍にした数に5を加え，その全体を5で掛け，第二のサイコロの数と10とを加え，以上の全体を10で掛け，その積に第三のサイコロの数を加える．するといくつ得られるか知るであろう．結果を知るため，そこから350を引く．何百かが残るが，この倍数だけ最初のサイコロとなる．そして何十が残るが，この数だけ第二のサイコロとなり，いくつかの一が残るが，第三のサイコロはこの数である．

後にパチョーリはサイコロの数の問題を扱っていますが，そこにはフィボナッチと同じ問題が見えます（第18章参照）．

3つのサイコロの目の数を a,b,c とすると，これは $\{(2a+5)5+b+10\}10+c-350$ の計算問題となります．次も同系列の問題です．

「多くの男が集まって、そのうちの一人が手の指の部分に指輪をはめた。あなたは彼らのうち誰が指輪をはめたか知りたい」では、次のような計算がなされます。

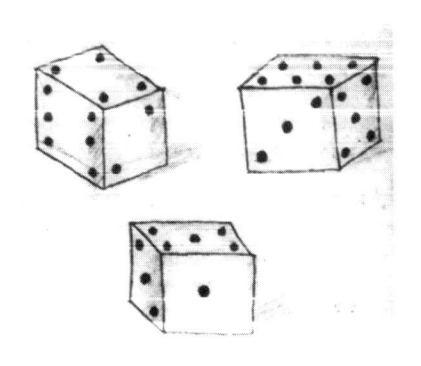

パチョーリ手稿(1477-1480頃)に見えるサイコロの図
(出典:Vat. Lat. 3129, 223r)

　全員を並べ、そのうちの一人を指名し、その人物と指輪をはめた人物との間にいる人数を2倍するように言います。その数に5を加え、その結果を5倍します。さて、はめた指が示す数を加えます。左手の小指は1、薬指は2、中指は3、人差し指は2、親指5で、他方右手の小指は6とし、最後は右手の親指なら10を加えます。以上全体の和を10倍し、そこに指のどの部分かを示す数を加えます。つまり第1関節なら3、第2関節なら2、第1関節なら1です。そこから350を引きこれで終わりです。100の位の数に先の間にいる人数を加えると、指をはめた男の順番の数、10の位の数は小指から数えてどの指かを、1位の数は指のどの部分かを示すことになります。

　この問題をさらに進めたのが次の問題で、「身体の一部に描かれ

た丸印を見つける問題」です．手の指だけではなく，足の指や顔など，身体を100の部分に分けてそれぞれに番号を付けて探させる問題で，もはやこれは問題のための問題と言えるでしょう．

以上様々な問題を見ましたので，次に解法の特徴を見ていきましょう．

負の解

インド (7世紀前半のブラフマグプタなど) やアラビア数学ではすでに負の数の演算が行われていましたが，西洋では一般的にはずっと後の時代です．それのみか十分な負の数の認識は虚数よりも後であることに注意しましょう．虚数が二次方程式の解の途中で必要とされることの認識は16世紀イタリアで起こりますが，その時代はまだ負の解の認識はされていませんでした．それどころか，19世紀になっても負の数の存在を巡って英国の大学教授たちが侃々諤々と議論したことが知られています．

フィボナッチは負の数を用いませんでしたが，解法の中でそれに相当するものを負債(debitum)と呼んで用いています．

「五人の男が見つけた財布について」では，見つけた財布に入っている金額を最初の男の所持金に加えると，残りの男たちの所持金の合計の $2\frac{1}{2}$ となる，以下同様，という問題です．それぞれの男の所持金を x_i，財布の中身を y とすると，現代式では次のようになります．

$$\begin{cases} x_1+y = 2\dfrac{1}{2}(x_2+x_3+x_4+x_5) \\ x_2+y = 3\dfrac{1}{3}(x_3+x_4+x_5+x_1) \\ x_3+y = 4\dfrac{1}{4}(x_4+x_5+x_1+x_2) \\ x_4+y = 5\dfrac{1}{5}(x_5+x_1+x_2+x_3) \\ x_5+y = 6\dfrac{1}{6}(x_1+x_2+x_3+x_4) \end{cases}$$

これは不定方程式ですのでこのままでは値を出すことはできません．ここで $S = x_1+x_2+x_3+x_4+x_5$ とおいて次のように変形します．

$$\begin{cases} x_1+y = \dfrac{5}{7}(S+y) = 259935 \cdot 4 \\ x_2+y = \dfrac{10}{13}(S+y) = 279930 \cdot 4 \\ x_3+y = \dfrac{17}{21}(S+y) = 294593 \cdot 4 \\ x_4+y = \dfrac{26}{31}(S+y) = 305214 \cdot 4 \\ x_5+y = \dfrac{37}{43}(S+y) = 313131 \cdot 4 \end{cases}$$

次に，しばしば行なわれているように，$S+y$ を分母（7, 13, …）の最大公約数とおきます．すると 363909 となり，さらに後でわかることですが y が整数になるために 4 をとります．こうすると最初は $\dfrac{5}{7} \cdot 363909 \cdot 4$ となり，以下同様上の式の右辺となります．

以上を解くと，$y = 1088894$, $S = 366742$ で，$x_1+y = 1039740$

$<y$ となってしまい，x_1 は負になってしまいます．そこで次のように述べます．「この問題は，解不能 (indissolubilis) か最初の男は負債 (debitum) を持つかのどちらかとなるであろう．すなわちそのデナリウスと財布との和は財布の中のデナリウスに対して不足していることになる」．デナリウスとは貨幣単位です．ここでフィボナッチは負の数 (minus) ではなく負債という商取引の言葉で処理しています．その後 x_1 を負債として認めた上で他の値も求めています．すなわち負債が出てきますが，それを解不能とはせずにとりあえず解を進めているのです．

12 章にはこれに類した問題が 9 問あり，すべて「男と財布」，「馬を買う」などお金に関わる具体的問題です．そこではフィボナッチは負債を利用することで実際の商業問題を解き進めています．しかしフィボナッチは他の箇所で次のようにも言います．

> 240 から 288 は引くことができないので，288 から 240 を引いて，「引かれた」(deminuta) 48 が残る．ここから第二の仮置としてその $\frac{1}{3}$ を取ると，「引かれた」16 が残る．これを記憶にとどめておく．さて 120 から 72 を引くと「加えられた」(addita) 48 が残る．その $\frac{1}{4}$ は同じくして「加えられた」12 である．それゆえ「加えられた」と「引かれた」を，つまり 12 と 16 を対置させると，「引かれた」4 が残る．これを 720 に加えると 724 となるであろう．

この最初と最後の文からわかるように「引かれた」数は負の数

ではありません．計算の便宜上解の途中で「加えられた」「引かれた」数を想定して，最終的に解に至るのです．したがって独立した負の数は認められてはいません．

負の解の初出

ところでこの負債という考えはフィボナッチの独創かというとそうではないようです．すでにインドでも同様な考えがありますし，アラビア数学でもアブル・ワファー・ブーズジャーニー（940-997/98）が負債（dain）を用いたと言われています．しかしそのテクストはまだ十分には研究されておらず詳細は不明です．

西洋で負の解を初めて数学的に認めたと考えられる文献は，フィボナッチから100年後南仏プロヴァンスのパミエールという土地で書かれた手稿で，次の論文で紹介されています．

- J. Sesiano, "Une Arithmétique médiévale en langue provençale", *Centaurus* 27（2007），26-75．

オック語（南仏オクシタン地方の言語）で書かれた表題も作者も未詳のこの算術書（1430年頃）は，おそらく若者に商業計算法を教えるために書かれたもので，『算板の書』と同じく10進法位取り記数法による計算法と商業問題から成立しています．そこには次のような問題があります．

> 5人の男が布切れを買う．ただし，最初の男は他の男たちからその所持金の半分を受け取れば買うことができ，第2

の男は $\frac{1}{3}$ を受け取れば買うことができ，以下同様に第3は $\frac{1}{4}$，第4は $\frac{1}{5}$，第5は $\frac{1}{6}$．このとき男たちの所持金と布切れの値段はいくらか．

これは次のようになります．

$$\begin{cases} x_1 + \frac{1}{2}(x_2+x_3+x_4+x_5) = y \\ x_2 + \frac{1}{3}(x_3+x_4+x_5+x_1) = y \\ x_3 + \frac{1}{4}(x_4+x_5+x_1+x_2) = y \\ x_4 + \frac{1}{5}(x_5+x_1+x_2+x_3) = y \\ x_5 + \frac{1}{6}(x_1+x_2+x_3+x_4) = y \end{cases}$$

不定方程式ですが巧妙な計算で $x_1 = -10\frac{3}{4}$ を導いています．原文は「最初の男は何もない物よりも10と $\frac{3}{4}$ だけ小さく持つ」(10 et $\frac{3}{4}$, que lo 1 ha mens de non res)で，題意を離れてその数に単位は付けられていません．ここで初めて「何もない物よりも小さい」という負の数が現れたと考えられています．

ただしそのための記号はありませんし，数学的解説も付いてはいません．これを西洋における負の数の初出と見なせるかどうかは微妙で，また一方それ以前にその概念はすでに出来上がっていた可能性もあります．

解不能問題

解に負債が出てきた場合,フィボナッチはそれを認めた上で引き続き解を求めましたが,他方で解不能と判断している場合もあります.

> 四人の男がデナリウスを所持している.第一と第二が他から7デナリウス受け取ると,第一と第二とは他の三倍となる.第二と第三が他から8取ると,四倍となる.第三と第四とが9受け取ると五倍となる.第四と第一とが11受け取ると六倍となる.それぞれいくら所持していたか.

これは次の問題です.

$$\begin{cases} x_1+x_2+7 = 3(x_3+x_4-7) \\ x_2+x_3+8 = 4(x_4+x_1-8) \\ x_3+x_4+9 = 5(x_1+x_2-9) \\ x_4+x_1+11 = 6(x_2+x_3-11) \end{cases}$$

$S = x_1+x_2+x_3+x_4$ とおくと,これは次のようになります.

$$\begin{cases} x_3+x_4 = \dfrac{1}{4}S+7 \\ x_4+x_1 = \dfrac{1}{5}S+8 \\ x_1+x_2 = \dfrac{1}{6}S+9 \\ x_2+x_3 = \dfrac{1}{7}S+11 \end{cases}$$

ここで第1式と第3式,第2式と第4式から S を計算すると一致せず,これは解不能となります.

ところがフィボナッチはこの問題の条件を変更して解可能にすることを試み，上記の受け取る値(7, 8, 9, 11)を(100, 106, 145, 170)と変えています．この数をどの様にして出したかは示されていませんが，こうすると，4人の所持金は(100, 115, 115, 90)と正しく出てきます．

　負債が出る場合も，同様にして問題の条件を変えてそれを避けることも試みています．さらに問題が解不能なら，解可能となるように条件を変更しています．このように解を求めてそれがうまくいかない場合，条件を変え可解な問題に変更することはすでにギリシャやアラビアでも見られ，ギリシャ語ではその境界条件をディオリスモスと言います．フィボナッチも同じことを行っているのです．この考察を進めていくと解の存在条件やさらには問題の構造自体の研究となっていきますが，フィボナッチはそれを体系的に述べたわけではなく，まだ個別の問題の考察にとどまっていました．

第12章
仮置法と代数学

　フィボナッチの数学はアラビアの影響下で形成されたことを今までその題材や単語などで見てきました．ここでは仮置法と代数学を取り上げ，影響関係を考えていきましょう．

仮置法

　12章第7節は「誤りの規則」(regula erratica) で，誤りの解を仮に置いてそこから真の解を求めるものです．仮定法と呼ばれることもありますが，ここでは仮置法と呼んでおきます．その方法は12章全体で説明なく用いられています．「樹木の長さの $\frac{1}{4}$ $\frac{1}{3}$ が樹木に加えられたら38となる」という問題では，樹木の規則を用いながら，この樹木の長さを仮に12と置き，19を出し，3数法（フィボナッチは「比の第四規則」と呼んでいます）を用いて調整して真の値38に至ります．その原理は，$ax=b$ のとき，仮に $x=x_1$ と置き，$ax_1=b_1$ として，ここから $x=\frac{b}{b_1}\cdot x_1$ を見いだすものです．

　「2匹の蛇」の問題を見ておきましょう．「100パルムスの高さの塔の真下に蛇がいて，日に $\frac{1}{3}$ パルムス登り，$\frac{1}{4}$ パルムス下

る．塔の頂上にはもう一匹の蛇がいて，日に $\frac{1}{5}$ 下り，日に $\frac{1}{6}$ 登る．二匹は何日で出会うか」．

ここでは 60 日で出会うと仮定します．この 60 という数字は，4 つの分数の分母の最小公倍数で，計算途中に分数が入ることを避けるためです．答は $857\frac{1}{7}$ となります．

次に仮置が 2 つある場合です．

エルカタイン

「エルカタインの規則」(*regulis elchatayn*) とはアラビア語 al-khata'ayn（アル＝ハタアインと発音しますが，ハはカに近い音です）に由来します．それは誤りを意味する khatay の双数形に由来し，2 つの誤りを意味します（アラビア語では双数とは 2 を示し，複数は 3 から始まることに注意してください．なお al は定冠詞です）．したがってエルカタインとは 2 つの誤りを仮定して真の解を見いだす方法です．ラテン語では *regula duorum falsorum*（2 つの誤りの規則）とも呼ばれ，ここでは複式仮置法と訳し，まずは 13 章冒頭を見ておきましょう．

> アラビア語のエルカタインとはラテン語では複式仮置法と訳され，それによってほとんどすべての問題の解が見いだされる．樹木の規則で解かれたこれらの問題のひとつは十二章の三部にある．われわれはこれら全体において，それら[仮置]のうちのひとつで解けるときには，エルカタインつまりは複式仮置法を使用する必要はない．ではそれら

第 12 章　仮置法と代数学

と多くの他の問題がいかにしてエルカタインで解けるかを証明したい．実際二つの誤りは任意に置かれる．それら双方が真の解よりも小さい場合，大きい場合，一方が大きく他方が小さい場合がある．真の解が一方の仮置と他方の仮置との差に応じて見いだされる．それは比の第四規則によってであり，そこでは三数が知られ，第四番目の未知数すなわち真の解が見いだされる．

　この方法は次のように現代的に書いて理解できます．$ax+b=c$ という線型問題のとき，解を推測して仮に x_1 とおくと c_1 となり，x_2 とおくと c_2 となるとすると，
$$\begin{cases} ax_1+b=c_1 \\ ax_2+b=c_2 \end{cases}$$
ここから，
$$x = x_2 + \frac{(c-c_2)(x_2-x_1)}{(c_2-c_1)}$$
として，a,b に関係なく解が求められます．

これは変形すると次のようになります．
$$x = \frac{x_2(c-c_1)-x_1(c-c_2)}{c_2-c_1}.$$

こちらの式で求める方法は「超過と不足の方法」と呼ばれました．この方法は広く知られ，ラテン世界でも『超過と不足の書』という作品が『算板の書』に 100 年も先行して書かれています [Libri IV 1841]．このラテン語著作はアブラハムという未詳の著者によるもので，おそらくアラビア語（あるいはヘブライ語）からの編纂物ではないかと考えられます．実際「超過と不足」というタイトルを持つ書物はすでにアラビア数学でも見えます．

ところで複式仮置法の起源は中国と考えるのが妥当です．『九章算術』(前1世紀から後2世紀頃)に盈不足算として述べられています (盈とは満ちると言う意味で，盈不足算は過不足算，盗人算とも呼ばれ和算でもよく知られた方法)．それがインドを経由してアラビアにもたらされたのかもしれません．だからでしょう，エルカタインという名前は10世紀初頭に中国北部から中央アジアに一帯に帝国を築いた契丹の発音に由来すると言う誤った解釈もかつてありました．ラテン語『超過と不足の書』のタイトルはまさしく盈不足の意味で，またその副題には「インドの賢人たちが教えたこと」と書かれています．ただしその原理は初等的ですから，各文化圏で独立して見いだされたのかもしれません．実際，古代バビロニアやエジプトにも仮置が1つの問題があるからです．エジプト数学ではその問題を今日「アハ問題」と呼んでいます (アハとは量の意味で，問題の冒頭に書かれる)．しかし影響関係については十分なことはまだわかってはいません．
　次にエルカタインの具体例を見ておきましょう．

2つの塔の問題

　中世には各地に塔が競って建造されました．アラビア世界では，モスクに付随して礼拝時刻を知らせるミナレットが至るところに造られましたし，イタリアにも各地に塔が造られ，「塔の街」として知られるボローニャやサンジミニャーノなどが今日でも有名です．もちろんピサの斜塔もフィボナッチの生まれた頃に着工されましたので，彼はその建設現場を訪れることもあったのではと想像されます (完成は14世紀後半)．こうして『算板の書』に

は塔を話題にした問題が少なからずあります．なかでも「2つの塔」という名前で一般的に知られる問題は有名です．ただしフィボナッチは「鳥の問題」と呼んでいます．それを見ておきましょう．

高さが 40, 30 の 2 つの塔があり，それらは 50 離れているとします．塔の間に泉があり，それに向かってそれぞれの塔の先端から鳥が同じ速度で飛んでいき同時に着きます．ではその泉はどの位置にあるのか，という問題です．代数を使えば簡単ですが，フィボナッチは複式仮置法を用いています．

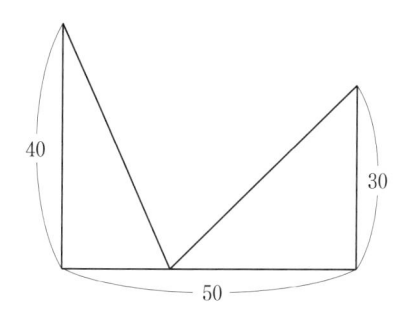

まず高い方の塔から泉が 10 離れているとすると，三平方の定理を用いて，$40^2+10^2=1700$．他方低い方の塔では，$40^2+30^2=2500$．800 の差です．今度は 15 離れているとすると，2125 と 1825 となり 300 の差です．したがって，$15+\dfrac{300\times(15-10)}{(800-300)}=18$．こうして高い方の塔から 18 離れているということになります．

次に 13 章から複式仮置法の問題をいくつか練習してみましょう．

エルカタインの問題

2人の男がお金を所持している．最初の男が第二の男に，もしお前の所持金の $\frac{1}{3}$ をくれたら14デナリウスとなると言った．第二の男は応えて，お前の所持金の $\frac{1}{4}$ をくれたら17デナリウスとなると言った．各々の所持金はいくらか．…

　第1の男の所持金をまず4デナリウス，次に8デナリウスとせよ．2人の男の所持金は $9\frac{1}{11}$, $14\frac{8}{11}$.

ある男の月給が7ベザントとする．働かないときは月に4ベザント返さねばならないとする．このとき一ヶ月の終わりに1ベザント支払われた．何日働いたか．…

　まず20日働き，残りの10日働かなかったとせよ．… 答は $13\frac{7}{11}$ 日

4人の男が財布を見つけた．第1の男は，その財布の中身を所持金と合わせると第2の男の2倍となる．第2の男は，その財布の中身を所持金と合わせると第3の男の3倍となる．第3の男は，その財布の中身を所持金と合わせると第4の男の4倍となる．第4の男は，その財布の中身を所持金と合わせると第1の男の所持金の5倍になる．各々の所持金はいくらか．

　まず第1の男の所持金を9，財布の中身を21とする．次に男の所持金はそのままで，財布の中身を27とする．財布は119，男たちの所持金は，33, 76, 65, 46 となる．

アラビアの複式仮置法

アラビアではすでにアブー・カーミルも複式仮置法を論じましたが，その書『二つの誤りの書』はもはや現存しません．現存最古のものはクスター・イブン・ルーカー（？- 910頃) の『二つの誤りの計算演算への証明について』で，そこでは幾何学的証明が付けられています．複式仮置法はおそらくすでに実践で広く用いられていたと考えられ，学者でもあるクスター・イブン・ルーカーはそれをギリシャ的に幾何学を用いて証明する必要を感じたのでしょう．そこでは平面を用いて次のように証明されています [Suter 1908]．

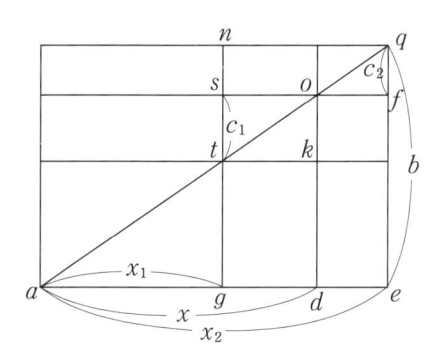

求める値 x を ad，2つの仮置を $x_1 = ag$，$x_2 = ae$，それぞれの誤差を $c_1 = ts, c_2 = fq$ とします．ここでは，相似から次の式が成立しています．

$$\frac{gt}{ag} = \frac{eq}{ae} = \frac{do}{ad}.$$

さて，$\frac{ts}{fq} = \frac{so}{of}$ であり，よって

$$ts \cdot of = so \cdot fq.$$

つまり
$$ko\cdot of = so\cdot sn$$
となります．

よって $ae\cdot ts+ag\cdot sn = ad(ts+sn)$．これは
$$x_2\cdot c_1+x_1\cdot c_2 = x(c_1+c_2).$$
よって
$$x = \frac{x_2 c_1 + x_1 c_2}{c_1 + c_2}.$$

フィボナッチは線分を用いて一次元で証明していますが，こちらのほうはとても煩瑣です．

天秤法

アラビア世界で複式仮置法を論じその後に影響を与えた人物は，イブヌル・バンナー（1256–1321）とカラサーディー（ –1486）で，ともに西アラビアの数学者です．そこではその形から「天秤法」（ミーザーン）という名前で紹介されています［Miura 1987］．

天秤法は図を用いているからでしょうか，不思議なことにそれは算術ではなく幾何学に属すると銘記されています．したがって証明の対象になったようです．しかしカラサーディーの書は実践的で，証明は省かれており，誤差を正負に場合分けして具体例で示しています．その一例を見ておきましょう．数字は数詞で書かれていますがここではアラビア数字に変更しておきます．テクストは

- Abū al-Ḥasan al-Qalaṣādī, *Šarḥ talḫīṣ aʿmāl al-ḥisāb*, Beyrouth, 1999.

です．

二つの誤りが負の場合．たとえばその $\frac{1}{5}$ と $\frac{1}{4}$ との和が 24 に等しい数と言われるなら，二つの天秤の一方に 20，他方に 40 をとれ．次に軸の上にある数を互いに比較せよ．ただし最初の誤りは 15 不足し，それを天秤の下に書き，第二の誤り 6 も同様に不足し，それを天秤の下に書け．次に最初の誤りを第二 [の仮置] に掛けると 600 が得られ，それを覚えておく．そして第二の誤りを最初の [仮置] 数に掛ける．結果は 120 で，覚えていた数から引け．すると 480 が得られ，それを二つの誤りの差の 9 で割れ．未知数 $53\frac{1}{3}$ が得られる．これがその図である．

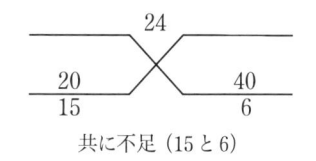

共に不足 (15 と 6)

これは現代式を用いると $\frac{1}{5}x+\frac{1}{4}x=24$ という問題に帰着され，$x_1=20$, $x_2=40$ を代入すると，差は共に負 (不足) になります．

$$\frac{20}{5}+\frac{20}{4}=9<24 \qquad (差は\text{-}15)$$

$$\frac{40}{5}+\frac{40}{4}=18<24 \qquad (差は\text{-}6)$$

こうして，$x=\dfrac{15\times 40-6\times 20}{15-6}=53\dfrac{1}{3}$ が求められます．上の例は共に誤差が負 (不足) の場合ですが，共に超過の場合，一方

が不足で他方が超過の場合は次のような図になります．

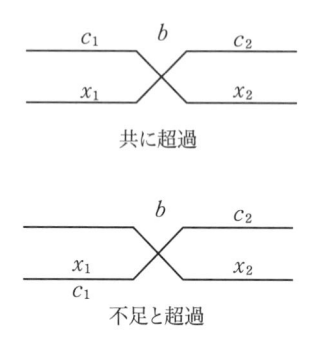

共に超過

不足と超過

ただしフィボナッチはこの天秤法の名前には言及していません．

代数学

代数学は『算板の書』の中では15章で話題にされていますが，12章ですでに用いられています．「コンスタンティノポリス近くの師によって提案された同様の問題」では次のように書かれています．

> ここで問題を解くとき，アラブ人たちが直接法 (regula recta) と呼ぶある方法が用いられている．その方法は称賛すべきで価値ある方法だが，それはそれによって多くの問題が解けるからである．

第12章 仮置法と代数学

　この直接法と呼ばれる方法は未知数をモノ（res）とおくことで始めるので，通常言うところの代数学に他なりません．さらに他の問題では，直説法のみならず間接法という名称にも言及されています．

> ある商人が三個の真珠を売るためコンスタンティノポリスに派遣された．そのひとつはある値段で，二番目は最初の倍，次に三番目は二番目の倍に三分の一ベザント少ない．コンスタンティノポリスでは手数料として取り扱いと調整に上記の真珠の十分の一を要求する．その商人は最も安い最初の真珠を売り，要求された上記の真珠の十分の一を支払った．こうして残されたのは第二の真珠の $\frac{1}{8}$ と，さらに $\frac{1}{10}\frac{1}{3}21$ ベザントであった．各真珠の値段はいくらか．

　まず仮置法で解かれ，その後別解として，「最初の真珠の価格をモノとおくと，第二の真珠は二つのモノとなろう」等々と直接法で求め，次のように書けます．

$$x-\left(7x-\frac{1}{3}\right)\frac{1}{10}=\frac{1}{8}2x+\frac{1}{10}\frac{1}{3}21.$$

　この式を左辺から順に立てていく方法を直接法と呼び，逆に右辺から立てていく方法を間接法と呼んでいます．したがって実質的には双方に違いはありません．この方法つまり代数学はたいへん効果的で，しばしば解法として採用されています．

　後に述べる第15章では二次方程式が中心となりますが，第12章では一次方程式だけです．しかも他では見受けられない直接法という名前で呼ばれています．またそこでは未知数をなぜモノ

とおくのかの説明はありませんし、また15章への言及もありません。15章で用いられる演算用語も使用されません。また2つ目の未知数に部分 (pars) や総和 (summa) という単語が用いられているところもありますが、それらの用語の由来もわかりません。おそらくフィボナッチへのアラビア代数学の経路は複数あったのでしょう。この直接法と15章とは別の形をしているからです。

　フィボナッチ自身直接法はかなり有益であると認識していましたが、それでもこの方法を常に用いているわけではありません。むしろ比を用いて解くことが優先されていたようです。このことは代数学を扱う15章でも当てはまります。一次方程式に相当する問題の解法には代数より比を優先する、これがフィボナッチそして当時の西洋の基準でした。この伝統は西洋の一般社会では18世紀頃まで続くことになります。

遺産分配計算

　遺産分配計算はアラビア数学の一分野をなす重要な課題でした。実際イブン・ハルドゥーン (1332-1406) はアラビアの算術を数論、計算術、遺産分配計算、取引算術に分類しています。イスラーム法には複雑な遺産分配規則が存在し（たとえば『クルアーン』第4章「女」第8節以降）、それに基づく計算が行われましたが、西洋では遺産分配計算が数学に登場することは稀と言えます。フィボナッチにはその一例があります。

死に際にある男が長男に次のように指示した．私の動産をお前たちで次のように分けよ．お前は一ベザントと残りの七分の一を取れ．もう一人の息子に次のように言った．お前は2ベザントと残りの七分の一を取れ．もう一人には，3ベザントとの残りの1/7を取れ．こうしてその息子たちすべてに順に各々がその前の者よりも一ベザント多く，しかも常に残りの1/7与える，と述べた．最後の者は残りを得る．ただし上述の条件で，各々は父親の財産から同じだけ受け取るとする．息子は何人で，財産はいくらか．

長男の取り分を a，全財産を S とすると，$a = 1 + \frac{1}{7}(S-a)$ となり，次男は $2 + \frac{1}{7}(S-2a)$ です．ここで二人の取り分は等しいので，ここから $a=7, S=49$ となります．息子の数は $49 \div 7 = 7$ 人となります．見ての通り，そこにキリスト教の教会法などが関係することはありません．

イスラームとキリスト教

興味深い単語が含まれている問題があります．「コンスタンティノポリスのモスクのたいそう学識ある師が我々に出した問題」というものです．その内容は「船を買いたい5人の男がいる．最初の男は他の四人のベザントの $\frac{1}{5}\frac{2}{3}$ 取る．第二番目は他から $\frac{1}{480}\frac{1}{6}\frac{2}{3}$ 取り，第三は $\frac{1}{638}\frac{1}{6}\frac{2}{3}$，第四は $\frac{1}{420}\frac{1}{7}\frac{2}{3}$，第五

は $\frac{1}{810}\frac{1}{27}\frac{1}{10}\frac{2}{3}$ 取る」，というものです．

　ここで興味深いのはその問題でも解法でもなく，モスクというイスラーム寺院を意味する単語が使われていることです．ここで登場する学識ある師とはムスリム（イスラーム教徒）と考えてさしつかえないでしょう．他方フィボナッチは14章で珍しく神について触れ，「もし神がお望みになるなら，汝は問われているものを見いだすであろう」と述べています．「もし神がお望みになるなら」という句はアラビア語常套句インシャーアッラーを想起させますが，ここではイスラームではなくキリスト教の文脈と考えて間違いないでしょう．フィボナッチは晩年ピサでその業績を認められ年金として年に20リブラ授与されたという記録が残っていますので，ムスリムではあり得ないはずです．

　ともかくキリスト教徒フィボナッチは宗教を超えて数学を探求していたことがわかります．これは宗教の違いを超えて為政者や学者と交流を持った同時代の皇帝フェデリーコ2世の態度と繋がります．フィボナッチの時代状況がそのようであったのです．

第 13 章
フィボナッチの無理数論

　フィボナッチは分数表記を克服したけれども,負の数の十分な理解には達していなかったことを見てきました.代数学で生ずるもう一種類の数である無理数はどうでしょうか.無理数はすでに古代ギリシャにおいて,数ではなく,非共測量という幾何学に属する量として理解されていました.それは単位で測ることのできない量ということで,1 辺が 1 の正方形の対角線の長さのようなものです.とりわけエウクレイデス『原論』第 10 巻はその量について詳細に分類し議論しています.フィボナッチはそれをどの様に理解し応用したのでしょうか.『算板の書』第 15 章で 2 次方程式が論じられることになるので,それに先立ち第 14 章で無理数についての議論が挿入されています.本章はそれを見ていきましょう.

平方根の計算

　フィボナッチは,エウクレイデスが非共測量として扱ったものを量というよりも数と認識し,不言数 (numerus surdus) と呼びます.この不言数はアラビア語では asamm (聞こえない) です.今日 $\sqrt{n}$ や $\frac{1}{n}$ は n を基準にして発音することができますが,前近代では n とは独立したものとみなされ,適切な表現法・記号法がないこともあり n と関係づけては発音ができなかったのです.

では開平法を紹介しましょう．最初は幾何学的方法です．図(左)のように半円を描けば $a \times b$ の根を求めることできると述べられていますが，これはのちにデカルト『幾何学』(1637) にも登場します．$\sqrt{10}$ を求める場合は，$10 = 2 \times 5$ として図から求めることができます．フィボナッチにはありませんが，図(右)のようにすることも可能です．

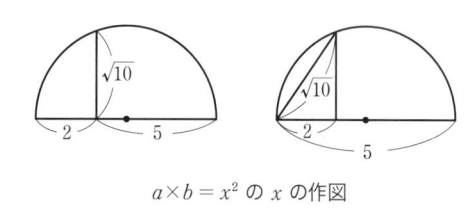

$a \times b = x^2$ の x の作図

「幾何学を使えば，数ではなしに量によってあらゆる数の平方根を求めることができる」，というフィボナッチの言葉は正しいのですが，彼はアラビアの伝統に従って数値も求めています．「1桁あるいは2桁の数の根は1桁で，…5桁あるいは6桁の数の根は3桁で，こうして1桁あるいは2桁増えると根は1桁増える」と述べています．

ここでは $\sqrt{743}$ を計算してみます．これは3桁なので平方根は2桁となります．

まず2桁の平方根の最後の位の数を，743の第2の位の数4の下に置きます(図左参照)．平方して7に近くそれよりも小さい数を探すと2となるので，この2を4の下に書くわけです．ここではアラビア数学の影響で，最初の位とは一番左の最高位の数字を指します．次にその2を2倍し，それを7から引き，3を出し，それを7の上に書きます．この3と先の4とを合わせて書い

て 34 とし，$b^2 \leq (34-2\cdot 2\cdot b)10+3$ となる b を求めると，$b=7$．この 7 を 743 の 3 の下に 2 度書きます (図右参照)．ここで 2 と 7 をたすき掛けして加え，これを 34 から引きます．つまり $34-2\cdot 2\cdot 7=6$ を出して，それを 4 の上に書き，743 の一位の数の 3 と合わせて 63 とし，$63-7^2=14$ を出し，これを 743 の 3 の上に書きます．この 14 を 27 の 2 倍で割り，$\dfrac{7}{27}$ を出すと，答 $27\dfrac{7}{27}$ が出てきます．

```
  3              3  6 14
7 4 3          7  4  3
  2               2  7
  2               2  7
```

かなり複雑な計算ですが，フィボナッチはさらに立方根にも拡張します．

立方根の計算

フィボナッチは有理数では表せない立方根も不言数と呼び，開立法，立方根の四則を具体的に述べています．そこではまず既知とされる次の事を前提とします．

> 線分が二分されるとき，二つの部分の立方体と，一方の正方形と他方の積の三倍とは，線分全体の立方体に等しくなる．

これは $(a+b)^3 = a^3+b^3+3(a^2b+ab^2)$ と解釈できます．

立方根を求める手順は『算板の書』『幾何学の実際』双方で示され，それを $N=47$ の例で見てみましょう．
$$\sqrt[3]{N} = \sqrt[3]{a^3+r} = a+k \quad (0<k<1)$$
とします．
$$N = a^3+r = (a+k)^3$$
から
$$k = \frac{r}{3a^2+3ak+k^2}.$$

ここで $0<k<1$ なので，あえて $k=1$ を代入して，
$$k = \frac{r}{3a^2+3a+1}.$$

よって
$$\sqrt[3]{N} \fallingdotseq a + \frac{r}{(a+1)^3-a^3}.$$

フィボナッチは自ら発見したと述べることは少ないのですが，これは彼が「根を見い出すこの方法を私は発見した」と述べたその数少ない式です．ただしアイデアはすでにアラビアのナサウィー(11世紀)などにも見られます．

さてここでは次のようになります．
$$\sqrt[3]{47} = \sqrt[3]{3^3+20} \fallingdotseq 3+\frac{20}{37} \fallingdotseq 3+\frac{1}{2}.$$

次に，
$$47 = \left(3\frac{1}{2}+k_1\right)^3 \fallingdotseq \left(3\frac{1}{2}\right)^3 + 3 \cdot 3\frac{1}{2} \cdot (3+1) \cdot k_1$$
を考えます．ここで $(3+1)$ とは $a=3$ の次の整数の意味です．

すると

$$k_1 \fallingdotseq \frac{11}{112} \fallingdotseq \frac{1}{10}.$$

よって $\sqrt[3]{47} \fallingdotseq \left(3+\frac{1}{2}\right)+\frac{1}{10} = 3\frac{3}{5}$ となります．

　開立法はすでにアラビアでも見られます．もっとも古いのはダマスクスで書かれたウクリーディシー『インド式計算法の諸章』(952/3) ですが，それ以降，ナサウィー，クシュヤール・イブン・ラッバーン等に見られます．西アラビアではハッサール，ヤーサミーン，イブヌル・バンナー等がいます．西洋中世では，フィボナッチ以前の 12 世紀末に書かれた作者未詳の実用幾何学書『諸学総覧』(*Artis cuiuslibet consummatio*) が最初に開立法を述べていますが，理解が十分であったとは言えません [Victor, 1979]．この作者もフィボナッチも西アラビア数学から学んだ可能性があるのかもしれません．

　さらにカーシー（?–1429）『算術の鍵』以前に，イブン・ムンイン（13 世紀初頭）は 3 次の場合と同様に二項展開式を利用して，すでに 5 乗根，6 乗根にも拡張しています．以上の数学者やフィボナッチは具体的計算で解法を示すことに主眼を置いていますが，例外的にイブヌル・ハイサム（965 頃 –1039）は論文「立方体の一辺の開立法」の中で代数的に証明を行っています．イブヌル・ハイサムはここで「インドの方法」ではなく「商業の方法」という名の方法を用いています [Rashed II 1993]．

無理数の議論

　第 14 章の中心課題の一つは無理数の分類で，そこでは線分で述べられていたエウクレイデス『原論』第 10 巻を，幾何学のみな

らず算術も用いて具体的に述べようとするものです．そこには15種の線分（＝数）があり，まず2つを区別します．

第1線分とは，長さと正方形において有比（ratiocinate, riti＝ギリシャ語 $\dot{\rho}\eta\tau\dot{\eta}$）で，有理数のことを指します．第2線分は正方形においてのみ有比，長さにおいては無比で，無比（irratiocinate, aloge＝ギリシャ語 $\ddot{\alpha}\lambda o\gamma o\varsigma$）と呼ばれますが，これは無理数のことで，たとえば $\sqrt{3}$ です．それは長さ $\sqrt{3}$ は単位とは比を持たず無比ですが，正方形 $(\sqrt{3})^2$ は有比となるからです．

ところで ratiocinate, irratiocinate にあるラテン語 ratio（比）はギリシャ語 $\lambda\acute{o}\gamma o\varsigma$ に由来します．これは「比」のみならず「言葉」も表し，そこに否定の $\dot{\alpha}$ が付いて，$\ddot{\alpha}\lambda o\gamma o\varsigma$ とは「無比」あるいは「発音不能」という意味となります．先に述べた aṣamm がアラビア語由来とするなら，こちらはギリシャ語由来です．フィボナッチは両者の伝統を受け継いでいるのです．

こうして無理数は発音不能（不言）つまり聞こえないという意味で次のようになります．

　　アラビア　aṣamm　→　surdus（意訳）
　　ギリシャ　$\ddot{\alpha}\lambda o\gamma o\varsigma$　→　aloge（音訳）

その後13種の無比数が論ぜられます．中項数（media），6つの2項和数（binomium），6つの2項差数（recissum, apotome＝ギリシャ語 $\dot{\alpha}\pi o\tau o\mu\dot{\eta}$）です．

中項数とは，a, b が平方のみ共測可能なときの $x^2 = ab$ となる x で，2重根号 $\sqrt{\sqrt{z}}$ のような形の数です．

中項数が単一の数からなるので単純と呼ばれるのに対して，2

つの項の和や差からなる数は2項和数，2項差数と呼ばれ，さらに2項和数は『原論』第10巻命題47の後に付けられた定義IIにしたがって次のように分類されます．ただし，m, n は有理数で，また a, b が相似 (similis) とは，$a:b = \alpha^2 : \beta^2$ となることを意味しています．

第一2項和数：$m + \sqrt{n}$
$\quad m^2 > n$ で，$m^2 - n =$ 平方数
$\quad$ 例は $4 + \sqrt{7}$ で，$4^2 - 7 = 3^2$

第二2項和数：$\sqrt{m} + n$
$\quad m > n^2$ で，$m - n^2$ は m に相似
$\quad$ 例は $\sqrt{112} + 7$ で，$112 - 7^2 = 63$,
$\quad 63 : 112 = 9 : 16 = 3^2 : 4^2$

第三2項和数：$\sqrt{m} + \sqrt{n}$
$\quad m > n$ で，$m - n$ は m に相似
$\quad$ 例は $\sqrt{112} + \sqrt{84}$ で，$112 - 84 = 28$,
$\quad 28 : 112 = 1 : 4 = 1^2 : 2^2$

第四2項和数：$m + \sqrt{n}$
$\quad m^2 > n$ で，$m^2 - n \neq$ 平方数
$\quad$ 例は $4 + \sqrt{10}$ で，$4^2 - 10 = 6$

第五2項和数：$\sqrt{m} + n$
$\quad m > n^2$ で，$m - n^2$ は m に非相似

第六2項和数：$\sqrt{m} + \sqrt{n}$
$\quad m > n$ で，$m - n$ は m に非相似

2項和数×2項差数は有理数となる，つまり $(a+\sqrt{b})(a-\sqrt{b}) = a^2 - b$ も理解されました．これは $x^2 - \sqrt{3}x^2 + 24x = 144$ 等の方程式を2次の項の係数が1となる標準型に変換するときに利用されました．

『原論』第10巻註釈

エウクレイデス『原論』は本来13巻ですが，その後2巻が付け加えられ15巻として伝承され，いくつかの巻には註釈が加えられました．なかでも第1巻は公理や公準があり（他の巻にはない），第5巻は無理量にも適用できる精緻な比例論が含まれ（『原論』の中で最も難解），10巻は『原論』全体の命題の4分の一（465のうち115）を占め最も長く複雑なので，これら3巻に対してとりわけ多くの註釈を生みました．

ここでは第10巻について述べておきましょう．古代においてはすでにパッポスが『原論』に註釈を加え，そのうち第10巻のアラビア語訳のみが現存します．アラビア世界では10巻のみに限定した註釈は10点近くが知られ，著名なものでは，マーハーニー（9世紀後半），イブン・イスマ（10-11世紀），ハーズィン（10世紀），アフワーズィー（10世紀後半），イブヌル・ハイサム（996-1020），カラジー（10-11世紀），サマウアル（?-1175）があります．

『原論』1-10巻全体に註を加えたナイリージー（10世紀初頭）の註釈は，ラテン語に訳されたので特に重要です（もとのアラビア語原典は1-6巻のみ現存）．作者が現在のところ特定されていない，ある10巻の註釈もラテン語に訳されています．この註

釈とナイリージーの註釈とはクレモナのゲラルドが12世紀にアラビア語からラテン語に翻訳し、それらが現存します。そのうちナイリージーの註釈のラテン語訳から影響を受けたのがフィボナッチより1世代あとの哲学者アルベルトゥス・マグヌス (1193-1280) です。

中世ラテン世界では『原論』への註釈はアラビア世界に比べるとはるかに少なく、作者がわかっているのはアルベルトゥス (『原論』第1-4巻への註釈) [Tummers 2014] やニコル・オレーム (1323頃-82) の『エウクレイデス幾何学の諸問題』[Busard, 2010] くらいです。ただしラテン語訳『原論』には、本文にアラビア由来の註釈が混入されたり、新たにラテン語註釈が加えられた「アデラード第三版」や「カンパヌス版」などもあります。

アルベルトゥスはトマス・アクィナス (1225頃-74) の師であることからわかるように、ラテン世界では『原論』は数学的に議論されたというよりも、むしろアリストテレス哲学の枠組みのなかでの数学論として取りあげられました。序文冒頭からそれをみておきましょう。第一巻のテクストと英訳は次にあります。

- P.M.J.E.Tummers, *Albertus (Magnus) 'commentaar op Euclides' elementen der geometrie*, Deel II, Nijmegen, 1984.
- Anthony Lo Bello, *The Commentary of Albertus Magnus on Book I of Euclid's* Elements of Geometry, Boston, 2003.

アリストテレスがその第一哲学 [=『形而上学』] 第六巻で述

べているように，哲学は三様にある．すなわち，質料とともに認識される形相を考察するもの——自然学，そして可動質料にあるがそれでも定まった理性に応じてはそれとともに認識されない形相を考察するもの——数学と呼ばれるもの，そして可動質料にもなく定まった理性でそれと共には認識されない，分離された神聖なものを扱うものである．したがって三点で完成されることができる人間精神はこれら三つの学問分野によって三様に完成される．というのも，感覚を考察する精神は最初の学問で完成され，他方第二の学問は想像力を考察する精神を引き立たせるが，第三の学問はそれを神聖なものにし，人間精神をある仕方で知性に同化させ，その過程の中で第一原理 [＝神] と結びついた知性の光の中から何かをその中に注ぐのである．

西洋中世はこのようなキリスト教的アリストテレス主義による学問状況ですので，難解な第 10 巻を数学的に言及するのはきわめて稀です．その意味でフィボナッチの議論はきわめて特異で重要なのです．

『原論』の数値化

アラビアにおける『原論』の特徴は，次の 2 点にまとめることができます．幾何学を用いて証明された『原論』を代数を用いて表現したことと，単位を導入し『原論』の命題を具体的数値で表現したことです．しかし後者はすでに古代ギリシャのヘロン（1 世紀頃）にも見られるようです．ヘロンによる『原論』註釈のテ

クストはもはや残されていませんが，ナイリージーが言及しているヘロンとおぼしき人物による『原論』解釈の基本は数値化です[Curtze, 1899]．したがってアラビアに特有なのは前者の代数学的解釈です．

マーハーニーは 10 巻の註釈冒頭で幾何学的定義を逸脱して非共測量を説明していますので，それを見ておきましょう．テクストは，

- Marouane Ben Miled, "Les commentaires d'al-Māhānī et d'un anonyme du Livre X des *Éléments* d'Euclide", *Arabic Sciences and Philosophy* 9 (1999), 89–156.

> 線分は発音から言うと二種しかない．有比数は十，十二，三と半分，六と三分の一などのように，その大きさが表現でき量が発音できるものである．有比数でないものは不言数と呼ばれ，その大きさは表現できず量も発音できず，十，十五，二十のような平方数ではない数のその根，立方数ではない数の一辺，以上の和や差，有比数との和，不言数と有比数との差，などである．

ここでは数（算術）と量（幾何学）との区別がもはや曖昧になっています．前半では線分と言いながらそれは整数や分数であり，後半では平方根や立方根（一辺）が不言数の例としてあげられています．

マーハーニーはこの不言数を 2 つの方法で分けます．最初は単純と合成という分けかたで，前者は単体の不言数，後者は不言数の和あるいは差です．2 つ目は平面と立体という分け方で，前

者は平方根，後者は立方根となります．

立方根は『原論』10 巻の範囲を超えていますが，マーハーニーはさらに一般的に n 乗根も考え，また三項 $(\sqrt{a}+\sqrt{b}+\sqrt{c})$ も考えていたようです．フィボナッチは n 乗根は考えませんでしたが，$\dfrac{a}{\sqrt{b}+\sqrt{c}+\sqrt{d}}$ の有理化はでき，以上の伝統にいたのです．

2 項差数を説明する際マーハーニーは次のように述べています．

> [最初の 2 項差数は] 九引く四十五の根である $[9-\sqrt{45}]$．その根を知るために，最初の 2 項差数の根がまた 2 項差数であることを知るがよい．全体九を，その積が，根の取られたもの ——四五である—— の平方の四分の一のように，その四分の一が十一と四分の一となるように二分せよ．…ジャブルとムカーバラの方法で行おう．われわれは一方をモノ，他方を九引くモノであると知っていると言おう．九引くモノとモノとの積は九個のモノ引くマールで，これは十一と四分の一に等しい….

これ以上引用は必要ないでしょう．2 項差数を数値例で示し，代数（ジャブルとムカーバラ）を用いて計算しています．つまり $z=a-\sqrt{b}$ のとき，a を「全体」，$\sqrt{b}$ を「根の取られたもの」(muttaṣal) と呼び，a を 2 分し，その積が $\dfrac{b}{4}$ となるようにします．ここで一方を x とすると，$x(9-x)=\dfrac{45}{4}$．これを解いて，$x=\dfrac{15}{2},\ \dfrac{3}{2}$ から，$\sqrt{9-\sqrt{45}}=\sqrt{\dfrac{15}{2}}-\sqrt{\dfrac{3}{2}}$．

フィボナッチも同様に，

$$\sqrt{a-\sqrt{b}} = \sqrt{\frac{a}{2}+\frac{1}{2}\sqrt{a^2-b}} - \sqrt{\frac{a}{2}-\frac{1}{2}\sqrt{a^2-b}}$$

を理解し，$\sqrt{225-\sqrt{50000}} = \sqrt{125}-10$ を求めることができました．

フワーリズミーによって代数学が成立したのが 9 世紀前半ですから，それから半世紀後のマーハーニーの時代にすでにこの新しい代数学が『原論』解釈に適用され，それを用いて無理数論が議論されていたことは驚くべきことで，アラビア数学が迅速に発展しつつあったことがわかります．しばしば数で具体例を示すフィボナッチも以上の註釈の伝統の中にいました．しかしフィボナッチが『原論』のどのアラビア語註釈からヒントを得たのか，それはわかりません．また riti, aloge などギリシャ語音訳を使う点ではギリシャ語から直接訳されたラテン語版『原論』と同じで，その影響が考えられますが，フィボナッチの binomium はその『原論』では ex duobus nominibus（「2 項から」の意味）と訳され，両者は異なります．

無理数論の応用

フィボナッチの小篇『精華』のなかには $x^3+2x^2+10x = 20$ という 3 次方程式に還元できる問題があります．そこでは最終解の前に長々と議論されていることがあります．解が次の 6 種の数ではないということの証明です．つまり無理数，無理数の和，無理数の根の根，6 種の 2 項和数，6 種の 2 項差数，2 項和数の

根または2項差数の根です．たとえば，第三2項和数あるいは第六2項和数ではないことの証明では，その根を $\sqrt{m}+\sqrt{n}$ と仮定して矛盾を導いて背理法で証明しています．これは代入して代数的に解釈してみると確かめることができますが，フィボナッチは幾何学的証明にこだわっています．解を具体的に求めるよりもその存在範囲を重視するというこの視点は，実用数学の範囲を逸脱し時代を超えたものと言えます．

　エウクレイデスは非共測量の一般理論を目指しましたが，アラビアでは非共測量をむしろ数と見なそうとし(徹底してはいませんが)，その具体的四則演算が中心課題でした．すなわちそこでは量と数の区別が消えつつあるのです．さらに平方根の3項以上の和や，n 乗根への拡張も試みられ，実用を超えた数学の展開が見られます．フィボナッチはこのアラビアの議論をさらに発展させることはありませんでしたが，その成果を受容したことだけは確かです．そしてラテン世界でそれができたのは，ルネサンス期に至るまでフィボナッチをはじめごくわずかだったのです．

第14章
フィボナッチと代数学

　ようやく『算板の書』の最終章にたどり着きました．この15章は「三，四量の比」，「若干の幾何学的問題」，そして「代数学」を扱っています．なかでもその後の影響から考えると代数学が最も興味深いので，本章はそれに絞って見ていきましょう．その起源はアラビア数学ですから，それと対比しながら紹介します．

フワーリズミー『代数学』のラテン語訳

　フィボナッチの代数学の源泉はフワーリズミー『代数学』，アブー・カーミル『代数学』，カラジーなどです．初めの2つはラテン語に訳されたことは知られていますが，それぞれの内容は当時さらに何らかの形でラテン世界に間接的に伝承されていたと思われます．

『算板の書』第15章第3節の代数学の冒頭欄外には，写字生が付け加えたのか，ラテン語で Maumeht と見える．これは預言者 Muḥammad ではなく，フワーリズミー（Muḥammad ibn Mūsā al-Khwārizmī）を指すと考えられる．（出典：Firenze, BN. Conv. Soppr. C. 1. 2616, f. 187 v）

フワーリズミー『代数学』はアラビア世界で代数学を最初に論じたことで[1]重要で，さらにこの作品は今度は「12世紀ルネサンス」にラテン語に訳され，西洋でもきわめて重要な役割を果たしたことは第6章で述べましたが，ここでもう一度まとめておきましょう．

　アラビア語原本『ジャブルとムカーバラの計算の縮約書』は，代数学の基本と練習問題，幾何学への応用の2部からなりますが（遺産相続計算は後の付加と考えられる），ラテン語に訳されたのはそのうち付加を除いた部分です．原本は9世紀に書かれたのですから，ラテン語訳された12世紀にはオリジナルのテクストもかなり変容を遂げていたのかもしれません．クレモナのゲラルド，チェスターのロバート，ルナのグイエルモの3人による異なるラテン語訳が存在しますが，フィボナッチが少なくとも直接参照したことが明らかなのは，ゲラルドによるラテン語訳です．用語や問題の順が同じだからです．フィボナッチの代数学の基礎はこのラテン語訳にあり，彼の用語，説明形式はその延長上にあると言ってよいでしょう．

『算板の書』のなかの代数学

　『算板の書』15章では，まず1, 2次方程式を分類し，代数的解法とその幾何学的証明，そして例題が99問解かれています．登場する数は，単なる数，財，根の3種で，現代的にはそれぞれn, x^2, xを示し，さらにそこにxを示すモノが加わり，アラビア語に直接対応し，次のようになります．

---

[1] 疑問もあり，それについては第3章参照．

202

	アラビア語	ラテン語
単なる数	'adad mufrad	numerus simplex
財	māl	census
根	jiḍr	radix
モノ	shay'	res

アラビア語の māl はクレモナのゲラルド訳では census，チェスターのロバート訳では substantia ですが，ともに財という商業的意味があります．

フィボナッチはここでもアラビア数学に従い，1, 2次方程式（equatio と呼ばれた）を6種の標準型に分類し，そこには単純型（$ax^2=bx$, $ax^2=c$, $bx=c$）と複合型（$ax^2+bx=c$, $ax^2=bx+c$, $ax^2+c=bx$）とがあります．

このように分類するのは係数を常に正にするためです．記号はなく，すべて文章で表されています．たとえば $2x^2+10x=30$ は, duo census et decem radices equantur denariis 30 となります．もちろん演算記号や等号記号はありません．また数の単位として，しばしば古代ローマやギリシャ起源の貨幣単位 denarius や drachma が付けられていますが，アラビア数学でも同じく貨幣単位 dīnār が用いられていました．フィボナッチ自身はアラビア数字を用いたかもしれませんが，現存写本では，アラビア数字が基本ではあるものの，数詞やローマ数字も混在しています．テクストを書き写した人物にアラビア数字の知識が十分にはなかったのかもしれません．19世紀に編集されたフィボナッチ全集には1箇所だけ省略記号が見られますが (図参照)，これは後 (14世紀) にこのテクストが筆写されたときの書法で，フィボナッチ自身の記号ではありません．写本で確認すると，それは欄外に後で付け加えられたような書き方がされています．実際，西洋ラテン世界で

記号法が現れるのはこの 14 世紀からで，フィボナッチの時代ではありません．

minus ℞. 78125

radix（根号）の略である R の変形．ここでは $-\sqrt{78125}$ を示す．これはフィボナッチが用いた書法ではなく後代のもの．（出典：[Boncompagni II 1857, p.209]）

さてフィボナッチは代数学の 2 つの演算法，アルゲブラ（algebra，アラビア語の jabr）とムカバラ（muqabala，アラビア語の muqābala）について定義はしていません．しかしそれらはそのままアラビア語音訳で「アルゲブラの方法を用いて」「アルゲブラでしたように」「アルゲブラとアルムカバラで」などという表現で用いられ，方程式を 6 つの標準型に還元して代数的に解くことを意味したようです．このことから「アルゲブラの方法」は説明するまでもなく当時すでに知られていたことが伺われます．

さてこれらは本来アラビア数学では通常次の意味でした．ジャブルは整骨という意味に由来し，折れた骨に見立てられた負の数を元に戻すこと，つまり負数移項操作．ムカーバラは対置させることを意味するので，同類項を対置して計算する，すなわち同類項簡約．フィボナッチは通常この 2 つの演算を restaura（復元せよ），oppone（対置せよ）というラテン語で表しています．

次に代数的解法を見ておきましょう．たとえば標準型 $ax^2+c=bx$ は，まず最高次の係数を 1 として $x^2+p=qx$ という形に変形し，その解を次のように代数表記します．

$p>\left(\dfrac{q}{2}\right)^2$ のとき，解はなし．

$p=\left(\dfrac{q}{2}\right)^2$ のとき，$x=\dfrac{q}{2}$．

$p<\left(\dfrac{q}{2}\right)^2$ のとき，$x=\dfrac{q}{2}\pm\sqrt{\left(\dfrac{q}{2}\right)^2-p}$．

　その後 2 次方程式の 3 つの標準型に対して 5 つの図解（幾何学を用いた証明）が付けられます．そのうち 1 つはフワーリズミーのものですが，あとはアブー・カーミルと同じです．

『原論』第 2 巻と代数学

　『算板の書』14 章の冒頭では，『原論』第 2 巻の命題が算術的に紹介されています．なかでも命題 5 には $ax^2+bx=c$ と $ax^2=bx+c$ の型が，命題 6 には $ax^2+c=bx$ の型の 2 次方程式すべてが還元できるとしています．それは次のものです．

> もしある数が二つの等しい部分と二つの不等な部分に分けられるなら，そのとき小の部分と大の部分の積と，小の部分と分けられた数全体の半分との差の平方は，最初の半分の平方に等しい．
>
> 　もしある数が二つの等しい部分に分けられ，任意の数がそれに加えられるなら，その加えられた数と，分けられた数と加えられた数との [和の] 積と，分けられた数の半分の平方とは，分けられた数の半分と加えられた数の [和の] 平方に等しい．

たしかに以上は恒等式
$$ab+\left(\frac{a+b}{2}-b\right)^2=\left(\frac{a+b}{2}\right)^2$$
$$b(a+b)+\left(\frac{a}{2}\right)^2=\left(\frac{a}{2}+b\right)^2$$
に対応します．『原論』をフワーリズミーは理解していたかは不明ですが，アブー・カーミル以降のアラビア数学では共通認識でした．

フィボナッチはこの『原論』を用いた解法も頻繁に利用しています．$\left(x-\frac{1}{3}x-6\right)^2=2x$ という問題 52 では，比と『原論』第 2 巻命題 6 を用いています（ただし欄外では，後に付け加えられたのか，代数的解法が示されている）．

図のように $ab=x$, $gb=\frac{1}{3}x$, $dg=6$ とします．

```
 a     e      d        g          b
 |-----|------|--------|----------|
```

条件から $ad=\sqrt{2x}$ となり，$\dfrac{ag}{ad}=\dfrac{ad}{3}$．$ag>ad$ なので，$ad>3$ となり，$ea=3$ なる e をとります．さて $\dfrac{ag}{ad}=\dfrac{ad}{ae}$ なので，比の分離によって $\dfrac{gd}{da}=\dfrac{de}{ea}$ となります（$ag=ad+dg$, $ad=ae+ed$ と考えればよい）．$gd=6$, $ae=3$ から，$da\cdot de=18$．『原論』より
$$\sqrt{\left(\frac{ae}{2}\right)^2+dg\cdot ea}+\frac{ae}{2}=ad.$$
これを計算すると，$4\frac{1}{2}+1\frac{1}{2}=6=ad$．よって $gb=ad+dg$

$= 6+6 = 12$．これは全体の $\frac{2}{3}$ なので，全体 $ab = 18$ となります．ここでは『原論』だけではなく，比が使用されていることにも注意してください．

実際この節の題は，「アルゲブラとアルムカバラの方法，つまり比と復元によるある種の問題」です．これはアルゲブラが比でアルムカバラが復元という意味ではなく，「アルゲブラとアルムカバラ」は「比と復元」を用いる方法でもあると考えられたことを意味します．

フィボナッチの練習問題

フィボナッチは最後に 99 個の問題を付けています．おおよそ簡単な問題から複雑な問題へ，また同系列の問題は一群をなして並べ，読みやすさに配慮しています．問題を解く中で解法を理解していくという方策がとられているようですが，なかには代数が未使用の問題も少なからずあります（比や図形で解かれる）．ここで問題のいくつかを見ておきましょう．モノ，財はそれぞれ x, x^2 を指すと考えてください．

> [問題 19]　私は 12 を二分し，一方を他方で乗じた．出てきたものを私はそれら部分の差で割ったら $\frac{1}{2}4$ が出た．小さい方をモノと置き，一方を他方すなわち 12 引くモノで乗ずると，12 個のモノ引く財となり，部分の差，すなわちモノと 12 引くモノとの差，つまり 12 引く二つのモノで割ると，結果は $\frac{1}{2}4$ であることを知っているので，$\frac{1}{2}4$

を 12 引く二つのモノで乗ずると，54 引く九個のモノとなり，これが 12 個のモノ引く財と等しい．それゆえ財と 9 個のモノとを両方の部分に復元し，財足す 54 が 21 個の根となる．それゆえ根の数の半分の平方すなわち $\frac{1}{4}110$ から 54 を引くと $\frac{1}{4}56$ が残る．この根は $\frac{1}{2}7$ で，根の数の半分すなわち $\frac{1}{2}10$ から引くと，与えられたモノすなわち小さい部分として 3 が残り，それゆえ大きな部分は 9 である．

これは 12 を二分する問題で，同じような問題は他に 2 問あります．未知数を 2 つ用いるのではなく，片方を x，他方を $12-x$ として解いています．負根は無視され，方程式が成立するとモノは根と呼びかえられています．問題には他にも 10 を二分するものが 35 問もあり，一方を x，他方を $10-x$ としたり，$x+5$, $x-5$ としたりして解を求めています．マイナス（引く）とプラス（足す）は前置詞で表記され，記号はありません．次は無理係数を含む問題です．

[問題 66] ある量に 10 デナリウスを加え，その和を 5 の根で乗じた．その根が取られると，それは最初の量であった． 10 を加える量をモノと置き，10 足すモノが生じ，これが 5 の根で乗ぜられると 5 つの財の根足す 500 デナリウスの根となる．その根がモノに等しい．それゆえ，モノを自乗すると財が出てきて，5 の財の根と 500 デナリウスの根との和を自乗すると，結果はこの財に等しい．こうして財が根と数とに等しくなる．それゆえ根の数 [係数]

を半分にすると $\frac{1}{4}1$ の根となり,それを自乗すると $\frac{1}{4}1$ デナリウスとなり,それを 500 の根に加える.$\frac{1}{4}1$ 足す 500 の根となり,その根を $\frac{1}{4}1$ の根に加えると,モノすなわち探したい量の量,500 の根と $\frac{1}{4}1$ デナリウスとの和足す $\frac{1}{4}1$ デナリウスの根を得るであろう.

これは $\sqrt{(10+x)\sqrt{5}}=x$ という方程式で,平方して $x^2=\sqrt{500}+\sqrt{5}\,x$ に変形して求めています.平方根が係数に出てくるのは 32 問もあり,無理数が自由に扱われていたことがわかります.

3 元 2 次方程式は 2 題含まれ,第 89 問は次の問題です.

$$\begin{cases} x+y+z=10 \quad x<y<z \\ xz=y^2 \\ x^2+y^2=z^2 \end{cases}$$

解ではまず $x=1$ と置きます.すると,第 2, 3 の式から $1+y^2=y^4$.よって $y=\sqrt{\sqrt{1\frac{1}{4}}+\frac{1}{2}}$.

こうして

$$x=1,\ z=\sqrt{1\frac{1}{4}}+\frac{1}{2}.$$

これでは $x+y+z$ は条件の 10 にならないので,比をとり,

$$\frac{1+\sqrt{\sqrt{1\frac{1}{4}}+\frac{1}{2}}+\left(\sqrt{1\frac{1}{4}}+\frac{1}{2}\right)}{10}=\frac{1}{x \text{の真の値}}.$$

これを解いて (かなりの計算が必要),

$$x = 5 - \sqrt{\sqrt{3125} - 50}.$$

これと同じ問題解法はアブー・カーミルにも見られます．

ここでフィボナッチは 3 つの未知数を大，中，小と呼んでいます．他方『精華』では，2 つの未知数のうち最初を causa，第 2 の未知数を res と呼んでいるところがあります [Boncompagni II 1862, p.236]．中世数学史家ホイルップによると，この causa は本来ラテン語ではなく，中世カタルーニャ語でモノを意味する cosa に由来するとのことです [Høyrup 2013]．

なかには avere（量）という単語が用いられる一連の問題があります．直接の関係はありませんが，古代エジプトのアハ問題（アハは量の意味で，現代的には 1 次方程式の問題）を彷彿させる問題です．ここでは未知数は通常の res ではなく census とおかれます．というのも，これらの問題はその根を方程式に含むからです．それを見ておきましょう．

[問題 79] もしある量からその 2 つの根，その半分の根，その $\frac{1}{3}$ の根を引くと，20 ドラクマが残るであろう，と言うなら，その量を census とおき，それを正方形 ag とせよ．

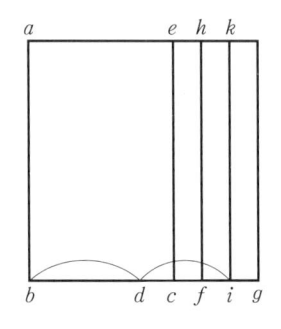

これは census $= x^2$ とすると，

$$x^2 - 2\sqrt{x^2} - \sqrt{\frac{1}{2}}\,x^2 - \sqrt{\frac{1}{3}}\,x^2 = 20$$

という問題です．

$$ac = 2\sqrt{x^2},\ ef = \sqrt{\frac{1}{2}}\,x^2,\ hi = \sqrt{\frac{1}{3}}\,x^2$$

とおくと，

$$bc = 2,\ cf = \sqrt{\frac{1}{2}},\ fi = \sqrt{\frac{1}{3}}.$$

また bi の中点を d とすると，『原論』第 2 巻命題 6 から

$$bg \cdot ig + (id)^2 = (gd)^2.$$

題意から $bg \cdot ig = 20$ なので

$$gd = \sqrt{20 + \frac{1}{2}\Bigl(1 + \sqrt{\frac{1}{2}} + \sqrt{\frac{1}{3}}\,\Bigr)}.$$

よって $bg = bd + dg$ は

$$\Bigl(1 + \sqrt{\frac{1}{8}} + \sqrt{\frac{1}{12}}\,\Bigr) + \sqrt{20 + \Bigl(2 + \sqrt{\frac{1}{8}} + \sqrt{\frac{1}{12}}\,\Bigr)}$$

となります．

問題や解法にはアラビアの先行者たちの引き写しだけでなく，もちろんフィボナッチ独自のも多々あり，フィボナッチの代数学を単にアラビア数学の延長にすぎないと過小評価することはできません．

問題には 4 次方程式もありますが，それらはすべて 2 次に還元できるものばかりです．では 3 次方程式は扱われなかったのでしょうか．

アラビアの 3 次方程式

フィボナッチは『精華』で 3 次方程式 $x^3+2x^2+10x=20$ について議論しています．そこでは解の範囲を詳しく議論した後，その解を 60 進分数で $1:22,7,42,33,4,40$ と求めています．これは現代式で示すと，$1+\dfrac{22}{60}+\dfrac{7}{60^2}+\dfrac{42}{60^3}+\dfrac{33}{60^4}+\dfrac{4}{60^5}+\dfrac{40}{60^6}$ を意味し，きわめて正確な近似解ですが，フィボナッチは解法にはまったく触れていません．おそらくはアラビア数学からヒントを得たと思われるので，当時のアラビアにおける 3 次方程式解法を見ておきましょう．そこには幾何学的解法と近似的解法とがあります．

幾何学的解法はオマル・ハイヤーム (1050 頃–1123) によって完成されます．これはアルキメデス『球と円柱』第 2 巻命題 4 の，「与えられた球を 1 つの平面で切って，2 つの欠球が互いに与えられた比を持つようにすること」に起源を持ち，アルキメデスのその作品の注釈家エウトキオスは現代的には放物線と直交双曲線との交点によってその解を見いだしました．その後多くの数学者がその問題に取り組み，ついにオマル・ハイヤームが『代数学』で展望ある 3 次方程式論を展開するに至りました．要するに 2 つの円錐曲線の交点上に解を決定する方法です．ギリシャ幾何学とアラビア代数学との見事な合体をここに見ることができますが，代数的解法ではないので解は具体的数値としては出てきません．

近似的解法は近似解を代数的に求めるもので，シャラフッディーン・トゥーシー (1135 頃–1213) の『方程式論』が重要です．その解法の一つをあえて現代の言葉で解釈すると，方程式

を扱いやすいようにアフィン変換し，極大値を出して解を1つ求め，それをrとし，元の式を$(x-r)$で割って2次方程式に還元し他の2根を出すというものです．ここでは極大値を見いだすため結果的に今日の導関数に対応する方法が取られてはいますが，もちろんこれは現代的解釈であって，そこに微分学の萌芽が見られるというわけでは決してありません．

さて，幾何学的解法はその後展開されることはほとんどありませんでしたが，近似的解法のほうは中世アラビア最後の数学者カーシー（1380頃 – 1429）も論じていますし，さらに「西洋近代代数学の父」であるフランスのヴィエト（1540 – 1603）もシャラフッディーン・トゥーシーと同じような解法を与え，ここに中世アラビア数学と近代西洋数学とが直接結び付くのでは，という連続問題が現れます．しかし内容上の類似はあるものの，直接的な資料上の結びつきは現在のところ確認されてはいません．

さらにここで3次方程式解法のもう一つの可能性を述べておきましょう．それは仮置法を連続使用する近似的解法です．3次方程式の解付近を線型とみなして仮置法を次々と適用していくのです．フィボナッチの解法はこの方法の可能性もあるかもしれませんが，現在のところフィボナッチがどの様にして解を出したのか確実なことは言えません．ここでは紙幅が尽き，以上3つの解法の具体的内容は割愛せざるを得ませんが，近似的解法については，ラーシェド『アラビア数学の展開』(三村太郎訳)，東京大学出版会，2004［Rashed 2004］に詳しく書かれています．

代数学の応用

15章の代数問題はすべて抽象的で，それ以前の章にあった具体的商業問題などとは形式がきわめて異なっています．しかしフィボナッチは『幾何学の実際』で代数学を具体的に幾何学に適用しています．

その最終章は，円に内接する正5角形と正10角形の一辺や，正3角形の一部の長さなどを求める問題群から成立していますが，その多くはアブー・カーミル『代数学』に見られる問題に基づ

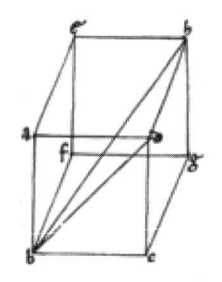

(立方体の対角線)^2＋(立方体の1辺)^2＝400のとき立方体の1辺を求めよという『幾何学の実際』第4章の問題の図．まだここに遠近法はないが，この14世紀の写本の図は見事に描かれている．
(出典：Vat.Urb.lat. 292, f. 103 r)

いています(第3章参照)．この書にはラテン語訳がありますが[Sesiano, 1993]，フィボナッチが用いている用語法とは異なるので，フィボナッチは現存以外の別のラテン語訳を用いたのかもしれません．

『幾何学の実際』における幾何学への応用では，他にも『原論』13, 14, 15巻の問題が見られます．しかしそこにはエウクレイデス的問題を逸脱する問題もあります．(正三角形の面積)＋(そ

の垂線の長さ）＝ 10 のとき，その垂線の長さを求めよという問題です．実用幾何学の書物にある問題にもかかわらず，次元を無視した現実には無意味なものです．

　フィボナッチは当時の地中海数学を基礎にしながら，ラテン世界で代数学を詳細に論じました．その代数学は次の時代のラテン世界に多大な影響を与えることになります．しかしその 2 次方程式解法の基本は 300 年も前のアラビア数学のものにしかすぎず，フィボナッチは同時代の最先端のアラビア数学すべてを導入したわけではありません．すでにアラビア数学では，イブン・ヤーサミーンなどが省略記号法を発展させつつあり，カラジーは多項式の四則演算を行っており，サマウワルなどは証明に代数学を適用しようと試みています．しかしフィボナッチはそれらには触れていません．これらが西洋で本格的に展開し始めるのは，ずっと後の 16 世紀頃からなのです．

　またフィボナッチは，しばしば幾何学や比を用いて方程式を解いたり証明したりしています．末尾にある練習問題では，実は代数学を用いて解かれたのはわずか三分の一にすぎないのです．フィボナッチにおいては，代数学はまだ幾何学から完全には独立できていないと言えるでしょう．そしてその状態は西洋ではその後も続くことになります．

第 15 章
フィボナッチと『幾何学の実際』

　幾何学といえば伝統的にエウクレイデス『原論』で代表させることが多く，これは定義からはじまり命題と証明とからなる理論幾何学です．西洋中世にはこの種の幾何学とは区別して実用幾何学という部門が誕生しました．本章はフィボナッチの『幾何学の実際』を紹介しましょう．

『幾何学の実際』

　『幾何学の実際』は『算板の書』に次ぐ大部な作品で，全集版では前者が 224 ページ，後者が 459 ページです．『算板の書』の第 1 版 (1202) と第 2 版 (1228) との間の 1220 年に執筆され，『算板の書』第 1 版への言及もあります．全集版ではタイトルは *Practica geometriae* なので直訳すると「幾何学の実際（実用）」ですが，内実は実用幾何学です（写本では pratica geometrie と記載）．

　ところで最近この『幾何学の実際』の英訳が出版されました．概要を知るには便利なのはもちろんですが，その翻訳のもとになったテクストである全集版には間違いも多く，したがって英訳だけを頼るわけにはいきません．

- Barnabas Hughes, *Fibonacci's* De practica geometrie, New York, 2000.

『幾何学の実際』は序文と 8 章から成立し，以下でまずは概略を示しておきます．

序文：目次と，『原論』第 1 巻の定義 28 個，作図上の注意（つまり公準）5 点，定理 10 個，公理 7 個，ピサの計量単位．

最初の定義は，「点とはいかなる大きさももたないもので，分割できないものである」(Pvnctus est id quod nullam habet dimensionem, idest quod non potest diuidj) です（ここでは v=u, j=i）が，この表現は『原論』の既存ラテン語訳には見られません．また定義の順序が異なっていたり，付加があったりして，『幾何学の実際』の定義と『原論』のそれとは微妙に異なります．たとえば円の定義は，「円とは円周あるいは周と呼ばれる一本の線の中に横たわる平面図形で，その周の内部にある一点からそれへ引かれたすべての直線は互いに等しいものである」(定義 15) で，オリジナル『原論』にはない波線部の円周 (circumferens) と周 (periferia) という言葉が追加されています．

イタリアでは度量衡は 19 世紀中頃まで標準化されず，各地で異なっていました．近代イタリア国家建設の緊急の課題の一つが度量衡の標準化でした．しかも計測する対象によって単位が異なります．ここではピサの度量衡もかなり詳しく述べられます．この度量衡の箇所だけローマ数字で記されているのは，現場の表記がそれで行われていたからかもしれません．

第 1 章：前半は長方形の求積法で，したがって乗法と単位換算にすぎませんが，分数計算も含まれるのでかなり込み入り，例題が 30 問も挙げられています．他方後半は『原論』の命題 (II-1～7, 9～10, III-35, VI-13, VII-19) で，それは次章の開平法の準備のためです．

第15章　フィボナッチと『幾何学の実際』

　前半の一例を見ておきましょう．2辺が 17 pertica 3 pes と 28 pertica 4 pes の長方形の面積は 7 staria 7 panora 3 soldus 6 denarius となる，ということが示されています．単位がたくさんありますので，そこで用いられる単位を示しておきます．pes と pertica とは長さと面積双方に使用されています．

$$1 \text{ pes} \times 1 \text{ pes} = 1 \text{ denarius}$$

$$1 \text{ pes} = \frac{1}{2} \text{ soldus}$$

$$\begin{aligned}1 \text{ staria} &= 12 \text{ panora} \\ &= 66 \text{ pertica} \times \text{pertica} \\ &= 198 \text{ soldus}\end{aligned}$$

　第2章：開平法．この題材はすでに『算板の書』でも述べられていますが，現存する『算板の書』第2版の説明よりもこの『幾何学の実際』のほうが簡潔明解です．最後は無理量について言及されていますが，理論的記述は少なく，つまり『算板の書』に見られた2項差2項和にはあまり言及がありません．

　ここでは興味深い点を二つ指摘しておきます．一つは，たとえば9876543を開平する場合，最後の5桁（アラビア式に右から数えて98765）を開平し，次に残りの43を開平し，両者を合わせる方法です．もう一つは，分数の開平の際に用いる単位です．幾何学測定の場合はペルティカなどのピサの度量衡を用い，天文学測定の場合は度，分，秒，さらに秒の六十分の一である tertia を用いることが述べられ，天文学も視野に入れていることがわかります．

　第3章：最も長い章で全体の四分の一を占め，あらゆる形の面積の計測が扱われています．ここではピュタゴラスの定理やヘロ

ンの公式などがその名前には言及せずに用いられます.興味深いのは正三角形の面積を 1 辺の $\frac{13}{30}$ よりも少しだけ小さいとしていることです ($\frac{\sqrt{3}}{4} \fallingdotseq \frac{13}{30}$).

その後 2 次方程式が扱われ,後半は様々な形の測量です.なかでも次の円周率の計算は見事なものです.

> 哲学者アルキメデスが円周の直径に対する比が三と七分の一であることをいかにして発見したかを示すことが残っている.彼の数値を用いて美しき証明を繰り返すのはよそう.というのも,より小さい数値で同じことがまったく同様に示せるからだ.

と述べ,アルキメデスの議論に準じた円の計測が示されています.すなわち円に内外接する正 96 角形から円周率は $\frac{1440}{458\frac{1}{5}}$ と $\frac{1440}{458\frac{4}{9}}$ との間にあることを見出しています.それは $864:\left(275-\frac{1}{11}\right)$ という比に近く,ここから円周率は $3\frac{1}{7}$ に近似できるとしています.アルキメデスの引き写しではなく,フィボナッチはこれを自分で計算しています[1].

第 4 章:「同僚への土地の分割」という表題ですが,要するに図形を三角形,四角形,多角形,円に分割する図形分割論です.この主題はまたアブラハム・バル・ヒッヤ『面積の書』でも取

---

[1] フィボナッチの円周率の計算については,アルキメデスの方法と比較した [Katayama 2013] がある.

り扱われ，そこにも似た問題がありますが，フィボナッチとは用語法が異なり，両者に直接の影響関係はないと思われます．

ところでこの主題は消失したエウクレイデス『図形分割論』で扱われたもので，『幾何学の実際』もその伝統下にあると言え，フィボナッチのこの箇所は今日『図形分割論』の復元にきわめて重要な資料となります．実際アメリカの数学史家アーチバルドは次の作品で，『幾何学の実際』に基づいて詳細な復元を試みています．

- R.C.Archibald, *Euclid's Book on Divisions of Figures*, Cambridge, 1915.

中世のフィボナッチが古代ギリシャ数学の復元に貢献するとは予想外のことではないでしょうか．ただしアラビア数学者シジジー（10世紀末）による『図形分割論』のアラビア語訳断片が残され，こちらの方が時代からするとよりオリジナルに近い可能性があります［Miura 1995］．掲載問題数は，シジジーは35題（証明が残っているのはそのうち2題），アブラハム・バル・ヒッヤは12題であるのに対して，フィボナッチは60題と断然多く，おそらくフィボナッチは『図形分割論』の伝統に発想を得て，そこに自ら問題を新たに付け加えたのではと考えられます．

第5章：開立法．すでに紹介しましたように『算板の書』第14章と類似しています．

第6章：立体の計測．『幾何学の実際』では第2番目に長い章です．ここで特徴的なのは，『原論』II-XVからの引用が多数含まれることです．他にもクレモナのゲラルド訳バヌー・ムーサー『兄弟たちの言葉』（『三兄弟の書』とも言われる）からの直接の引用（命題8-15）も見られます．

第7章：「高度，深さ，長さ，惑星の計測」で，器具を用いる

計測法です．天文学自体は扱ってはいませんが，惑星の高度測定に役立つように「弦の表」なども見えます．

第8章：アブー・カーミル『代数学』の「正五角形と正十角形について」と同じ題材を扱っていて，その影響関係は明らかですが，両者の用語は異なります．代数を用いて正五角形・正十角形の辺などを巧妙に求め，それをフィボナッチは「幾何学的精妙さ」という言葉で得意げに述べています．

最後は「幾何学的諸問題が終わる」という言葉で締めくくられ，フィボナッチは本書を幾何学問題集と考えていたことがわかります．

以上駆け足で紹介してきましたので，次に第3，6，7章をもう少し詳しく述べましょう．

図形の計測と器具

面積の基本は三角形で，次のように述べられています．

> 多くの辺をもつ土地の計測法は，三角形に土地を分割し，それら三角形の面積を合わせることである．こうして多辺形の面積が得られる．多辺形が五角形のときには，三つの三角形[に分割してそれら]を加えてそれを解く，ということに注意すべきである．もし六角形なら四つを加えよ．こうしていつも多辺形は辺の数より二つ少ない数の三角形に分解できる．

さて五角形の計測では二つの方法が示されています．一つは，図1のように円を内接し，半径を高さとする三角形を

第15章 フィボナッチと『幾何学の実際』

五つ加えるもの．もう一つは，図2で i を中心 c と円周上の点 z の中点とすると，$ai \times \frac{5}{6} be$ とするもので，半径を r，弦を g とすると，$\frac{5}{4} gr$ となります．ここで $ai = \frac{3}{4} 2r$ ですが，以上に現れる $\frac{3}{4}$, $\frac{5}{6}$ は，それぞれラテン語 dodrans $\left(\frac{9}{12}\right)$, destuns (dextans, $\frac{10}{12}$) という単語で示されています．フィボナッチはこれらの単語を他では用いないようで，この箇所は中世初期からの伝統に引きずられているのかもしれません．

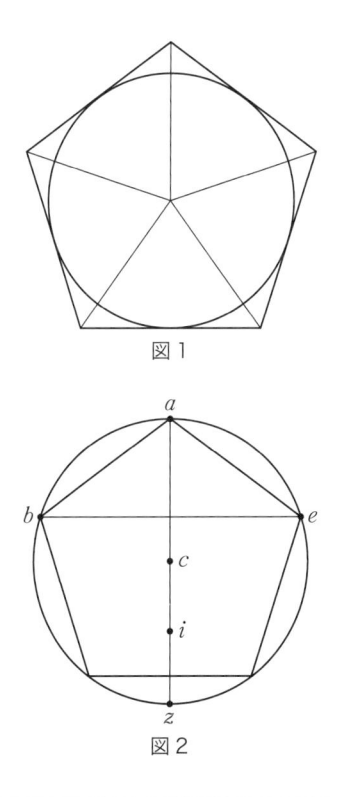

図1

図2

この第3章では器具が用いられています．まず，錘をつけた糸を三角形の頂点から吊した垂球糸（archipendulum）という測量器具で，山などの斜面が与えられたとき，その高さや水平距離を見出すものです．

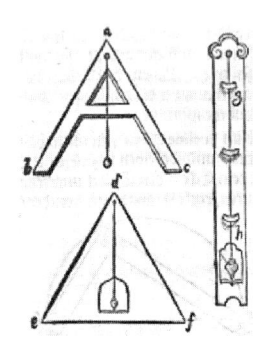

垂球糸

（出　典：D.Schwenter, *Geometriae practicae novae et auctae libri* IV, Nürnberg, 1667）

　使い方は，以下の図のように器具を置き，三角形の相似を用い反復していけば長い距離も測れます．

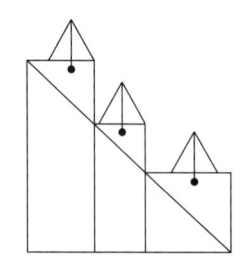

　高度計測でも器具が用いられ，地上に垂直に立てた棒（asta）で相似の原理を用いて高度などを測定します．これは古代から伝

統的に各地で利用された素朴な計測法で,古代ギリシャではグノーモン (gnomon) と呼ばれていたものです.

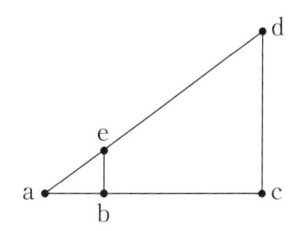

地上 (ac) に立てた棒 (be) で高さ (cd) を測定

本格的器具としては,四分円の形をした四分儀 (quadrans) があります.フィボナッチはそれをオロスコプム (oroscopum) とも呼んでいますが,ホロスコープ (天宮図) 作製に伝統的に用いられていたからでしょう.ただしこの器具自体をフィボナッチのように呼ぶ例は他にはなさそうです.

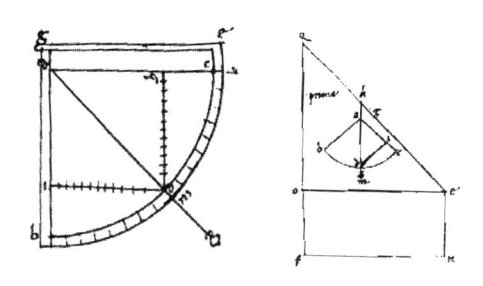

四分儀とその使用法

(出典:フィボナッチ『幾何学の実際』Vat. Urb. lat. 292, f.132 r, v)

ところで器具を用いて計測はできるのですが,表を用いるとより簡単に幾何学的に計測できると述べられていますので,次にそれを見ておきましょう.

弦の表

フィボナッチは表を自分で作成したと明言していますが，作成法は述べていません．今その方法を推測してみると，半円 21 ペルティカの周を 66 分割し，その弧に対して図のような弦の長さの実測値を示した表を作ります．このようにしたのは，円周率を $\frac{22}{7}$ としているので，$21 \cdot \frac{22}{7} = 66$ となり，円周を整数値で表すことが出来るからだと思われます．ここでは角度は用いておらず正弦表ではありませんが，現代的にはこの表は $42\sin\theta$ を示すことになります．

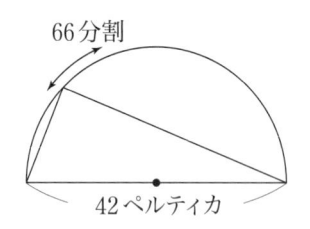

66 分割

42 ペルティカ

ここではペルティカと呼ばれる棒が基本単位で，分数は使用されず，ピサで使用された補助単位が次々に使用されていきます．

1 pertica = 6 pes

1 pes = 18 uncia

1 uncia = 30 punctum

これら単位は 10 進法ではないので計算は少々複雑です．

では表の一部を取り上げておきましょう．項目は，左から，弧 (pertica 表記)，弧 (弦には二つ弧があり，この他方の弧)，弦

(pertica 表記），弦 (pes 表記），弦 (unicia 表記），弦 (punctum 表記）です．全円を 66×2 分割していますので，弧の 1 と 131 とは対になっており，弦の値は同じです．

1	131	0	5	17	17
22	110	21	0	0	0
42	90	36	2	0	0
66	66	42	0	0	0

この表は，弧と弦の一方から他方を見出すのに使われます．弦が与えられたときの弧の見出し方は，まず弦×42÷直径を計算し，その値を表の第 3 列に見出し，その数のある行の第 1 列の数と直径とを掛け，42 で割ります．

たとえば，弦が 8 ペルティカ，3 ペース，$16\frac{2}{7}$ ウンキアで，直径が 10 の場合，それを 42 で掛け，10 で割ると 36 ペルティカ 2 ペース．これを表で探すと弧は 42 となります．またこの行にあるもう一つの弧 90（= 132 − 42）から，$90 \times 10 \div 42$ としますと，もう一つの弧として $21\frac{3}{7}$ がでてきます．表に数値がない場合は補間法も工夫されています．

与えられた弦に対する弧の表は，すでに何度も引用したアブラハム・バル・ヒッヤ『面積の書』のラテン語訳にも見られ，そこでは直径を 28，半円周を 44 としたときの弦と弧の表が 60 進法で示されています．両者の目的で異なるところは，アブラハム・バル・ヒッヤが地上の計測に表を用いたのに対して，フィボナッチ

はエウクレイデスはもちろんテオドシオス，メネラオスにも言及し，とりわけプトレマイオス『アルマゲスト』の円に内接する四角形に関する定理を証明する中で弦の表を用いていることです．すなわち，フィボナッチは弦の表を実践的な実用数学というよりは証明を必要とする幾何学の一部と考えていたことです．弦の表を用いると簡単にできるにもかかわらず，フィボナッチは『原論』や相似三角形の性質を用いて計測してみせることもあります．

ところで理論幾何学と実用幾何学を西洋で初めて区別したのは，パリの聖ヴィクトル大修道院の神学者フゴ (1096–1141) の『幾何学の実際』が最初です．次にそれを見ておきましょう．

テクストと英訳は

- Roger Baron (ed.), *Hugonis de Sancto Victore Opera Propadeutica: Practica Geometriae, de Grammatica, Epitome Dindimi in philosophiam*, Notre Dame: Ind., 1966.
- Frederick A. Homann (tr.), *Practical Geometry Attributed to Hugh of St. Victor*, Milwaukee, 1991.

理論幾何学と実用幾何学

そこでは実用幾何学がさらに高度計測 (altimetria)，平面計測 (planimetria)，立体計測 (cosmimetria) の3種類に分けられ，次のように述べられています．

> 次に考察すべきは，幾何学は理論的つまり思弁的な学問か，あるいは実用的つまり能動的な学問かである．

理論幾何学は，比をもつ大きさの広さや間隔を比の思弁だけを用いて探求する．他方実用幾何学は，器具を用い，あるもの［図形］からあるものへと比例を用いて推論していくことによって説明する．

　この実用幾何学には高度計測，平面計測，立体計測の三種類があり，各々においてはとりわけ線分の長さを探求する．高度計測は上下に延びているもの（porrectio）に，平面計測は前後左右に延びているものに，立体計測は周に延びているものに関係する．ここで高度計測がそう呼ばれるのは，それが高いか深いかを探求するからである．ときに呼び方は変化し，高度は深さと呼ばれ，逆に深さが高度と呼ばれることもあるので，高い海，深い天ということもある．［中略］．平面計測は平面に沿って延びているものを探求するのでそう呼ばれる．立体計測の名前の由来はコスモス（cosmus）である．コスモスはギリシャ語で宇宙を意味し，立体計測は宇宙の計測のようなものなのでそう言われている．それは天球の周や地球の周，そして軌道上にある自然界の他の多くのものの周を考察する．

　驚くべきことや快いことは実に効果のある研究題材で，それはその学問を初心者には信仰を超えて約束し，熟練者には当然おなじみのことである．それゆえ実用幾何学を高度計測，平面計測，立体計測の三つの題目で説明することにしよう．それぞれの種類において，与えられた課題に用いるべき器具は何か，その理論は何か，数値がいかに理解されるのかを示すことにしよう．

冒頭では，注意すべきこととして線や点についての説明があります．いまこの定義とエウクレイデスの定義とを比べてみましょう．

[**聖ヴィクトルのフゴ**]
　　線とは，任意に与えられた点から任意に与えられた点へ延びているもので，これは前後左右上下の任意の方向にあり，それが続くかぎり，線の本性と特性を満たすものは他に何も必要はない．
　　すべての点はそこからすべての方向に線を引くことができる．

[エウクレイデス]
　　点とは部分を持たないものである．
　　線とは幅のない長さである．

　両者の違いは歴然としています．聖ヴィクトルのフゴは点ではなく線を基準にして幾何学を考えているので，線の定義が先にきています．またフゴは『原論』を知らなかった，あるいはたとえ知っていたとしてもまだその価値を認識してはいなかったこともわかります．実際この著作はアラビアからの『原論』翻訳がなされるまさに直前あるいは同時代の作品なのです．

　ところでフゴの著作は誰のため何の目的で書かれたのでしょうか．冒頭で次のように述べられています．「何か新しいものを鍛えて作り出すのではなく，古く消えてしまったものを集めて，私は実用幾何学を私たち［の生徒］に教えることにしよう」．つまり失われつつある古くからある実用数学を修道院の生徒に伝えるため，情報を収集してまとめて一書にしたのです．たしかに数学

的にみれば惨憺たる内容で，そこに見られるのは実地の計測というよりかは教育的なものです．著名な神学者が書いたからには修道院教育の文脈で相当の役割を果たしたことは確かでしょう．その内容は，古代ギリシャ・ローマ時代からジェルベールまで綿々と受け継がれてきた西洋中世幾何学でした．この西洋幾何学の内容を根本的に覆したのがアラビア数学の絶大なる影響を受けたフィボナッチです．そしてフィボナッチは実用数学に，教育や実地での使用という目的を超えて，証明を加えて数学的に記述するという新しい伝統を確立するのです．

第 16 章
中世の幾何学

　従来中世数学史は計算法や代数学を中心に研究されてきました．ここではあまり取りあげられることのない幾何学，とりわけ実用幾何学の展開を，フィボナッチ前後でどのように変化があったのかを含めて見ていきましょう．

ヘロンの幾何学

　その後に影響はあまり与えませんでしたが，古代の幾何学は『原論』以外にもあり，典型的なのはヘロンの幾何学です．

　ヘロンは 1 世紀後半にアレクサンドリアで活躍した「機械学者」です．『プネウマティカ』(空気の力を用いた機械を扱う)，『機械学』(アラビア語訳のみ現存)，『ディオプトラ』(測量器具)など重要な著作がありますが，多くは応用数学や数値計算で，説明には幾何学が用いられています．

　ところで狭義の数学については『測量術』という作品があります．その第 1 巻命題 8 はいわゆる「ヘロンの公式」です(ヒース『ギリシア数学史 II』(平田寛他訳)，共立出版社，1960，pp. 343–45 参照)．そこでは公式の幾何学的証明と，平方根の近似値を求める方法とが示されています．後者は，$A = a^2 \pm b$ のとき(ただし a^2 は A に最も近い平方数)，$\sqrt{A}$ の近似値は

$$\frac{1}{2}\left(a+\frac{A}{a}\right)=\frac{1}{2}\left(27+\frac{720}{27}\right)$$

とするものです．例として，三辺 6, 8, 10 の三角形の面積を，公式を用いて $\sqrt{720}$ とし，それを $26\frac{5}{6}$ と近似しています．ここでヘロンは $26\frac{5}{6}$ を文字数字を並記して，

$$\overline{\kappa s} \angle \gamma'$$

と書いています ($\overline{\kappa}=20,\ \overline{s}=6,\ \angle=\frac{1}{2},\gamma'=\frac{1}{3}$)．

他にすでに失われたヘロンによる『原論』の註釈が，現存するアラビアのナイリージーによる『原論』註釈のラテン語訳中に Yrinus (Heron の変形) の説明として引用され，それによってヘロンは優れた数学者であったこともわかります．さらに『幾何学』，『立体幾何学』，『測量』（『測量術』とは別の作品），『定義集』（幾何学の定義）という表題のギリシャ語作品もヘロンに結びつけられて現存しますが，これらは後代の編纂物であると考えられています．ただしヘロンの作品はラテン語訳されてはいないと考えられていますので，フィボナッチに直接の影響を与えることはなかったでしょう．

ところでヘロンはヘレニズム時代にギリシャ語で書きましたが，次の古代ローマ時代に幾何学はどのように伝えられたのでしょうか．

アグリメンソーレース

今日でもローマ時代の道路，水道橋，競技場などが，西欧はもちろん北アフリカにまで広範囲に残っていることはよく知られ

ています．古代ローマは土木建築にたいへん優れていました．そこには当然のことながら測量技術もあったはずで，それと数学とはどの様な関係にあったのでしょうか．

当時ラテン語でアグリメンソーレース（agrimensores）と呼ばれた測量術師たちがいました．agri は土地，mensor（複数形は mensores）は測量する者の意味です．彼らは当初はグローマ（groma）という測量器具を用いていたので，グローマティキ（gromatici　単数形は gromaticus）とも呼ばれていましたが，ディオプトラという器具が発明されるとそれを用いるようになりました．

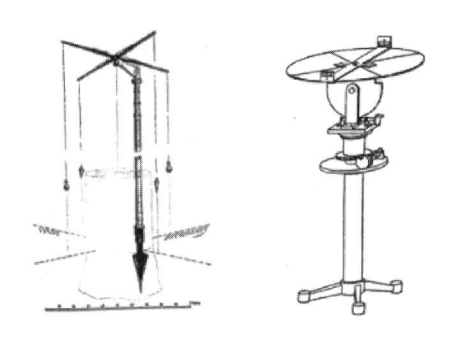

グローマ（左）とディオプトラ（右）
（出典：E.R.Kiely, *Surveying Instruments*,
New York, 1947, p.30, 35）

アグリメンソーレースは他に複数形で，境界を定める者 finitores, 測定する者 metatores, 幾何学者 geometriae とも呼ばれていました．主として解放奴隷たちがかかわったともいわれていますが，職業化もされていたようです．すなわち古代ローマ時代には測量術師としての数学従事者がすでにいたのです．

そこで使用されたテクストは『アグリメンソーレース文献』（*Corpus Agrimensorum*）という名前でくくることができます．現存最古のものは5世紀末頃に書かれましたが，おそらくはすでに1世紀には存在していたようです．そこには測量技術のみならず，土地に関する法律や管理行政なども含まれています．ここではそのなかの測量を見ておきましょう．古代ローマ史に関係しますから，古典学者(Thulin, Blume, Lachmann, Bubnov など)による 100 年以上にわたる厖大な文献学的研究の蓄積があります．

ここでは作者未詳の「ユゲルムの計測法」の一部を取り出してみましょう．ユゲルムとは，一くびきのウシが1日で耕せる広さの土地の面積単位で，おおよそ $\frac{1}{4}$ ヘクタールです．テクストは，

・F.Blume, K.Lachmann, und A.Rudorff, *Die Schriften der römischen Feldmesser*, Bd.I, Berlin, 1848.

> 円形をした丸い土地があるとき，面積（podismus）を私は次のように得る．円形の領域をその直径が四十ペルティカとし，それを自乗すると，∞ DC [=1600] ペルティカとなる．この値を十一倍すると，$\overline{\text{XVII}}$ DC [=17600] となり，この値から十四分の一をとると，それは ∞ CCLVII [=1257]ペルティカと一ペース[ped.1 ≒ [v]とありこの箇所意味不明]，これは四ユゲル，一タブルム，三十三ペースとなる．

単位は，1 タブルム ＝ 72 ペルティカ ＝ 7200 ペース ＝ $\frac{1}{4}$ ユゲルムです．

ここでは，$17600 \div 14$ をともかくもうまく計算していますし，

ここから $\frac{\pi}{4} = \frac{11}{14}$ つまり，$\pi = \frac{22}{7}$ を用いていることがわかります．興味深いのは，千位は二つの記法がなされていたことです．他にもあり，2千は，$\overline{\mathrm{II}}$，$\infty\infty$，Z などの表記法があり一定していませんでした．

土地測量としての実用幾何学は初期中世だけではありません．もちろんそれを受け継いだ東ローマ帝国でも存在しましたが紙幅の関係でそれは省略します．

ところでアグリメンソーレース文献は土地測量文献なので，数値を備えた実践的面積計算を扱います．この計算という分野は古代ギリシャではロギスティケーと呼ばれ，『原論』のような証明に基づく幾何学とは歴然と区別され低く見られていました．ところがここで注意すべきことが生じたのです．ギリシャでロギスティケーに属する測量文献が，中世教育の中では幾何学と理解されていったのです．その中でアグリメンソーレース文献に徐々に『原論』の定義や命題が証明を除いて挿入されていきます．

さて古代ギリシャ数学はローマ時代にはわずかな断片しか伝えられませんでした．ここでは中世初期に『原論』がどれほど伝えられていたかを見ておきましょう．

ボエティウス版『原論』

12世紀以前の中世初期の西洋数学にはあまりなじみがないでしょう．歴史資料が少ないと思われるかもしれませんが，決してそうではありません．確かに数学的内容からいえば古代ギリシャにはとうてい及びませんが，中世初期には初歩的文献が数多く筆写されました．修道士の聖事日課の一つに写本の筆写があるの

で，写本数が増大していくのも納得がいきます．そのなかにはボエティウス版『原論』があります．

『原論』をギリシャ語から最初にラテン語に訳したのは，古代ローマの哲学者・政治家ボエティウス (480-524 または 525) です．このボエティウス版そのものは残されておらず，それが全体訳なのか部分訳なのか，どのテクストから訳されたのかは不明です．しかしボエティウス版の影響力は絶大で，それに連なる相当量の写本が残されています．それらには証明はほとんどなく，縮約版のような体裁をしています．

9世紀初頭の「カロリング・ルネサンス」(カロリング朝時代に聖職者教育の再生を目指したルネサンス) になると，既存のテクストの雑多な寄せ集めが作られ，なかでも『原論』の要素が多く見られるものを中世歴史家エヴァンスは「準ユークリッド的」数学と呼んでいます [Evans, 1976]．それらは『原論』の正確な訳ではありませんが，その抜粋や翻案，つまりボエティウス版『原論』に由来する内容を含んでいます．

そのなかでも重要なのは，9世紀初頭に成立したラテン語幾何学文献『ゲオメトリアⅠ』(5巻本) で，これはまた『ボエティウスの幾何学と算術』とも呼ばれています．というのも，ボエティウス版『原論』1-4巻が含まれ，さらにボエティウス『算術教程』(現存) からの抜粋も含まれているからです．この『ゲオメトリアⅠ』は幾何学 (第3-4巻)，算術 (第2巻)，測量術 (第1, 5巻) を含んではいますが，幾何学の定義や語源について修辞を施した文章 (アウグスティヌスに由来) を含んでいますので，実践的マニュアルではなく，むしろ修道院で聖職者向けの幾何学教育用に使用されたのではと思われます．

11–12世紀になるとさらにこれにジェルベールの幾何学や『作者未詳の幾何学』などが合わさって,『ゲオメトリアII』(2巻本)が成立します.こちらは幾何学のみならずアバクスについても含まれています.数学史的に興味深いのは,本書が,西洋でアラビア数字が実際に使用された最初の数学文献であることです.フィボナッチより100年以上も前の時代です.

2種の『ゲオメトリア』に関しては次の研究書が基本です.ただし『ゲオメトリアI』の編集本はまだなされていません.

・Menso Folkerts, "*Boethius*" *Geometrie* II: *Ein mathematisches Lehrbuch des Mittelalters*, Wiesbaden, 1970.

幾何学文献とはいえ現存写本のほとんどには図は描かれていませんし,描かれていたとしても誤解が目立ち,この時期の幾何学の程度がわかります.12世紀にアラビア語からラテン語に訳されるまで,西洋では『原論』といえばこの2種の『ゲオメトリア』

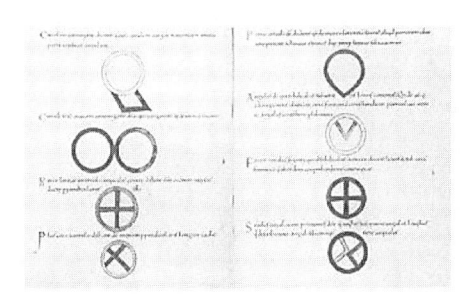

11世紀のボエティウス版『原論』写本に見える円の定義.わかりやすいように色付けされ工夫されているが,間違いや奇妙な記述も多い.(出典:マードック『世界科学史百科図鑑』伊東俊太郎監修・三浦伸夫訳,原書房,1994年,p.116)

を指しました．単純に比較することは避けたいところですが，現存写本点数は，『ゲオメトリアⅠ』27点，『ゲオメトリアⅡ』22点に対して，アラビア語からのラテン語訳であるクレモナのゲラルド訳『原論』は16点にすぎないので，『ゲオメトリア』はその後の影響も絶大であったことがわかります．

では同時代のアラビアでは幾何学はどのように展開したのでしょうか．次にそれを見ておきましょう．

アラビアの実用幾何学

アラビアにおける幾何学は，古代ギリシャと同じく，『原論』を中心とする理論幾何学と，ヘロンなどのような実用幾何学とに分けることができます．実を言うと，古代ギリシャの幾何学はヘレニズム期で修了したのではなく，むしろ10世紀のアラビアでさらに補完され完成されたと言うことができ，理論幾何学ではシジュジーやクーヒーらが活躍しました．実用幾何学も衰えることはありませんでした．その著者をいくつか挙げてみましょう．

フワーリズミー(9世紀)
サービト・イブン・クッラ(836-901)
アブー・バクル(9世紀)
バヌー・ムーサー(9世紀)
イブン・アブドゥーン(923-76頃)
バグダーディー(11世紀)
イブン・ヤーサミーン(？-1204)
イブン・ラッカーム(1245-1315)
イブヌル・バンナー(1256-1321)

第 16 章 中世の幾何学

フワーリズミーの『代数学』第 2 部は計測法を扱い,円の計測については次のように書かれています.

> 各々の円に関して,直径と三と七分の一の積はそれを囲む円周であり,これは人々の間では急な場合には便利である.インド人たちはこれに対して他の二つの方法を使用する.一つは直径を自乗し,次に十で乗じ,積の平方根を取るもので,その結果が周となる.第二の方法は,天文学者たちに用いられている方法で,直径を六万二千八百三十二倍し,次にそれを二万で割る方法で,得られたものが周である.これらすべては互いに近似している.

直径を d とすると,ここで取り上げられた方法は次のようになります.

$$d\left(3+\frac{1}{7}\right) = \frac{22}{7} \times d.$$
$$\sqrt{d^2 \times 10} = \sqrt{10} \times d.$$
$$d \times \frac{62832}{20000} = 3.1416 \times d.$$

フワーリズミーはインドから数学情報を得ていたこと,しかもインドの天文学者の方法はかなり正確であったこともわかります.

さて以上のうちフィボナッチが影響をうけた可能性があるのはアブー・バクルとバヌー・ムーサーです.そこにはフィボナッチ『幾何学の実際』と同じような問題が見られるからです.

アブー・バクル (11–12 世紀頃,アブー・ベクルと呼ぶ研究者もいる) は裁判官であること以外には詳細不明の人物で,少なくとも実用幾何学書 2 点を書いたことが知られています.『計測法基本書』(アラビア語断片が現存) と『計測の書』(12 世紀にクレモ

ナのゲラルドによるラテン語訳のみ現存）です．前者で強調されているのは，計測法は，証明が付けられ結果は正しいので高貴なる学問であること，租税や相続で有用な学問であること，そして論理的に説明されているので順に学ばねばならないことです．後者では大半が代数学を用いて計測値が導き出され，フィボナッチの『幾何学の実際』第3章（土地測量）とは31問が類似し，そのうち21問は数値こそ異なりますが同じ問題と言ってもよいものです．しかしこのラテン語訳と『幾何学の実際』とは用語法は異なるので，フィボナッチの源泉が何であったのかはわかりません．

　ここでは，証明はなく実践的方法が連なっているにすぎない『計測の書』から，「カブリという名の三角形をした魚の立体図形の章」を取り上げてみます．ただしフィボナッチにこれに該当する問題はありません．テクストは

・H.L.L.Busard, "L'algèbre au moyen âge: Le *Liber mensurationum* d'Abû Bekr", *Journal des Savants*, April-Juni 1968, 65-124.

> たとえば，長辺が十，短辺が六，中心の上の背が八，中心にそった高さが五のカブリがある．その体積は［いくつになるか］．
>
> 　それを知る規則は，底辺の長さ十をその幅六で掛けると，60となり，これを保持しておけ．次にその背の半分である四をその幅六で掛けると，24となり，これを60に加えると，結果は84となる．ゆえにこれを高さの三分の一で掛けよ．体積が得られるであろう．これがその形である．

242

カブリ（chaburi）とは調理された魚の意味と思われ，その形に由来するようです．描かれた図を正し，解法を推測すると，おそらく立体を 3 分割して求めたのでしょう．正解が得られています．

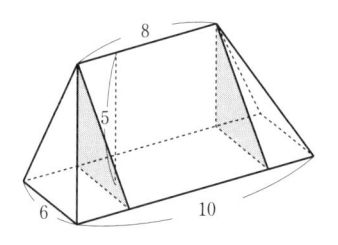

より密接にフィボナッチに関係するのがバヌー・ムーサー（「ムーサーの兄弟たち」という意味）と呼ばれるムーサー・イブン・シャーキルの 3 人の息子たちで，9 世紀頃バグダードのカリフ，マアムーンの下で活躍しました．長男のムハンマドは数学と天文学，次男のアフマドは機械学，三男のハサンは幾何学に通じていたと言われています．彼らは皆学問を支援し，ギリシャ学問をアラビア世界に紹介し，またギリシャ科学の写本を求めてビュザンティオンにまで使者を派遣したりしたとも伝えられていますので，ギリシャ数学にことさら関心があったようです．多くの著作がありますが，『三兄弟の書』はアルキメデスによる円や球の求積法を証明とともにアラビア世界に伝え，それがクレモナのゲラルドによってラテン世界に翻訳紹介されたことで，両世界で重要です．フィボナッチがこの書を読んだであろうことは，直接の引用が含まれることから明らかです．

ところでアルキメデスの作品の中世ラテン世界への影響は，次の 5 巻 10 冊からなる書にほぼ完全に網羅され紹介され，これは

数学史研究のモデルとなる書です．

・Marshall Clagett, *Archimedes in the Middle Ages*, 5 vols., Philadelphia/Madison, 1964 – 84 .

ここではもちろんフィボナッチもその影響下にあったことが詳細に示されています．ただしアルキメデスの高度な証明と論証とは，中世ラテン世界では限定的にしか普及することはありませんでした．

操作幾何学

いままで古代中世の理論幾何学(証明)と実用幾何学(計測)とを述べてきました．フィボナッチには直接は関係しませんが，もう一つの幾何学が存在します．それは操作幾何学と呼べるもので，図形を描く具体的方法を述べ，建築などに実際に使用された幾何学です．

建築に幾何学が必要なことは，すでに古代ローマ時代にウィトルウィウスが『建築論』(第1書第1章5)で述べています[Vitruvius 1979]．

> 幾何学は建築術に多くの助けをもたらし，最初に定規とコンパスの使用法を教え，それによって敷地に建物の略図と，垂直線，水平線，直線の方向がきわめて簡単に説明される．…そして難しいシンメトリーの問題が幾何学の理論と方法とによって解決できる．

しかし実際どの様に幾何学が建築に用いられたかは，それを記述した文献がほとんど残されておらずわからないのが実情です．

古くは古代エジプトのピラミッド，古代ギリシャの神殿の設計などにも数学が用いられたでしょうが，その詳細は不明なのです．中世になると少しは手がかりが残されています．その一つはヴィラール・ド・オヌクールの『画帖』(13 世紀前半)です．しかしこれは説明もなくおおざっぱな素描にすぎず，ここからどのように幾何学が建築に利用されたのかは明らかではありません．

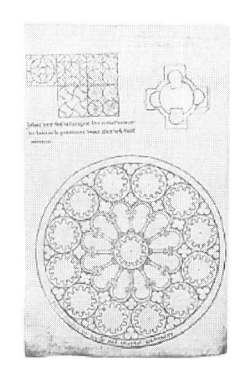

『画帖』の中の床モザイク図案
(出典：藤本康雄『ヴィラール・ド・オヌクールの画帳』，鹿島出版会，1972, p.98)

建築家は代々口承で技法を伝えるのを習慣としてきましたので，設計図に関係する操作幾何学の文献が少ないのは当然で，わずかに残された建築物の図面から現場の状態を推し量るよりしかたがありません．しかし西洋では 15 世紀ころになると，建築家の親方もパトロンからの要望に応えるために読み書きができるようになり，『ドイツ幾何学』(15 世紀末)などの文献が俗語で書かれるようになりました．それらのテクストを見ると具体的に幾何学がどのように用いられたかがわかります[Shelby 1990]．

最終的に操作幾何学の伝統は，当時「幾何学者」として著名であった画家デューラーの幾何書『測定法教則』(1525)で集大成されます．そしてその伝統は画法幾何学や図学に連なります．このあたりの操作幾何学の歴史の詳細については次を参照ください．

・三浦伸夫「数学史におけるデューラー」，デューラー『測定法教則』(下村耕治訳)，中央公論美術出版社，2008, pp.279–337．

　このように西洋では15–16世紀になるまで操作幾何学に関する文献はほとんど書かれることはありませんでした．ところがアラビアでは西洋とは異なり建築家と数学者との結びつきがしばしば見られ，為政者などのパトロンのもとで建築家や数学者のみならず，異分野の学者や実践家が議論を重ね，そこに新たな高度な数学的問題が議論されることもあったようです．ここではパトロンが仲介者として数学の展開に重要な役割を果たしました［三浦，2000］．

　フィボナッチの幾何学は実用幾何学とは言うものの，単に実務的なマニュアルではなく，そこには証明が加えられていました．そしてこのような証明付きの「実用」幾何学はすでにアラビアにもありましたが，西洋ではフィボナッチ以降一つの伝統となり，17世紀までそれが続きます．クラヴァシオのドミニクス(1346)，クラヴィウス(1604)などの『実用幾何学』という名前の作品にそれが見えます．

第 17 章
算法学派の数学

　数学者という職業はいつ生まれたのでしょうか．古代で言えば，ピュタゴラスは，数学に関わったかどうかは不明ですが，もしそうだとしても本業は新興宗教の教祖でしたし，アルキメデスはおそらくは軍事技術者であったでしょう．近代になると，フェルマは法曹界にいたし，デカルトは放浪の旅人と呼んだ方がいいでしょうし，晩年のライプニッツは図書館司書です．このようになかなか「数学者」と呼べる人物には出会えません．ガリレイは一時パドヴァ大学数学教授ではありましたが，彼にとってその職は魅力なく，すぐに止めてしまい，トスカナ大公付主席哲学者の地位に就きます．当時はこちらのほうが大学教授よりもずっと名誉ある職でした．ニュートンにしても若くしてケンブリッジ大学教授（しかも栄誉ある第 2 代「ルーカス教授」）でしたが，いろいろなことがあって職を辞し，最終的には王立協会会長で貴族に列席されます．

　このように，よく知られている「数学者」も実は必ずしも今日イメージする「数学者」ではなかったのが実情です．数学を教育研究するのを糧とする人を数学者と呼ぶことにしますと，そのような職はいつ頃生まれたのでしょうか．

商業数学の誕生

地中海沿岸では古くから交易が盛んで，はるかインド洋地域からは香辛料，中央アジアから絹織物などが輸入されていました．やがて中世になると，イタリアでは東アラビアや東ローマから工業製品などを受け入れ，さらに13世紀ころから16世紀ころになると，ドイツの銀やフランドル地方の毛織物が東方に輸出され，仲介地中海地域ではますます交易が盛んになってきます．交易中継地のヴェネツィア，ジェノヴァ，ピサ，アマルフィ，ミラノ，ナポリなどには商取引に関連して銀行や会社が誕生し，それらは各地に多くの支店を開設するまでになりました．そこで使用するための正確な各種計算も必要となり，こうして商業数学が誕生します．それは大学で教えられるギリシャ起源の理論的論証数学ではなく，もっぱら実用に供する数学です．

12世紀後半には大学が成立し，その学芸学部（今日の一般教養）では確かに数学も教えられましたが，それは古代のボエティウス『算術教程』やエウクレイデス『原論』のさわりであり，実用的では決してありません．商人たちにはラテン語によるこのような数学ではなく，俗語の実用数学が必要だったのです．ちょうどその直前，インド・アラビア数字に基づく10進法位取記数法がラテン世界に導入されていますので，商人たちがこの新しい計算法を受容するのに十分機は熟しています．

西洋中世は原則的には子は親の仕事を継ぐのが普通です．こうして商人は子弟を商人に育てるため，商業数学を教育する特別な学校を必要とするようになりました．それをここでは「算法学校」と呼ぶことにします．今日のビジネス専門学校と言えばよいでしょう．

算法学校

　商人の子供たちは，6-7歳になると，ラテン語の読み書きを学ぶため文法学校に入ります．商人は取引で機密の事項を扱うこともあるので，読み書きは人任せにすることはできません．その後10-13歳で算法学校に進みます（なかには例外的に6歳で入学する生徒もいたとの記録もあります）．ただし商人の子弟だけではなく，貴族の子弟も算法学校に進むこともあり，子供たち全体の10％が通ったようです．その数学は，普通の小売店で必要とされる数学のみならず，「国際的」商取引にも必要である数学でした．おおよそ2年間学んだ後，その後おおかた丁稚奉公にでて実践を積み重ねます．しかしその道に進まずに，12-13歳になると上級文法学校でさらに勉強し，上位校である大学へと進学し，公証人や役人になる人もいます．中世初期では子供の教育は，修道院付属学校や聖堂付属学校が担当し，キリスト教に密接に関係していたことと比べると，この時代のイタリアでは俗化していたことがわかります．

　さて算法学校については，ようやく資料が発掘されるようになりました．フィレンツェ大学のウリヴィの研究を参考にしてまとめておきましょう．

- Elisabetta Ulivi, "Scuole e Maestri d'abaco in Italia tra medioevo e Rinascimento", in E. Giusti, *et. al., Un Ponte sul mediterraneo. Leonardo Pisano, la scienza araba e la rinascita della matematica in Occidente*, Firenze, 2002, 121-59.

カランドリの算術書(1518)から．算術の導入者ピュタゴラスとあるが，算法教師をイメージしたもの．

　算法学校は少なくともイタリアの都市に公的なものから私的なものまでかなり存在し，とくにヴェネツィアやフィレンツェのような大都市で私立が多かったようです．さらに南仏やイベリア半島にもあった可能性もありますが，詳細はわかっていません．今日知られている最古の算法学校は，1276年設立のサン・ジャミニャーノのもので公立です．

　算法学校は scuola（英語の school）と呼ばれるのではなく，botteghe（店）と呼ばれていました．今日でもボッテガ・ヴェネタ（ヴェネツィアの店）という高級ブランドファッション店がありますが，そこに見える単語です．おそらく店のように道路に面したところにあり，1階が教室，2階が教師の住居だったのでしょう．学生数は40人位から，多いところでは200人ほどです．

　さてフィレンツェは算法学校が一番たくさんあったのみならず，フィレンツェ出身者が各地で算法教師として雇われました．フィレンツェはまさしく算法学校の中心地だったのです．1280-1540年までそこでは少なくとも70人の算法教師と，20の算法学校があったことが記録に残っています．

　学校ではいくつかのコース（mule という）に分かれ，能力や進度に合わせて順に計算法と商業への心得が習得されるようになっています．ではそこで何が教えられていたのでしょうか．

算法学校のカリキュラム

算法学校に来る生徒なら，すでにインド・アラビア数字を習っており，足し算は容易なので出来ることが前提のようです．難しいのは割り算と分数計算で，これに学習の大半が当てられていると言ってよいでしょう．もう一つややこしいのは換算法です．地域によって，また商品によって基本単位が異なり，その相互変換は今日では考えられないほど複雑です．地域を越えて交易が行われているにもかかわらず，ギルドなどの制約により，最近になるまで単位統一はありませんでした．

基本演算法としては，3数法(regola delle tre)と仮置法(単式および複式)が例外なく教えられます．学習はまず類型が暗記され，その後例題でそれを活用し学習するという方法です．幾何学は商業にはそれほど必要ではないので，土地測量に必要な初歩的なものですませていました．1次方程式も比例計算や仮置法で代用できるので習得の必要はありませんし，2次以上の方程式になると商業計算にはほとんど必要ありません．こうして，学習内容はインド・アラビア数字による位取り計算法が基本で，それを教師は口頭で教えていたようです．

「算法学派」とその数学

算法学校の教師を「算法教師」と呼ぶことにします．知られている最初の算法教師はフィレンツェ人フ・ロットで，1285年にヴェローナ市に雇われました．ロメオとジュリエットで有名なヴェローナではその後も多くの算法学校が設立され，16世紀にはブレーシャ出身のニコロ・タルターリャが算法教師をしています．この

人物は，3次方程式解法の優先権論争でカルダーノと戦ったことで数学史上よく知られています．さらにその弟子にはオスティリオ・リッチがいて，このリッチの下でガリレイは数学を学びました．

算法教師という職業はおおかた世襲制でした．したがって算法教師になるためには，まずは算法学校に入った後，親の学校で助手を務め，こうして20歳にもなれば一人前の算法教師となります．

しかし教師といっても社会的身分は低く，また収入も私立ですと生徒の学費に頼ることになり，学生をいかに多く獲得するかが重要になってきます．そこで算法教師は，競って自らが優れた教師である事を示さねばなりません．そのため算法教師の一部は，腕を磨き同時に数学研究も行っていたようです．すなわち一部の算法教師は教師であるとともに研究者でもあったわけです．ここに歴史上初めて数学者層が誕生するのです．

算法教師の書いた数学書を「算法書」と呼ぶことにします．それはイタリア語俗語で書かれ，教科書レベルのテクストももちろんありますが，さらに算法学校ではほとんど教えられることのない方程式を論じる上級レベルの作品もありました．それらは，教師が自分用に覚書として書いたものや，研究論文として書かれたものと考えられます．

これらのテクストは現在300点以上知られ，1300–1500年までのイタリアの写本と刊本を調べた次のリストが最も基本となるものです．

- Van Egmond W., *Practical Mathematics in the Italian Renaissance: A Catalogue of Italian Abacus Manuscripts and Printed Books to 1600*, Firenze, 1980.

これによると，算法書は以下のように，むしろ15世紀に多く書かれたことがわかります．

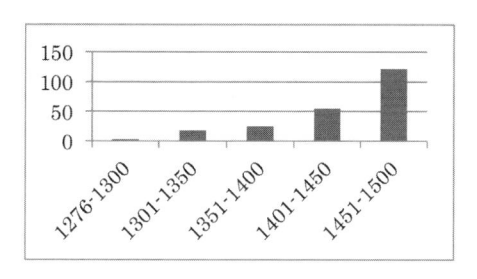

算法書数の変遷．ファン・エグモンド(1981)の数値をもとに作成．

最初に述べておかねばならないことは，算法教師の数学はどれもフィボナッチのレベルを超えることはなかったということです．しかもそれはフィボナッチ以降300年間もあまり変わることはありませんでした．それほどフィボナッチの数学は抜きん出ていたのです．

こうして算法教師の数学の大半はフィボナッチの亜流で，しかもそのなかでも初歩的内容をイタリア語方言で書き綴ったということができます．とはいうものの，なかにはそれをわずかですが超えようとする教師もいたようです．その新しい展開を見ておきましょう．

まずは，代数学で2つの未知数が用いられ，連立方程式が論じられたことです．もう一つは，3次方程式の解法に向かう展開です．フィボナッチは3次方程式をすでに『精華』で論じてはいますが，その解法はきわめて特異なもので，しかもその作品はすぐに失われてしまい，公表されたのは19世紀中頃にボンコンパーニがミラノで写本を発見してからのことです．算法教師たち

はフィボナッチの2次方程式しか知りませんでしたが，その中には3次の解法に挑戦した者もいます．しかしその解法は2次方程式の解を変形しただけで正しくありませんし，しかもそれが正しくないこともわかっていなかった節があります．

こういうわけで，フィボナッチの俗化，強いて言えば低俗化が続きました．しかし彼らは常にその師をフィボナッチとみなし，その名前にしばしば言及します．形式上では「算法学派の父」は確かにフィボナッチだったのです．ではフィボナッチ自身は算法教師だったのでしょうか？フィボナッチによって算法学派というパラダイムが形成されたのでしょうか？

フィボナッチは最初の算法教師か？

フィボナッチの人生後半の詳細はわかっておらず，知られているのは1241年にピサ市から年金20デナリウスが授与されたことくらいです．この頃ピサに算法学校があったのかについての資料は残されていません．

しかしフィボナッチが算法教師と断言するにはいくつか問題点があります．フィボナッチと後の算法教師との違いは，まず使用言語に見られます．フィボナッチはラテン語，算法教師はイタリア語方言を使用しています．次に数学の程度の差があります．算法教師の数学の大半はフィボナッチの数学に比べられるほどのものではありません．最後に，フィボナッチ以降50年経って最初の算法教師が現れたという時間差があることです．

以上を説明するため，イタリアの数学史家（シエナ大学ラファエッラ・フランチなど）は，フィボナッチが『算板の書』で名前のみ言及した作品『要約書』(*Liber minoris guise*)を持ち出します

([Boncompagni I 1857, p.154]．guise とは仕方，流儀，外見の意味)．これはすでに散逸し，どの様なものかはわかりませんが，おそらくフィボナッチが算法学校で使用できるようにと，『算板の書』を要約しイタリア語方言で書いたものであろうと推測するのです．そしてこの影響の元にイタリアでは算法学派が成立したというのです．しかしこれは想像でしかありません．

　ここで初期算法書テクスト類を年代順に見ておきましょう．算板の書，アルゴリズム，算術と様々な名前が出てきますが，それらは皆商業数学を扱っています．

1202　フィボナッチ『算板の書』初版(消失)
1228　フィボナッチ『算板の書』第2版
1276　知られている最古の算法学校(サン・ジャミニャーノ)
1280頃　作者未詳『算板の書』(*Livero del' abbecho*)
1280頃　「コロンビア・アルゴリズム」(コロンビア大学所蔵)イタリア語
1285　知られている最初の算法教師フ・ロット
1307　ヤコポ・ダ・フィレンツェ『アルゴリズム論』(*Tractatus Algorismi*)トスカナ方言
1328　パオロ・ゲラルディ『諸問題の書』(*Libro di ragioni*)
1334　作者未詳「アヴィニョンのトスカナ・アルゴリスム論」トスカナ方言
14世紀　作者未詳『算術』カスティージャ語
1393頃　作者未詳『アルゴリズムと呼ばれる算術書』(*Libro de Arismetica que es dicho alguarismo*)カタルーニャ語
15世紀　作者未詳「パミエ写本」(『アルゴリズム術要約』)ラングドック　オック語

1280 頃の『算板の書』はイタリア語ウンブリア方言で書かれたもので，現存最古の算法書と言われています．なおフィボナッチ『算板の書』はフィボナッチの手書き原本はなく，第2版のしかも13世紀後半に写された写本が現存するにすぎません．

ヤコポ・ダ・フィレンツェはその名の通りフィレンツェ出身ですが，それ以外は不明の人物です．その作品はラテン語タイトルですが，イタリア語トスカナ方言で書かれています．これはイタリア語で書かれた最古の代数学書と言われますが，その代数学の箇所のみは後代の挿入であるとの研究もあります［Høyrup 2007］．もしそうならイタリア語最古の代数学書はパオロ・ゲラルディの作品（1328）となり，彼自身もまたフィレンツェ出身です．いずれにせよこの両者が執筆したのは，フィレンツェではなくモンペリエ（南仏）なのです．さらに1334年に算法書がイタリア語で南仏のアヴィニョンで書かれました．初期の算法書はイタリアではなく南仏で書かれたのです．以上の3者は内容に類似性があり，さらにイタリアの後の算法書とも言語，内容等の点でつながり，南仏からイタリアへの経路が存在するようです．

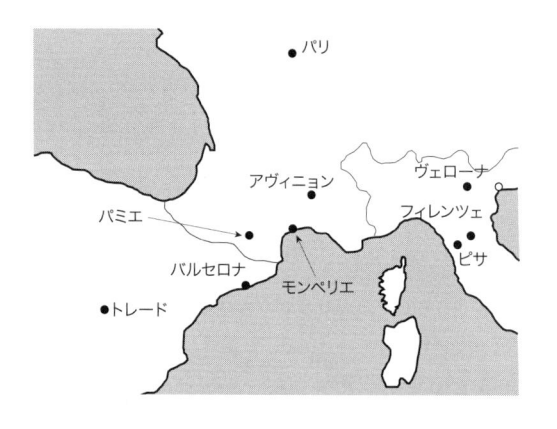

南仏とイベリア半島の数学

南仏は，フランス北部のたとえばピカルディ地方とは別の文化圏でした．後者に関しては，フランス語ピカルディ方言で書かれた商業数学書『幾何学の実際』(*Le pratike de geometrie*) が現存しますが[Victor 1979]，これは南仏の数学とは内容やスタイルが異なります．

モンペリエの近くには，アヴィニョン捕囚として歴史上よく知られたアヴィニョンがあり，両者はラングドック地方として同じ文化圏(オック語)に属します．そこはクレメンス5世が教皇庁所在に定めた所で(1309-77)，したがって人口も他と比べて極端に多く，一説には12万人，おそらくは少なくとも7万人はいたと言われ，しかもイタリア人(とりわけトスカナ出身者)も相当いたとの研究もあります．当然商業活動は盛んであったろうと想像できます．以上のような状況証拠から，中世数学史研究者ホイルップなどは，算法書はイタリア起源ではなく，少なくともモンペリエ起源だと推測しています．

ところで数学テクストにはバルセロナ(カタルーニャ地方)の名前が頻繁に登場するので，モンペリエやアヴィニョンの商人たちはその都市と交易があったことがわかります．こうしてホイルップ等の研究者は，算法書の起源をさらに西方におしすすめ，イベリア半島のカタルーニャ地方に求めます．この地域はもちろんアラビア数学の影響下であったことに注意せねばなりません．

近年カタルーニャ語やカスティージャ語の初期の商業数学書が次々と発見され，イタリアの算法書との繋がりが明らかになりつつあります．先のグラフで見たように，イタリアでは算法書は15世紀以降に多く書かれたことを考えると，算法書の起源はイベリア半島にあるという説もあながち間違いではなさそうです．

そのイベリアの地で，アラビア数学から影響を受け，勃興しつつあった地中海貿易と相俟って，西洋で商業数学が勃興したというのです．またヨーロッパで第2番目に印刷出版された商業数学書は，このバルセロナの地で，カタルーニャ語で出版(1482)された事実も注意したいところです[Malet 1998]．

他方，フィボナッチはそれら実践的商業数学とは異なり，自らの学的関心からアラビアや東ローマ地域に直接におもむき，高度の数学を学び，理論数学をその作品に取り入れました．フィボナッチが訪れた先にプロヴァンス(すなわちモンペリエやアヴィニョンを含む)が含まれているのは意味深長です．

とはいうもののカタルーニャ起源説も問題があります．知られている最古の『算板の書』と名のつく作品は1280頃の作者未詳の作品ですが，そこには「レオナルド師の意見に従って」という言葉が見え，たしかにフィボナッチ『算板の書』と類似した問題があります．50年も経てば，使用言語がラテン語からイタリア語へ移行した可能性もあると考えることもでき，フィボナッチと算法学派を直接結び付けることも可能です．

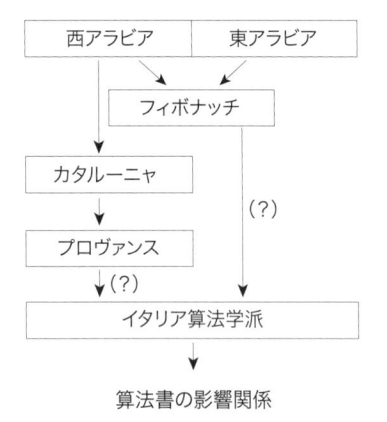

```
┌─────────┐  ┌─────────┐
│西アラビア│  │東アラビア│
└────┬────┘  └────┬────┘
     │            │
     ▼            ▼
     ┌──────────────┐
     │ フィボナッチ │
     └──┬───────┬───┘
        │       │
        ▼       │
  ┌──────────┐  │
  │カタルーニャ│  │
  └────┬─────┘  │(?)
       ▼        │
  ┌──────────┐  │
  │プロヴァンス│  │
  └────┬─────┘  │
       │(?)     │
       ▼        ▼
     ┌──────────────┐
     │イタリア算法学派│
     └──────┬───────┘
            ▼
```

算法書の影響関係

第 17 章　算法学派の数学

　さて以上でイタリアの算法書の起源に，フィボナッチ説とカタルーニャ・プロヴァンス説とがあることを述べてきました．まだ結論が出るには資料が足りませんが，ここで興味深いことを指摘しておきましょう．フィボナッチ説を採るのはイタリアの研究者で，他方カタルーニャ・プロヴァンス説のほうは，ホイルップ（デンマーク）以外はスペインやフランスの研究者で，そこにお国自慢が出ているようです．これら起源問題に関わりのない東アジアの立場からの研究が，事態を客観的に判断できるのではないでしょうか．

　フィボナッチはどちらかというと西方ではなく東方に旅しましたが，しかしこれまでに述べてきたように，フィボナッチには西アラビア数学の影響も見られます．したがってどちらの起源説をとるにしても，イベリア半島のアラビア数学はフィボナッチ研究には重要です．アラビア数学からラテン数学へのとりわけ商業数学の影響問題に関しては，関連テクストが未刊行で，詳しく言及してきませんでした．

　しかしここにきてついに待ち望んだテクストが出版されました．『商業の書』(*Liber mahameleth*) で，しかも2度も出版されています．mahameleth とはアラビア語の muʿāmalāt（決済や商業を意味）に由来し，アラビア起源の作者未詳のラテン語数学テクストです．まず 2010 年に出版されたのはラテン語のみの編集版で，仏文の文献学的解説がついたもので，数学内容の分析はされていません．厖大な書物なので数学的内容を把握するには時間がかかるところですが，ついに 2014 年に数学解説付編集テクストが公刊されました．

- Anne-Marie Vlasschaert, *Le Liber Mahameleth*, Stuttgart, 2010.
- Jacques Sesiano, *Liber Mahameleth*, Heidelberg, 2014.

後者の序文によりますと，スイス人数学史家セジアーノは，最初に興味を持ってからようやく定年後になって本研究書を刊行することができたとのこと．著者が述べるには，オイラー全集が 1911 年に刊行され始め，その完成にはあと 100 年はかかり，それはオイラーの活動期間をはるかに超えるが，そこまでは言えないとしても，これを完成するのに，本来の中世の作者がそれを執筆したであろうよりも長い時間であるほぼ 40 年もかかったと．この研究書は英文とラテン語で 2000 頁近くもあり，セジアーノが執筆した期間ほどではないにしても，読み通すのに時間がかかりそうです．

第18章
パチョーリ『スンマ』

　前章は算法学派をとりあげ，最後の一人としてタルターリャがいることに触れました．彼には大部の数学書がいくつかあり，なかでも『数と計測概論』(*Il general trattato di numeri et misure*, 1556-60) はその後イタリアのみならずフランスにも影響を与えましたが，算法書『算板選集』(*Scelta d'abbaco*, 1596) のほうはあまり読まれることはありませんでした．では算法書の集大成としてよく読まれた作品は何かというと，それはそれより半世紀前のパチョーリ『スンマ』で，算法学派の伝統の総決算とも言える重要な作品です．本章はそれを見ていきましょう．

『スンマ』

　スンマ (summa) とは英語の sum にあたるラテン語で，「大全」と訳すことができ，中世からルネサンス期にかけてしばしば書物のタイトルに用いられた単語です．数学ではありませんが，トマス・アクィナス『神学大全』(*Summa theologiae*) は最もよく知られた『スンマ』です．

　さて目下の『スンマ』の正式名は，『算術，幾何学，比，比例についての大全』(*Summa de arithmetica, geometria, proportioni et proportionalità*) で，ヴェネツィアで1494年に出版され (微妙に内容が異なる第2版は1523年)，イタリア語トスカナ方言で書

かれた約60万語に及ぶフォリオ版615頁からなる膨大な著作です．フィボナッチ『算板の書』と『幾何学の実際』とを合わせた分量に匹敵する著作です．これが数学史上重要なのは，代数学を最初に印刷したこと，3次方程式の解の不可能性に言及し，後代の数学者に研究の指針と鼓舞を与えたこと，そしてそれまでの算法書の集大成であることです．

さらに，そこに初めて複式簿記が記述されているということで，「会計学の父」として会計史上でも著名な作品です．日本パチョーリ協会という研究団体もあります．複式簿記史の研究はたくさんありますが，ここでは2点紹介しておきましょう．

・片岡泰彦『複式簿記発達史論』，大東文化大学経営研究所研究叢書，2007．
・橋本寿哉『中世イタリア複式簿記生成史』，白桃書房，2009．

また『スンマ』は，インキュナブラ (15世紀後半に出版の刊本) のなかでも豪華版として印刷史上重要な研究対象です．リプ

赤と黒できれいに印刷された『スンマ』の目次

リントも何度もなされ，遠く離れた日本でも 1973 年 (大学堂書店)，1989 年 (大日本印刷)，1990 年 (雄松堂) と 3 回も復刻されています．

まずその著者パチョーリについて述べましょう．それは当時イタリアで最も著名な数学教師であった人物です．

ルカ・パチョーリ

ルカ・パチョーリ (1445 頃 – 1517) はイタリア中部のサンセポルクロ出身のフランチェスコ会修道士で，今日では複式簿記考案者の会計士として知られていますが実際は数学者です．彼はその数学教育法が大変評価され，人気抜群のベスト・ティーチャーとして各地で招聘され，その間の教育経験から多くの著作を生み出し，その集大成が『スンマ』と言えます．彼が滞在したのは，ペルージャ，ザラ (現クロアチアのザダル)，フィレンツェ，ピサ，ナポリ，ローマ，ミラノ，ボローニャなどイタリア全域に及びます．記録によると，パチョーリは 1475 年からペルージャで 150 人の学生を前に数学を教えましたが，1477 年俸給に不満を覚え昇給を希望したところ，教育熱心であったこともあり，希望がかなえられたとのことです．当時 12 あるイタリアの大学のうち 6 大学で教えたパチョーリは，一般教育担当の数学教授としては当時破格の高給取りで，一時期年俸 200 ドゥカト程度でしたが，それでも医学教授，法学教授の給料には及びませんでした．

ただしパチョーリは，算法学派の伝統の最後の時代に生きたものの，算法教師ではありません．なぜなら彼は算法学校ではなく，公共学校や大学で教えたからです．その教材にはエウクレイデス『原論』がまず挙げられます．実際，パチョーリ自身いわ

ゆるパチョーリ版『原論』(1509) という今日では稀覯本を出版しています．

パチョーリの活躍した都市

　パチョーリが教えたのは『原論』だけではありません．イタリアではヨーロッパの他の地区に比べ商業が発達していたこともあり，算法学校以外でも商業に役立つという理由で実用数学を教えていました．パチョーリ『スンマ』の内容が大学の講義録の一部であったのはもちろんですが，後にはイエズス会のローマ学院でも算法数学が教えられ，そこではクラヴィウス『実用算術概要』(*Epitome arithmeticae practicae*, 1583) が使用されました．クラヴィウスのこの書物はのちに中国にもたらされ，中国の題材も付加され漢訳『同文算指』(1614) として普及することになります．

第 18 章　パチョーリ『スンマ』

ヤコポ・デ・バルバリの描くパチョーリの肖像（ナポリ，カポディモンテ美術館蔵）
多くの多面体が見え，左手は『原論』を指している．

　パチョーリがレオナルド・ダ・ヴィンチと友人であったことにも触れておきましょう．パチョーリ『神聖比例論』(1509) などにはレオナルド自身の描いた見事な図版が見えます．またレオナルドは『スンマ』で数学を勉強したようで，「ルカ師によって根 (radici) の乗法を習得した」と述べ，さらにそれを 119 ソルディで購入したことが『アトランティコ手稿』に見えます [Leonardo da Vinci 1978-79]（Codex Atlanticus, 288$^\mathrm{r}$）．

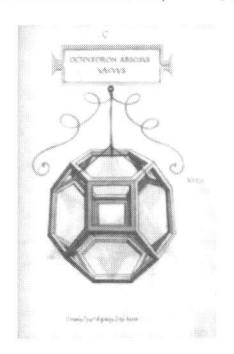

『神聖比例論』に見える
レオナルド・ダ・ヴィンチの描く多面体

『スンマ』の内容

『スンマ』は算法書の集大成だけあって内容は多様で，二部から成立しています．第一部算術は次のような内容です．

- 数論：図形数，完全数，偶数奇数が論じられ，最後に，フィボナッチ『平方の書』に由来すると思われる平方数と合同数が議論されています．
- 基本演算：数表記，加法，減法，乗法，乗法表，除法，指表記，数列，開平法．
- 分数：分数表記，四則，帯分数の計算など．
- 3数法：3数法を詳しく述べた後，29乗までの代数記号の略記法が掲載．
- 比と比例：比の必要性，比の種類，有理比，連続比，比の四則演算，外中比など．
- 仮置法：単式仮置法と複式仮置法．
- 代数学：アラビア起源の6種の2次方程式解法で，算法学派でも論じられたもの．
- 商業算術：算法書に一般にみられる題材で，共同経営，物々交換，利益とディスカウント，利率の変換，純度，お金の分配の問題，給料の問題，仕事と時間の問題，そして最後はゲーム (giuoco) の問題．

この後に，有名な複式簿記の説明が続きます．

第二部は幾何学を扱い，フィボナッチ『幾何学の実際』に対応し，フィボナッチの著作に理論的部分があったように，ここでもエウクレイデス『原論』の抜粋を含んでいます．内容は各種基本図形，エウクレイデス『図形の分割』の伝統に位置付けられる

図形分割，測量術，体積，面積の問題です．パチョーリは『原論』をラテン語で公刊したのみならずイタリア語にも訳し，その1, 2, 6, 3, 11 巻の抜粋がこの個所に含まれています．

次に，『スンマ』の中の乗法を紹介しましょう．

乗法について

カジョリはパチョーリのものとして乗法を8種紹介していますが (カジョリ『カジョリ初等数学史』(下)，共立出版，1970，pp.208-210)，ここではすべて取り上げ，一部には図版を付けておきます．図からその名前が判断できる方法もあれば，そうでない場合もあります．実際にどのように計算するか想像してみて下さい．

(1) bericuocolo（祝日に売られる小さな菓子）．

(2)「城」(castellucio)．高位から掛けていき，下にいくほど細くなるので城に見えた．

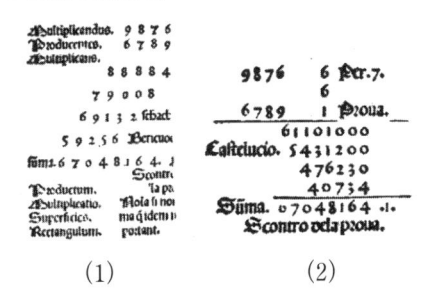

          (1)   (2)

(3)「縦式」(per colonna)．12 より小さい数で掛ける乗法表で，それを暗記しておく．パチョーリは，「フィレンツェ人のように乗法表を暗記しなければならない．彼らはその表を揺りかごにいるときから習得し，計算の速さにおいて他のすべての人々に勝る」，と述べています．

(3)

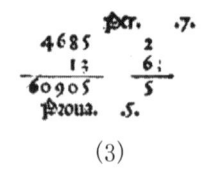

(4)「交差法」(per crocetta)

(5)「四辺形法」(per quadrilatero)

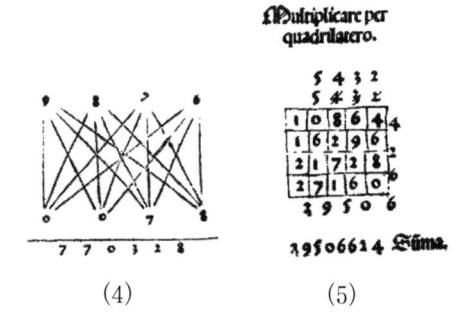

(4)　　　　(5)

(6)「格子法」(per gelosia). この gelosia は英語の jealousy (嫉妬) につながる単語で, 本来イタリア語では「格子あるいはブラインド」を意味しました.「ブラインドとは, 婦人や宗教団体の一員の多くが容易には見つめられないよう, 家の窓に普段取り付けられた小さな格子を意味し, それはヴェネチアの素晴らしい都市にたくさんある」, とパチョーリは述べています.

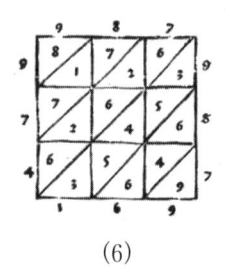

(6)

(7)「因数法」(per repiego). 因数分解して計算する方法で，乗法表を暗記していることが前提です．たとえば $24 \times 29 = (4 \times 6) \times 29$.

(8)「切頭法」(a scapezzo). エウクレイデス『原論』第2巻命題1, 2に基づく分配法則で，一般的には，$a(b+c) = ab + ac$.

(9)「コップ法」(per coppa). 公差の方法で，暗記せずに傍らに書き，それがコップに似ているのでその名前があります．

　パチョーリは他にも乗法計算には，「ハトの穴」(casela)，「菱形法」(per rumbo) などたくさんあると言う．

乗法表には次のものがあります．一般的なのは，重複を避けた 100×100 までの乗法表です．またヴェネツィアで使用された単位を用いた「ヴェネチア式乗法表」は，$n \times 24$, $n \times 32$, $n \times 36$ (n は2から10まで) の表です．さらに，貨幣単位デナーロからソルドへの変換がすぐに行えるようあらかじめ計算した「デナーロ＝ソルド変換表」も利用されました．

おもしろい掛け算の例も掲載されています．6桁，12桁の数が，同じあるいは繰り返すときに生じる次の計算です．

- $111111 = 143 \times 777$ なので，

    $286 \times 777 = (2 \times 143) \times 777 = 2 \times 111111 = 222222$.

- $21 \times 481 = 10101$ なので，

    $23 \times 21 \times 481 = 23 \times 10101 = 232323$

- $123321 \times 900991 = 11111111111$ なので，

    $n \times 123321 \times 900991 = nnnnnnnnnnnn$.

これらの計算は,「技法を明らかにし，また無限で思いつくのも困難な数の性質と働きを理解する大いなる喜びのために」取り上げたのであり,「馬鹿にはこのトウモロコシの味はしない」(豚に真珠の意味)と，イソップの「雄鳥と宝石」の言葉を引き合いに出しています．算法学派と同じように，ここでも実用を超えた計算例が見えるのです．

方程式と記号法

『スンマ』は出版物なので，手書きの算法学派の数学に比べると読みやすくはなっています．ここでパチョーリの記号法をみておきましょう．次は何を示すのでしょうか．

.1.cu.p.1.ce.ce.equale a .1.pº.rº

前近代ではアラビア数字の前後には点を付けるのが普通でした．上の式は $x^3 + x^4 = x^5$ を示し，さらに次のように変形できます．

.1.nº.p.1.co.eqli a.1.ce

これは $1 + x = x^2$ を示します．今日の記号法とはかなり異なることが見てとれます．"equale a 〜"やそれを略した"eqli a 〜"は「〜に等しい」です．p. は plus の略で，そのほかの記号は算法学派の記号法を踏襲しています．一部の記号とその原型を示しておきましょう．

第18章 パチョーリ『スンマ』

現代表記	略記号	原型
数	n°	numero
x	co	cosa
x^2	ce	censo
x^3	cu	cubo
x^4	ce ce	censo censo
x^5	p° r°	prima relato
x^6	ce cu	censo de cubo
x^7	2° r°	secundo relato

6乗は，2乗の censo と 3乗の cubo の積のように乗法的に構成されているので，5乗を示すには新たな方法が必要で，「第一の関係」(prima relato) と呼び，3°r°「第三の関係」は x^{11} になります．

さて3次方程式の話題に触れましょう．そこでは2次に還元できない方程式が問題となります．それについてパチョーリは次のように述べています．

しかし数，モノ，立方，あるいは数，平方，立方，あるいは数，立方，平方の平方が合わさった場合，それらの間の非比例性によって，今日までいかなる一般的規則も作られてこなかった．それらの間にはいかなる等しい間隔もないからである．というのも，モノと数の間には中間の次数あるいは性質がなく，モノと立方の間には中間に平方があるからである．したがってそれらの間には適切な関係は維持できないのである．なぜなら一方は他方よりその相手方からより離れているからである．そして同時に平方と立方の間にはなにもなく，平方と数の間にはモノがある．こ

271

ういうわけで，(上で述べたように) 試行錯誤 (a taston) でなければ，それらの方程式にはいかなる一般的規則も与えられることはない．そうであるから，異なる項が非比例性 (disproportionati) となる方程式の場合，円の方形化 [求積] に解法が与えられないのと同様に，この術は解法を与えないとあなたは言うであろう．そして今や事態はこうなのである．問題を作るのは可能かもしれないが，その解法は不比例性 (inproportionalità) ゆえに与えられないので，これこそが元凶なのである．

すなわち3次以上の方程式は，試行錯誤では解は見つかるかもしれないが，非比例性 (不比例性) なので一般的解法はないと結論付けているのです．パチョーリのこの言葉が後の3次方程式解法探求に制限と刺激を与えたことはいうまでもありません．

ところでここでは比例性が重要な概念で，実際『スンマ』にはタイトルそのものに比例性 (proportionalità) という言葉が挿入されています．こうして彼は言う，「もしあなたがあらゆる学術について語るなら，比例がそれらの中の母であり女王であることが分かるであろうし，それなしでは誰もそれら学術を称賛することはできない」．

さて，以前フィボナッチのサイコロの話をし，それはさらにパチョーリにもみられることに言及しました．ここではさらに賭けの計算について述べておきましょう．

賭けの計算

賭けの計算では数学史上カルダーノ『サイコロ遊びについて』

が有名で，その後パスカルやホイヘンスが数学的に完成していくことになります．しかし最初に賭けの問題を扱ったのはカルダーノではありません．その議論は算法学派の数学に長い伝統があるのです．パチョーリの例を見ておきましょう．

最初は，遊び仲間がボール遊び (palla) をする際，各回 10 点で，60 点獲得すると勝者となる問題です．参加者各自は 10 ドゥカト掛けましたが，ゲームがアクシデントにより 50 対 20 で中断してしまったとき，掛け金 (posta) をどの様に分配すればいいかという問題です．

この問題でパチョーリは本質的には同じである 3 つの解を与えています．11 回以内で勝負は決まることを見いだします．パチョーリは述べていませんが，双方 5 点になるとあと 1 回で決まるので，全体で少なくとも 11 回で勝敗は決定します．その後は，今までの勝利の数の割合，つまり $\frac{5}{11}$ と $\frac{2}{11}$ で分ければ良いとしています．他の解法も同じで，それまでの勝利の数で分配します．

第 2 の例は，3 人が弓 (balestrare) を引く問題で，誰かが 6 点を取るまでおこなわれます．掛け金は 10 ドゥカトです．4：3：2 でゲームを中断するとき，肉の分配が問われます．

まず 3 人が 5 点獲得した場合，一人があと 1 点を獲得すれば試合は終わるので，結局 16 点になるまでで試合は終わることが見いだされ，こうして分配の割合は，$\frac{4}{16} : \frac{3}{16} : \frac{2}{16}$ であるという．ここでもすでに獲得した割合で掛け金が分配されると考えています．パチョーリは，すでに存在していた従来の方法を批判し，「真理は私が述べる事柄であり，それが正しい方法である」と自信ありげに述べています．

ここでのパチョーリの方法は，今までの獲得点数の割合で分割するという方法で，何点とれば勝者になるかは関係ありません．この方法をタルターリャは後に批判しますが (1556)，最終的に解決するのはパスカルです (1654)．このように 15 世紀末には賭けが普通に行われ，掛け金の分配が数学者の間で論題になっていたのです．

印刷された初期の算法書

　『スンマ』は最初に印刷された代数学書であって，最初に印刷された算法書ではありません．後者は，ヴェネチア近くのトレヴィーゾで出版されたので今日『トレヴィーゾ算術』と呼ばれる『算法書』(*Larte de labbacho*, 1478) で，イタリア語で書かれています．

　第 2 番目はバルセロナで出版されたカタルーニャ語のフランチェス・サントクリメン『算術大全』(*Summa de l'art d'Aritmètica*, 1482) です [Malet 1998]．これは 15 章からなる算法書で，大全とは言うもののパチョーリの本と比べるとはるかに小ぶりな作品です．作者の詳細は不明ですが，末尾で南仏のペルピニャンの鋳造教師ハウメ (?)・セッラと学芸教師兼神学教師ラピタという名前が言及され，本書が単に商業サークルのみに用いられたのではないことがうかがえます．

　その後アラゴン方言の『商業算術編纂』(*Compilation de aritmética sobre la arte mercantivo, c.*1486) がサラゴサで出版されています．これは『算術大全』を引用しているものの，内容は異なり，両者の関係は定かではありません．ともかく両者ともに胡椒，サフラン，シナモン，蜂蜜，砂糖などの品目が問題に見え，

イベリア半島で早くから商業に計算が用いられていたことがわかります．

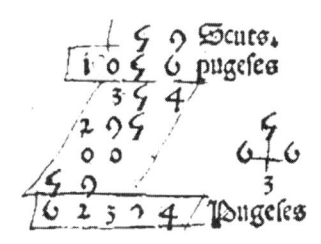

フランチェス・サントクリメン『算術大全』に見える9による検算．59×1056 = 62304を計算し，この3つの数を9で割ると，それぞれ5，3，6余るが，前二者の5×3を9で割ると6余り，これが解の剰余6と等しいので，解が正しいことが右に十字の形で示されている．
(出　典：A. Malet (ed.), Francesc Santcliment, *Summa de l'art d'Aritmètica, Vic*, 1998, p.158．)

1482年には，さらにドイツ語でウルリヒ・ワグナー『計算書』(*Rechenbuch*) がバンベルクで出版されました．以上述べた算法書はすべて実践書であり，フィボナッチにみられる理論性はありません．同じ頃初めてエウクレイデス『原論』が出版され (1482)，ボエティウス『算術教程』もそれに引き続きます (1488)．印刷術初期の段階から，大学の理論的数学と商人の実用数学とが同時期に出されていたことがわかります．というよりも，実用数学の出版のほうが先行していると言えます．両者の性質を持ったフィボナッチの作品は，それらよりも250年以上も前に現れていたのです．

第 19 章
算法学派の影響

本章ではパチョーリに続く世代にフィボナッチがどのような影響を与えたかを見ておきましょう．意外なことにその影響は必ずしも大きくはないことがわかります．

算法教師ベネデット・ダ・フィレンツェ

フィボナッチ以降数多く算法書が書かれ，1460 年頃にはイタリア語で浩瀚な 3 点が立て続けに現れています．従来の算法数学を総まとめした作品で，どれも手稿のままです．

まず作者未詳の『実用算術書，つまりピサのレオナルドが書いたより大部の書からの抜粋』は，1465 年頃フィレンツェで書かれました．349 フォリオ (698 頁に相応) で紙に書かれています．これは現在ヴァチカン図書館 (写本番号は Ottobon. Lat. 3307) にあり，この同じ写本には，引き続き『ピサのレオナルドに基づく実用幾何学論』が 176 フォリオ続きます．

次は，1470 年頃フィレンツェで紙に書かれた『実用算術論』で，その写本はフィレンツェ国立中央図書館 (Palatino. 573) にあり，491 フォリオもあります．ただしこのテクストにはフィボナッチの名前は見当たりません．

最後が最も重要な作品です．これはレオナルド・ダ・ヴィンチが『アトランティコ手稿』で 15 世紀において最も顕著な人物と述

べたベネデット・ダ・フィレンツェによって書かれたものです．その『実用算術論』はシエナの図書館にあり（写本番号 L.IV.21），495 フォリオからなります．おおよそ 1000 頁の浩瀚な作品となり，概算すると単語 45 万語ほどで構成されています．

ベネデット・ダ・フィレンツェ（1429-79）とはもちろんフィレンツェ出身のベネデットという意味で，その地で活躍した算法教師です．父親は毛織物業の職工で，子供はおらず，世襲制であった通常の算法教師とは異なり，いくつかの算法学校を渡り歩いて教えたようです．ただしレオナルド・ダ・ヴィンチが評価したのは，算法教師としてのベネデットではなく，当時フィレンツェのシニョリーダ広場を改造する話が持ち上がったとき（1475）の測量技術者としてです．著作は上記の他に『算法書』などがあります．

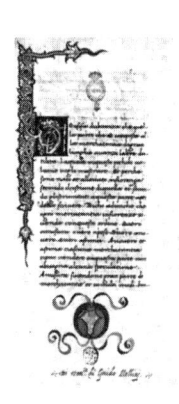

ベネデット・ダ・フィレンツェ『算法書』の一部．左側には多色刷模様が描かれている美麗な写本．
（出典：Giusti(ed.), *Un Ponte sul Mediterraneo*, Firenze, 2002, p.142）

さてこのベネデットの著作の冒頭では，「ピサのレオナルド等の著作家の書から抜粋した実用算術が始まる」と書かれ，フィボナッチ『算板の書』からの引用が期待されます．また上記 3 点ともフィボナッチとほぼ同じ内容を扱っています．ところが抜粋と

は言いながら，どれにもそれに相当する抜粋らしき箇所は見当たりません．これはどうしたことでしょうか．

可能性の一つは，抜粋はフィボナッチのラテン語『算板の書』ではなく，フィボナッチが書いた可能性があるものの，すでに消失したと考えられる『算板の書』イタリア語版の『要約書』と呼ばれた作品からであるというものです[1]．

フィボナッチの時代はまだ高価な羊皮紙に書かれていたので，草稿は不要になれば上書きされ（これをパリンプセストという）再利用されるのが常です．こうしてその内容が残らないことも多々あります．他方で紙ですと，草稿は破棄されるかそのまま残されることになります．フィボナッチ『算板の書』のイタリア語版は『要約書』と言及されていますので，そこから以上の3点の写本のような大作が生じることはないでしょう．大作から抜粋して小さな作品を著すことは可能でも，ここではその反対なのです．

もう一つの可能性は，名前を借りて権威付けたというものです．3つの作品はどれも装飾が施され豪華な仕上がりです．そうとは言及されてはいませんが，誰かに献上された可能性が多分にあります．ところでフィボナッチは晩年にはピサ市の名士となり，15世紀後半には数学のカリスマとしてすでに神話の域に達していたのではないでしょうか．このフィボナッチの名前を利用して，作者未詳の著者やベネデットは自らの算法書を権威付けて献上したのです．上記3点以外にもフィボナッチの名前は登場しますが，それはたいてい表題や冒頭の序文だけで，本文中の問題で

---

[1] 散逸したのはそれだけではなく，『幾何学の実際』もその序文で，「すでに以前から着手していた作品」（opus iam dudum inceptum）とあり，『幾何学の実際』には草稿があったことが示唆されている．

具体的に言及されることが少ないのはそういった理由かもしれません．

後になってフィボナッチの作品はイタリア語抄訳がわずかになされますが[Arrighi 1966]，イタリアでは意外にもフィボナッチの作品はあまり読まれなかったようです．しかしラテン語で書かれたのですから，フランスやドイツでは読まれた可能性があるはずです．フランスの例を見ておきましょう．

商業都市リヨン

今日フランスの都市といえばパリと相場が決まっています．しかし15世紀から16世紀のある時期，パリと並んでリヨンがフランスの2極を占めていたのです．それは金融センターとしてでした．なお今日リヨンは，パリ，マルセイユに次いでフランスの第3の都市で，人口は50万人程度です．

リヨンでは1463年頃から年に4回大市が開催され，それは言ってみれば当時の国際見本市をなし，内外から多くの商人を集めました．リヨンは2本の川に挟まれ交通至便で，製紙業，金属加工業，そして毛織物工業などの取引が発達し，フィレンツェほどではないまでも商業都市として知れわたることとなりました．したがってそこには商店や銀行が設立され，商人が行き交い賑わいました．こうして為替銀行業務のために商業数学の必要性が生まれます．ここで注意したいのは，通常外国人の資産は死後に没収されるのですが，リヨンは例外で，外国人に優しい都市であったこと，そしてこの地で活躍したのはフィレンツェ出身のイタリア商人であったことです．フィレンツェからメディチ銀行も支店を出し，こうしてイタリアの算法数学が移入されるの

も当然ということになります．

フランスでは算法書は 1510 年代に最初にパリで 2 点出版されましたが，作者は不明です．作者がわかっている最初は，フアン・デ・ロルテガというスペイン人によるラテン語作品を翻訳したもので，1515 年にリヨンで出版されました．作者も訳者も修道士で，ビジネスで騙されないように算法書を出したとそこでは述べられています．

しかし重要なのはフランスで 4 番目に出された算法書『新編算術』(*Larismetique nouellement composée*, 1520) です．これはリヨンの人エチエンヌ・ド・ラ・ロシェ (1470 頃 – 1530 頃) のとても大部な作品 (235 フォリオ) で，商品名が続々と現れ，当時のリヨンの商業活動を垣間見させてくれる書物です．彼はそこで maistre d'algorisme あるいは maistre de chiffres と呼ばれ，25 年間数学を教えていました．ここで maistre はマスターつまり教師の意味，chiffres は本来ゼロの意味ですが，数字あるいは 10 進位取り記数法，つまりは計算を意味すると考えていいでしょう．algorisme も chiffres もともにアラビア語起源の言葉です（アラビアの数学者フワーリズミーの名前とゼロを意味するシフル）．彼がどのような形でどこで教えていたかは不明ですが，著作内容は商業数学ですので，その意味では彼は算法教師と呼べるでしょう．

彼は題材の大半をパチョーリやニコラ・シュケ (？ – 1487 頃) からとったと述べ，実際それらの抜粋も含んでおり，そのことで彼はかつて数学史家によって剽窃者呼ばわりされることもありましたが，今日では独自のものを付け加えていること，しかも引用先としてシュケの名前にきちんと言及していることもあり，

そういった評価は適切ではないことが判明しています［Heeffer 2012］．彼はその師であるシュケの手稿を所持し，その欄外に自筆で記入もしています．

エチエンヌ・ド・ラ・ロシェ『新編算術』(1520) の 2 色刷りの見事な表紙

その後リヨンでは算法書が何点か出版されます．ジャン・トレシャント (1566)，ピエール・サヴォンヌ (1565) などの算法書です．前者はリヨンの大市における商業算術にも言及し，6 版以上も印刷され，16 世紀フランスで最も重要な算法書であったのです．このようにリヨンはまた印刷文化の都市でもありました．本と都市としてのリヨンに関しては，次の素晴らしい書物があります．

- 宮下志朗『本の都市リヨン』，晶文社，1989．

リヨンは商業都市だけあって，出版された数学書も商業数学を扱ったものですが，他方もう一つの出版都市パリでは，ソルボンヌの影響下に理論数学書が出版され，両都市は対称的です．

しかしこのリヨンも 16 世紀末には歴史の表舞台から姿を消してしまいます．ヨーロッパの商業活動が地中海から新大陸に移っていくに従い，商業の中心はイタリアと結び付いたリヨンから貿

易港アントウェルペンに移ります．また国内の宗教戦争や1564年のペストの大流行でリヨン経済は破綻していきます．こうしてリヨンの名物であった大市もジュネーヴに移っていくのです．

さて，ド・ラ・ロシェの師シュケについて述べておきましょう．

ニコラ・シュケ

シュケ自身はパリ出身で医学を学んでいましたが，リヨンに来て筆写を職業としていました．しかしalgoristeとも呼ばれていますので，算法教師であったのでしょう．彼の作品は印刷術がフランスに出現したまさしくその時代に書かれましたが，出版されず，またその後利用される機を逸したので，弟子のド・ラ・ロシェを除いてはほとんど影響を与えることはありませんでした．一部が印刷されたのはようやく19世紀末になってからのことです[Marre 1880]．

主要作品は数の学問についての『三部作』(*Triparty*)で，「三位一体の荘厳さと神聖さに敬意を払い，本書は3部に分かれる」という言葉で始まり，算術，根の計算，代数を扱います．他の作品の『問題集』は具体的問題を扱い，『実用幾何学』は算術を幾何学に適用した計算で，その後『算法数学』が続きます．以上の4つは同じ手稿に収められて，長さの割合は，46, 19, 16, 19パーセントです．

『三部作』はパチョーリなどの数学よりは内容が限定されていますが，当時のフランスでは各段に程度の高い作品でした．シュケの数学については，『三部作』執筆後500年記念(1984年)に開催されたルネサンス数学に関する会議の論文集が最新のものです．

- C. Hay (ed.), *Mathematics from Manuscript to Print 1300-1600*, Oxford, 1988.

ここではシュケの『算法数学』を見ておきましょう．『三部作』とは違ってより実践的具体的内容です．その内容は，四則計算，商品について，3 数法の共同出資問題や交換問題への応用，銀貨と金貨です．トレシャントやド・ラ・ロシェのようには，商業史にも役立つ商取引の詳細にまで踏み込んだ話は記載されていません．この『算法数学』はまだ手稿のままで編集印刷されていませんので，ここでは次の書物に含まれる概要を参考にします．

- G. Flegg, C. Hay and B. Moss (eds.), *Nicolas Chuquet, Renaissance Mathematician*, Dordrecht/Boston, 1985.

ここで 16 世紀のフランスの貨幣単位を比較して示しておきましょう．

フランス	livre	sol	denier
中世ラテン	libra	soldus	denarius
イギリス	pound	shilling	pence

1 sol = 12 livre です．さらに高額貨幣としてエキュがあり，これは 27 sol 6 denier から 35 sol 8 denier までの間で，一定していません．イタリア貨幣も使用されていましたし，さらに地域でも価値がまちまちで，次のような，パリ，リヨン，ジュネーヴの貨幣変換問題もあります．

> パリの 4 ドゥニエはリヨンの 5 ドゥニエに相当し，リヨンの 10 ドゥニエはジュネーヴの 12 ドゥニエに相当するなら，ジュネーヴの 8 ドゥニエはパリではどれだけか．

これに対して解法が示されています．算法書おなじみの書式形式の，具体的問題のあと解法が続くという記述です．

後半は貨幣鋳造問題です．国王がかわると貨幣に刻印されている国王の肖像もかえることになり，さらに銀の供給不足や，貨幣の摩耗などもあり，鋳造が頻繁に行われていました．それに関わる鋳造職人も算法書の読者層に想定されています．銀貨の種類も国王銀貨，宮廷銀貨など様々ありました．ここでは商業数学の箇所に比べてより詳しく述べられ，まず単位の説明があり，一般的解法が示され，その後具体的問題と解法が続きます．

以上のように，フランスの算法学書の内容は『算板の書』と同様ですが，それから直接ヒントを得たという証拠はありません．むしろフィボナッチに続くイタリア算法学派の影響下にあったということが出来るでしょう．たとえば『幾何学』には円に内接する正五角形の問題がありますが，これもフィボナッチのものとは題材は同じでも数値は異なります．パリのフランス国立図書館にはフィボナッチ『算板の書』の写本が3点現存しますが，その由来は定かではないものの，フランスでフィボナッチが読まれたということはほとんどなかったのではと思われます．

ルネサンス数学

フランスでは，印刷された算法書は20点にも届かず，その後1540年代から70年代になるとルネサンス時代に突入し，それは数学にも影響を与えます．すなわち中世のスコラ主義を否定する一方，古代ギリシャ・ローマへの復興の機運がでてきて，アラビア数学の痕跡が排除されていくのです．こうしてアラビア数学から展開した算法学派は数学の主流から外れていきます．ペレ

ティエ・ド・マン，シャルル・ド・ボヴェイユ，オロンス・フネ，そしてペトルス・ラムスの活躍する新しい時代が到来します．ただし算法書に見られる数学の有用性という思想は残され，その後にも引き継がれることには注意してください．

ルネサンスという言葉は本来「再生」という意味ですから，かつて栄えていた文化を再び蘇らせることを意味します．しかし「12世紀ルネサンス」のところで見たように，ルネサンスは，文化が場所を変えて生き返ることを示すのにも使われるようです．ルネサンス期の数学も同じで，かつてのギリシャやアラビアの数学が場所を変えて，イタリア，フランス，ドイツ，英国などで新しい形で生き返ることを示します．

16世紀には数学に関心を持った人物に事欠きません．しかし多くは今日一般的にはなじみのない人物です．それは「数学者」という職業がまだ確立されておらず，教育者，画家，技術者として知られている人物が数学を研究したからでしょう．その中で「人文主義数学者」と呼びうる人々がいました．

国	代表的数学者
イタリア	コンマンディーノ，ボンベッリ
フランス	フネ，ラムス
イギリス	ディー，レコード
ドイツ	ルドルフ，シュティーフェル
オランダ	ステヴィン，コワニエ
ポルトガル	ヌネシュ，フェルナンデス
スペイン	スィルエロ，シリセオ

人文主義数学者とフィボナッチ

今日の感覚からすれば数学は理系の学問とされ，人文主義数

学者という単語は矛盾しているように思えます．当時，言語能力は人間のみに備わるとされましたので，人文主義つまりヒューマニズム（人間であること human）は言語研究に繋がり，その対象となるのは古代ギリシャ・ローマの言語文化でした．すなわち古代の学問の研究が人文主義の実体です．その中には当然のことながら古代の数学，天文学，医学なども含まれ，こうしてこの時代の古代数学の復興はまずは言語的文献学的に試みられます．実際の仕事は，古代ギリシャ数学を，ギリシャ語から直接ラテン語に訳すこと，そしてそれらを時代に即して再評価することです．

それはまずイタリアで始まりました．西欧に徐々に迫り来るオスマン帝国により，東ローマ帝国から多くの写本を持ってイタリアに逃げてきたギリシャ語学者たちの影響です．とりわけエマニュエル・クリュソロラス (1353頃 – 1415) がフィレンツェに到着し，1396年からそこでギリシャ語研究を本格的に開始します．ギリシャ数学の多くは，「12世紀ルネサンス」では重訳されたアラビア語から訳されましたが，ここイタリア・ルネサンスでは，アラビア語を介せずギリシャ語から直接に訳されることになります．

人文主義数学者はギリシャ文化にのみ固執したわけではありません．アラビアや中世の作品もそれが良ければ正しく評価したこともあります．たとえば今日『デカメロン』で著名なボッカッチョ (1313–75) は，エウクレイデス『原論』のみならずフィボナッチの写本を所持しており，しかも数学を学んでいました．その師はプラトー出身のパオロ・ダゴマーリ (1282–1374) で，彼はパオロ・デル・アバコとも称され，その生徒数は累計で6千から1万人であったと伝えられる名物算法教師でした．

1辺16,対角線20の長方形の他の辺を求めるパオロ・ダゴマーリの問題．奇妙なことに右に怪獣が描かれている．
(出 典：Gino Arrighi (ed.), *Paolo dell'Abbaco: Trattato d'arithmetica*, Pisa, 1964, p.53)

ところでイタリア・ルネサンス期の数学の状況はベルナルディーノ・バルディ(1553-1617)の書いた『数学者年代記』(後に1707年出版)がよく伝えてくれます．フィボナッチに関する箇所を見ておきましょう(Baldi 1707, p.89)．

> レオナルドは，その故国はピサと言われ，最大の幾何学者，算術家であった．長期にわたりオリエントを流浪し，アラブ人たちから代数学を生み出した．イタリアに戻り，立派な書物を書いたが，それは未だかつて世に出たことのない作品であった．また『平方の書』も書いたが，これはクシュランダーによるとディオパントスから取ったものである．最も素晴らしい『幾何学の書』も執筆し，この写本はウルビーノのフェルトラの図書館に保管されているが，フェデリーコ・コンマンディーノの死によってそれは出版されることはなかった．ボルゴ出身の修道士ルカと我ら時代のブレーシャ人ニコロ・タルターリャはレオナルドの作品を利用した．

ここではフィボナッチの年代が 1400 年と間違って認識されています．ここで 19 世紀になってその写本が発見された『平方の書』が当時すでに知られていたことは注目に値し，その影響がどれほどであったのか気になるところです．古代ギリシャのディオパントスは『数論』をギリシャ語で書きましたが，その後それは中世を通じてラテン語訳されることはなく，それをようやくルネサンス期にクシュランダー (1532–76) が訳しました．当時フィボナッチはその『数論』からアイデアを得たと考えられていたようです．しかしフィボナッチのアイデアはアブー・カーミルなどアラビアから得られたのであり，彼がディパントスを直接に知ることはありませんでした．ここでは数学，とりわけフェルマなどにつながる数論の由来をアラビアではなく古代ギリシャに強引に結び付けようとする，ルネサンス特有の傾向の萌芽がわずかに見受けられます．

『幾何学の書』とは『幾何学の実際』のことであり，これが最も素晴らしい作品であるというのは，『算板の書』を第一とみなす今日の評価とは異なります．いずれにせよフィボナッチのこの写本はイタリア・ルネサンスの拠点の一つウルビーノに存在し，その重要性を理解した代表的人文主義数学者コンマンディーノ (1509–75) が出版しようとしたことは注目に値します．コンマンディーノは「数学の復興者」(Restaurator mathematicarum) と呼ばれ，古代ギリシャ数学を積極的に編集翻訳した人物です．このコンマンディーノをはじめ人文主義数学者によるギリシャ数学復興が契機となり，ヨーロッパは新しい数学を生むことになります．しかしそこではフィボナッチは登場する機を逸したのです．

バルディやコンマンディーノが活躍したルネサンス期ウルビーノ全景.
(バルディ『数学者年代記』[Baldi 1707] 表紙から）

第20章
フィボナッチ『平方の書』

今までフィボナッチの『算板の書』を中心に述べてきました．しかしフィボナッチで最も独創的な作品はそれではなく『平方の書』です．そこには高度な数論が展開されているだけではなく，それは現代数学にもつながる内容を持つのです．本章と次章ではこの作品について述べていきます．

『平方の書』について

フィボナッチはフェデリーコ2世の宮廷で，パレルモのヨハンネス師から次の問題を出されました．

$$\begin{cases} x^2+5 = y^2 \\ x^2-5 = z^2 \end{cases}$$

となるような x, y, z を求めよという問題です．ここでどのような数でもよいのなら解は簡単ですが，フィボナッチは有理数となるような解を求めます．そのため順を追って議論し，それを『平方の書』として纏めたのです．

この『平方の書』はルネサンスのパチョーリの頃までは知られていたようですが，その後失われてしまいました．後にきわめて重要な作品と認識したパルマの数学史家コッサーリ (1748-1815) は，その『イタリアにおける代数学の起源，移植，最初の発展』[Cossali 1797-99] で50ページにもわたってこの書の解説を試み

ています.「ディオパントスと同じように代数学の衣をかぶった
レオナルドの理論」という言葉で始まるその内容は, 今日では受
け入れることはできませんが, 近代における最初の『平方の書』評
価として注目すべきです. ただしコッサーリが手にした手稿がど
のようなものか, それは不明です.

115

QUADRO ALGEBRAICO II.

Del libretto De numeris quadratis
di Leonardo Pisano.

Le dottrine di Leonardo vestite delle algebraiche spezie
acquisteranno, siccome quelle di Diofanto, luce ed ampiez-
za, od anzi estensione senza confine.

PARTE I.

コッサーリによる復元の冒頭部分(1797)

その後 1853 年になって, ボンコンパーニがミラノのアンブロ
ジアーナ図書館で手稿(E.75.Parte.superiore)を発見しました.
この手稿には他にも『精華』『テオドルス師への手紙』が含まれて
います. 現存する写本はこれのみなので, きわめて重要な発見と
いえます. ただし『平方の書』は最後の一部が欠けており, 完全
なものではありません. なおこの図書館にはもう一人のレオナル
ドの『アトランティコ手稿』も所蔵されています.

さてボンコンパーニは『平方の書』の重要性を察知して, 次のよ
うに立て続けに 3 回もそれを公刊しています.

    1854 『アンブロジアーナ図書館の写本の読解によるピサの
           レオナルドの 3 点の未刊行書』
    1856 『ピサのレオナルドの小品集』
    1862 『ピサのレオナルド全集』第 2 巻 253-283 頁所収

第20章　フィボナッチ『平方の書』

テクストの英訳と仏訳は次にあります．

- L.E. Sigler (tr.), *The Book of Squares*, Boston, 1987.
- P. Ver Eecke (tr.), *Le livre des nombres carrés*, Bruge, 1952.

後者の訳者ベルギー人フェル・エーク (1867-1959) は，他にギリシャ語からディオパントス，アルキメデス，アポロニオス，パッポス，テオドシウス，セレノス，エウクレイデスなどの作品を仏訳し，どれもとても評価の高い翻訳です．

さらに部分訳もいくらかありますが [Grant 1974]，古いところではマクレノンによる英語抄訳論文からの次の和訳抄訳は今日の基準からすると内容上は参考にはなりませんが，日本における初期の紹介としてここで言及しておきます．

- R.B. McClenon, "Leonardo of Pisa and his *Liber Quadratorum*", *The American Mathematical Monthly*, 26 (1919), 1-8.
- 渡辺孫一郎「Leonardo ト其著 Liber Quadratorum」,『日本中等教育數學會雜誌』2(1), 1920, 1-7.

以下ではテクストの命題部分のみの訳と，理解のためフィボナッチの取り上げた例を付け，さらに一部は一般化しておきました．フィボナッチはエウクレイデス風の厳密な幾何学的証明を付けていますが，それらは紙幅の都合で省略せざるを得ません．命題番号は付けられていませんが，ここでは仮にということで **命題** として番号付けしておきました．ただし訳書によっては番号付けが異なり，大半は命題というより，与えられた問への解を準備するための補題と考えたほうが適切です．序文はすでに第8章で紹介しましたので，ここでは一部のみにします．

293

『平方の書』命題の訳

> **序**　私は平方数の成立について考え，それは奇数の増大列から作られることを発見した．

　自分が発見したことを明記しているのはこの箇所だけなので，以下の主題となる部分は，次章で紹介しますがアラビア数学の影響下にあったと言えるでしょう．

　さてフィボナッチの挙げる例は
$$1^2 = 1$$
$$2^2 = 1+3$$
$$3^2 = 1+3+5$$
$$4^2 = 1+3+5+7.$$
これを一般化すると
$$n^2 = 1+3+5+\cdots+(2n-1)$$
となり，後に命題4で証明されます．

> **命題1**　加えて平方数となる二つの平方数を見出すために，任意の奇数の平方数を取り，それをこの二つの平方数のうちの一つとすると，もう一つは，単位からその奇数の平方数までのすべての奇数の和に見出される．

　任意の奇数を，たとえば $9 = 3^2$ とすると
$$9+(1+3+5+7) = 3^2+4^2$$
$$= 1+3+5+7+9 = 5^2.$$
　一般化すると，a が奇数のとき

$$\{1+3+\cdots+(a^2-2)\}+a^2$$

をとると,これは奇数の増大列なので c^2 とおけますが,他方で $\{\ \}$ 内も b^2 とおけます.つまり

$$b^2+a^2=c^2.$$

a が奇数のときは

$$\left\{1+3+\cdots+\left(\frac{a^2}{2}-3\right)\right\}+\left\{\left(\frac{a^2}{2}-1\right)+\left(\frac{a^2}{2}+1\right)\right\}$$

を考えればよいのです.

> **命題2** 同様にして,任意の平方数はその直前の数の平方数よりも,これらの平方数の根の和だけ超過している.…ある平方数はその二つ前の数の平方数よりも,それらの間にある数の四倍だけ超過している.…同様にして,すべて平方数はより小さい平方数を,それらの根の差と根の和の積だけ超過していることが証明される.

これは次の公式を示します.

$$(n+1)^2-n^2=(n+1)+n.$$
$$(n+2)^2-n^2=4(n+1).$$
$$m^2-n^2=(m+n)(m-n).$$

> **命題3** 合わせて平方数を作る二つの平方数を見出すもう一つの方法があり,それはエウクレイデス十巻に見出される.

これは,「和も平方数である二つの平方数を見出すこと」,という『原論』第10巻命題28の補助定理1と用語法は異なるものの内容は同じで,フィボナッチは『原論』を十分に理解してこ

とがわかります．フィボナッチと『原論』については第 13 章を参照ください．

> **命題 4** いかにして平方数の列が，単位から始まり無限に至る順序づけられた奇数の和から構成されるかを証明しよう．

ここでは省きますが，これが序で取りあげた問題の証明です．

> **命題 5** 平方数が同時に合わさると，他の二つの与えられた平方数から構成される平方数をつくるというその二つの数を見出せ．

フィボナッチの例は
$$5^2 + 12^2 = 13^2, \quad 8^2 + 15^2 = 17^2$$
を見出し，ここから
$$\left(8 \cdot \frac{13}{17}\right)^2 + \left(15 \cdot \frac{13}{17}\right)^2 = 13^2.$$
よって
$$\left(6\frac{2}{17}\right)^2 + \left(11\frac{8}{17}\right)^2 = 13^2.$$
他方，$5^2 + 12^2 = 13^2$, $3^3 + 4^2 = 5^2$ から
$$\left(3 \cdot \frac{13}{5}\right)^2 + \left(4 \cdot \frac{13}{5}\right)^2 = 13^2.$$
よって
$$\left(7\frac{4}{5}\right)^2 + \left(10\frac{2}{5}\right)^2 = 13^2.$$
つまりこれら $6\frac{2}{17}$, $11\frac{8}{17}$, $7\frac{4}{5}$, $10\frac{2}{5}$ が答となります．

これは，$a^2 + b^2 = g^2$, $x^2 + y^2 = g^2$ となる有理数 x, y を求

める命題です．フィボナッチの幾何学的証明は次のようになります．

与えられた 2 つの数を a, b とし，$a^2 + b^2 = g^2$ とします．ここで図の EZ, ED は
$$EZ^2 + ED^2 = DZ^2.$$
DZ $= g$ のときは問題ありません．

DZ $> g$ のとき，$i =$ TZ $(<$ DZ$)$ とおきます．すると ZK, TK が求めるものとなります．また
$$\frac{KZ}{EZ} = \frac{TZ}{DZ}, \quad \frac{TK}{DE} = \frac{ZT}{ZD}.$$

よって
$$KZ = \frac{TZ}{DZ} \cdot EZ, \quad KT = \frac{TZ}{DZ} \cdot ED.$$

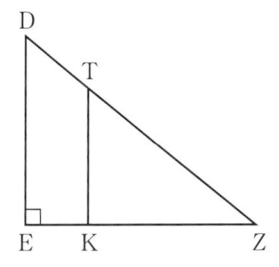

△TKZ において
$$KZ^2 + TK^2 = \left(\frac{TZ}{DZ}\right)^2 (EZ^2 + ED^2)$$
$$= \left(\frac{TZ}{DZ}\right)^2 DZ^2 = TZ^2 = i^2.$$

DZ $= i\,(<g)$ のときも同様．このように議論の背景には直角三角形があり，これはディオパントスの伝統下にあると言えます．

ところでこれは代数的に述べますと，先行する命題によって

$m^2+n^2=d^2$ を見出し，$d^2 \neq c^2$ とすると，$\dfrac{c^2}{d^2}$ をとって

$$\dfrac{c^2}{d^2} \times m^2 + \dfrac{c^2}{d^2} \times n^2 = \left(\dfrac{cm}{d}\right)^2 + \left(\dfrac{cn}{d}\right)^2 = c^2$$

として求めています．

> **命題6** 比例関係にはない四つの数が与えられ，第一が第二より小さく，第三が第四より小さく，最初と第二の平方の和と第三と第四の平方の和とが掛けられ，これらの和のどちらもが平方数とはならないなら，二つの平方数の和に等しい数が二つの方法で得られるであろう．またこれらの和の一つが平方数なら，得られた数は三つの方法で平方数の和と等しい．また双方の合成が平方数なら，得られた平方数は四つの方法で平方数の和となる．しかもこれは分数[を考えること]なしで理解される．

a, b, g, d が $a<b, \ g<d, \ \dfrac{a}{b} \neq \dfrac{g}{d}$ として与えられ，$(a^2+b^2) \neq \square, \ (g^2+d^2) \neq \square$ のとき（□は平方数の意味），

$$\begin{aligned}
&(a^2+b^2)(g^2+d^2) \\
&= (ag+bd)^2 + (bg-ad)^2 \\
&= (ad+bg)^2 + (bd-ag)^2.
\end{aligned}$$

これはいわゆる「ラグランジェの式」と言われるものです．

和の一つが平方数のとき，たとえば $(a^2+b^2) = m^2$ のとき，さらに次の結果が加わります．

$$(a^2+b^2)(g^2+d^2) = (mg)^2 + (md)^2.$$

たとえば $3^2+4^2=5^2$ のとき，1つ加わり

$$(6^2+9^2)(3^2+4^2)$$
$$=54^2+3^2=51^2+18^2=30^2+45^2$$

の3組が得られます．

命題7 二つの平方数の和に等しい平方数を他の方法で見出すこと．

命題8 和が任意の与えられた二つの数による平方数となる二つの平方数を他に見いだすことが出来る．

これは，命題6において
$$(a^2+b^2)(g^2+d^2)=(ad+bg)^2+(bd-ag)^2$$
ですから，$a=g$, $b=d$ とすれば
$$(a^2+b^2)^2=(2ab)^2+(b^2-a^2)^2.$$
たとえば $(3^2+5^2)^2=(2\cdot 3\cdot 5)^2+(5^2-3^2)^2$ より
$$34^2=30^2+16^2.$$

命題9 平方数の和が，与えられた二つの数からつくられる二つの平方数の和であるような非平方数に等しい二つの数を見出すこと．

$x^2+y^2=a^2+b^2$, ただし a^2+b^2 は非平方数となる x, y を求める命題です．命題6から
$$(3^2+4^2)(4^2+5^2)=32^2+1^2=31^2+8^2=1025.$$
よって

$$\left(\frac{32}{5}\right)^2+\left(\frac{1}{5}\right)^2=\frac{1025}{25}=41$$
$$\left(\frac{31}{5}\right)^2+\left(\frac{8}{5}\right)^2=\frac{1025}{25}=41.$$

こうして $6\frac{2}{5}, \frac{1}{5}$ とは非平方数 41 に等しく,これはまた $6\frac{1}{5}, 1\frac{3}{5}$ それぞれの平方数の和となります.

命題10 もし単位から始まり,奇数であろうと偶数であろうと多くの連続する数が順に取られると,最後の数とそれに続く数とそれら二つの和からなる立体数は,すべての数つまり単位から最後の数まで,の平方の和の六倍に等しくなる.

立体数 (numerus solidus) とは 3 数の積で,ここでは次のようになります.

$$6(1^2+2^2+3^2+\cdots+n^2)=n(n+1)(2n+1).$$

命題11 単位から始まり,奇数の多くの連続する数が順に取られるとき,最大の数とそれに続く奇数とそれら二つの和とからなる立体数は,単位から最後の数までのすべての奇数の平方の和の六倍の二倍に等しくなる.

$$(2n-1)(2n+1)4n$$
$$=12\{1^2+3^2+5^2+\cdots+(2n-1)^2\}.$$

> **命題12** 二つの数が互いに素で，偶数和を持ち，二つの数とそれらの和との立体数が，大きな方の数が小さな方の数を超過するだけの数によって掛けられるなら，その積は，その二十四分の一が取られると整数となる．…この得られた数，すなわちこの二十四分の一が整数となる数は，適合数と呼ばれる．

m, n が互いに素で $(m > n)$，和が偶数なら，
$$mn(m+n)(m-n)$$
が 24 の倍数となることを述べています．

この数をフィボナッチは適合 (congruus:「適合する」「一致する」の意味) 数と呼び，ここで始めてその名が現れます．この単語は従来「合同数」と呼ばれていましたが，後のガウスのいう合同数と混乱を引き起こすことになりますので，ここでは「適合する」という意味をとって適合数と訳しておきます．「〜に対して適合している」という意味で，形容詞 (congruens) や動詞 (congruere) の形でも用いられます．適合 (congruens) 平方数とは，N を適合数とし，$x^2 + N = y^2$, $x^2 - N = z^2$ のときの x^2 を示しています．適合数という単語がフィボナッチ以前にラテン世界で用いられた形跡はありませんが，あるアラビア数学のテクストでは，上記の x^2 を見出す問題に解を与えるもっとも適切な数の意味で用いられていたようです [Woepcke 1858-59]．

ただしもう一つの「一致する」という意味を採用することも可能です．上記の式を
$$x^2 - N, \quad x^2, \quad x^2 + N$$

と並べますと,公差が一致するからです.

さて一番小さいのは $m=3$, $n=1$ の場合ですから,最小の適合数は 24 です.さらにフィボナッチは言います.「整数の平方数とともに見出される最初の適合数は二四で,二四からすべての適合数が生成される」.

> **命題 13** ある数の周りにいくつかの小さな数といくつかの大きな数とが置かれ,小さな数の個数が大きな数の個数に等しく,大きな数の各々が置かれた数を,与えられた数が小さな数を超過するのと同じだけ超過するのなら,小さな数と大きな数すべての和は,置かれた数の[個数と与えられた数との]積となるであろう.

初歩的な命題ですが多くの結果を生みます.ここである数を d とし,その前に $a, b, g, \cdots$ その後に $e, z, i, \cdots$ が順に n 個置かれると

$$(a < b < g < \cdots < d < e < z < i < \cdots),$$
$$a + e = b + z = g + i = \cdots = 2d$$

により,次のようになります.

$$(a + b + g + \cdots) + (e + z + i + \cdots) = nd.$$

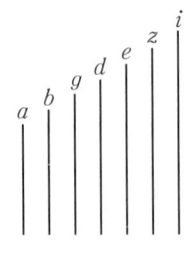

さて次からパレルモのヨハンネス師が提示した問題の一般化,つ

まり $x^2+N=y^2$, $x^2-N=z^2$ なる N を見出す議論が始まります.

> **命題14** 平方数に加えられ,かつ平方数から引かれたとき,常に平方数となる数を見出すこと.

ここでは適合数が証明に用いられ,4つに場合分けがされていますが,その証明はきわめて錯綜し,詳細は略しますが,恒等式
$$(m^2+n^2)^2 \pm 4mn(n^2-m^2) = (n^2-m^2 \pm 2nm)^2$$
を考え,$4mn(m+n)(m-n)$ を適合数ととらえています.

> **命題15** 平方数をもつ適合数がある平方数と掛けられるなら,この適合数と平方数との積は適合数となるであろう.

適合平方数 x^2 をもつ N が適合数なら,Nu^2 も適合数であることを示しています.ここで N を適合数とし,$x^2+N=y^2$, $x^2-N=z^2$ に u^2 を掛けると
$$(xu)^2+Nu^2=(yu)^2, \quad (xu)^2-Nu^2=(zu)^2.$$
すると,Nu^2 は明らかに適合数であり,また xu, yu, zu の平方はこの Nu^2 に対して適合平方数となるからです.

> **命題16** その五分の一が整数となるような適合数を見つけたい.

ここでフィボナッチの意図するのは原文とは少し異なり,平方数の 5 倍が適合数となるもの,つまり

$$4mn(m+n)(m-n) = 5\square$$

となる m, n を求めることです．そして $m = 5$, $n = 4$ として，$720 = 12^2 \cdot 5$ なる適合数を見出すと，次の命題の補題となります．

> **命題17** 本書の序で言及した問題．五で増大したり減少したりすると平方数を生むような平方数を見出したい．

$x^2 + 5 = y^2$, $x^2 - 5 = z^2$ となる x を見出すパレルモのヨハンネスが提出した問題です．[命題16] で見出した 720 を例に考えています．

さて $\dfrac{720}{5} = 144 = 12^2$ で，720 の差を持つ 3 数，$961 = 31^2$, $1681 = 41^2$, $2401 = 49^2$ を見出します．

$$720 = 12^2 \times 5 = 10 \times 72 = 8 \times 90$$

から

$$\left(\frac{72+10}{2}\right)^2 = \left(\frac{90-8}{2}\right)^2 = 41^2$$

$$\left(\frac{72-10}{2}\right)^2 = 31^2, \quad \left(\frac{90+8}{2}\right)^2 = 49^2$$

$$31^2 + 12^2 \times 5 = 49^2.$$

すると

$$\left(\frac{41}{12}\right)^2 + 5 = \left(\frac{49}{12}\right)^2, \quad \left(\frac{41}{12}\right)^2 - 5 = \left(\frac{31}{12}\right)^2.$$

よって

$$\left(3\frac{5}{12}\right)^2 + 5 = \left(4\frac{1}{12}\right)^2, \quad \left(3\frac{5}{12}\right)^2 - 5 = \left(2\frac{7}{12}\right)^2.$$

ここで提示された問題は

$$y^2 - x^2 = x^2 - z^2 = 5$$

とおくと，y^2, x^2, z^2 が等差数列となり，さらに平方ということから直角三角形を連想することができます．したがって

$$u = \frac{1}{2}(y+z),\ v = \frac{1}{2}(y-z)$$

とおくと

$$x^2 = \frac{1}{2}(y^2 + z^2) = u^2 + v^2$$

となり

$$y^2 - x^2 = x^2 - z^2 = \frac{1}{2}(y^2 - z^2) = 2uv$$

は3辺が u, v, x の直角三角形の面積の4倍を示します．つまりこの問題はディオパントスも扱った直角三角形の問題に関係するのです．実際[命題17]に見られる $31, 41, 49$ は，$x - y = y - z$ のとき $x + y = a^2,\ y + z = b^2,\ z + x = c^2$ なる有理数 x, y, z を求めよというディオパントス『数論』第2巻命題7にも見られる値で，『平方の書』には『数論』との関係を暗示する例が随所に見られます．こうして直接の影響関係はないにしても，『平方の書』はディオパントス『数論』の伝統下にあった作品といえるでしょう．ただしフィボナッチはそれをただ単に継承したのではなく，独自のアイデアを組み込んだ作品に仕上げたのです．

『平方の書』はその後皇帝の哲学者テオドルスが提示した問題の議論に進みますが，これは次章にします．さらにフィボナッチのこの特異な数論の由来と影響をみるため，関連するアラビア数学を次章では紹介することにします．

第21章
『平方の書』を巡って

本章は『平方の書』の後半を紹介します．

『平方の書』の命題の続き

> **命題18** 任意の二つの数が奇数和を持つとき，大きな数が小さな数を超過するなら，それらの和のそれらの差に対する比は，大きな数の小さな数に対する比とは同じではないであろう．

n, m が奇数で $n > m$ のとき
$$\frac{n}{m} \neq \frac{n+m}{n-m}.$$
ここで $\frac{n}{m} = \frac{n+m}{n-m}$ なら
$$n(n-m) \cdot m(n+m)$$
$$4nm(n-m)(n+m)$$
は平方数となります．

さてフィボナッチは次のように述べています．「いかなる平方数も適合数とはならない」．また1が適合数ではないことを示すには，
$$x^4 = y^4 + z^4$$

が整数解をもたないことを示せばいいのですが，この解決には 17 世紀のフェルマを待たねばなりません．実際 $(u,v)=1$ のとき，$x^2=n$, $y^2=m$, $n+m=u^2$, $n-m=v^2$, $uv=z^2$ とおくと，この x, y, z は $x^4=y^4+z^4$ の解となります．

> 命題19　それとその根との和が平方数で，それとその根との差も同様に平方数となる平方数を私は見出したい．

$x^2+x=u^2$, $x^2-x=v^2$ となる x^2 を求める問題です．命題14 より
$$x^2+N=y^2, \quad x^2-N=z^2$$
が求められます．よって
$$\frac{x^2}{N}+1=\frac{y^2}{N}, \quad \frac{x^2}{N}-1=\frac{z^2}{N}.$$
ここで $\dfrac{x^2}{N}$ を掛け
$$\left(\frac{x^2}{N}\right)^2+\frac{x^2}{N}=\left(\frac{xy}{N}\right)^2$$
$$\left(\frac{x^2}{N}\right)^2-\frac{x^2}{N}=\left(\frac{xz}{N}\right)^2.$$

> 命題20　同様に，その根の二倍が加えられたり引かれたりすると，常に平方数を作る平方数が見出されなければならない．

これは次の内容です．
$$x^2+2x=y^2, \quad x^2-2x=z^2.$$

> **命題 21** 連続する奇数の三つの平方数において，最大の平方数と中間の平方数の差は，中間の平方数と最小の平方数の差を八だけ超過する．

連続する任意の奇数を $2n+1, 2n+3, 2n+5$ とすると
$\{(2n+5)^2-(2n+3)^2\}-\{(2n+3)^2-(2n+1)^2\}$
$=8.$

> **命題 22** 与えられた比にあるような三つの平方数の間の二つの差を見出したい．

a, b が与えられているとき，$\dfrac{y^2-x^2}{z^2-y^2}=\dfrac{a}{b}$ なる x, y, z を見出す問題で，「大と中の差が中と小の差と与えられた比になるような数を見いだすこと」，というディオパントス『数論』第 2 巻命題 19 と内容は同じですが，証明は異なり，フィボナッチの証明はきわめて長いものです．

> **命題 23** 最初と第二の和が，さらに三つの数の和が平方数となるような，三つの平方数を私は見出したい．

$x^2+y^2=z^2, z^2+u^2=v^2$ なる x, y, z を求める問題です．

まず互いに素で平方して加えると平方数となる 2 つの数を考えます．それを 9 と 16 とすると，$9+16=25$．1 からこの 25 より小さい奇数までの和は $1+3+5+\cdots+23=144$．よって $9+16+144=169$．こうして 3 つの平方数は $9, 16, 144$ となり，その和は $169=13^2$．したがって $3^2+4^2=5^2, 5^2+12^2=13^2$．「こ

の順で引いたりすると平方数をつくる平方数が無際限に見出される」とフィボナッチは述べ，これを続けていきます．

それに 1 から 167 までの奇数の和 7056 を加えると $7225 = 85^2$．こうすると 4 数の組 $(9, 16, 144, 7225)$ が得られ，7225 までの奇数和は 3612^2 となります．

一般化すると次のようになります．

x, y は互いに素で，$x^2 + y^2 = z^2$ とすると，$x^2 + y^2 - 2 = z^2 - 2$ も奇数となります．よって

$$1 + 3 + \cdots + (z^2 - 2) = \left(\frac{z^2 - 1}{2}\right)^2.$$

すると

$$\left(\frac{z^2 - 1}{2}\right)^2 + z^2 = \left(\frac{z^2 + 1}{2}\right)^2.$$

よって

$$u^2 = \left(\frac{z^2 - 1}{2}\right)^2, \quad v^2 = \left(\frac{z^2 + 1}{2}\right)^2.$$

> 命題24　皇帝の哲学者テオドルス師によって私に提示された問題．最初の数の平方と合わせて加えられると平方数となる三つの数を私は見出したい．さらにこの平方数は第二番目の平方数に加えられると平方数を生む．この平方数に第三番目の平方数が加えられると，同様に平方数が出てくる．

[命題23] の拡張で，$x^2 + x + y + z = u^2$, $u^2 + y^2 = v^2$, $v^2 + z^2 = w^2$ なる x, y, z を求める問題，つまり

$$\begin{cases} x + y + z + x^2 = u^2 \\ x + y + z + x^2 + y^2 = v^2 \\ x + y + z + x^2 + y^2 + z^2 = w^2 \end{cases}$$

なる x, y, z を求める問題です．フィボナッチは［命題 23］から $(x, y, z) = \left(3\frac{1}{5},\ 9\frac{3}{5},\ 28\frac{4}{5}\right)$ を求め，整数解 $(35, 144, 360)$ を見つけています．

さらにこの命題は 4 数にも拡張されます．そこでは
$$\begin{cases} x+y+z+w+x^2 = r^2 \\ r^2 + y^2 = s^2 \\ s^2 + z^2 = t^2 \\ t^2 + w^2 = u^2 \end{cases}$$
において，$(x, y, z, w) = \left(1295,\ 4566\frac{6}{7},\ 11417\frac{1}{7},\ 79920\right)$ が見出されています．

フィボナッチによるものなのか写字生 (15 世紀に筆写) によるものなのかは不明ですが，写本はこの箇所で中断しています．フィボナッチのテクスト全体で欠損しているのはこの箇所だけなので大変残念なところです．

以上，証明は省きましたが，フィボナッチはきわめて高度な数論を展開していたことがわかります．ではこの成果はフィボナッチの独創なのでしょうか．そしてそれは後の時代にどのような影響を与えたのでしょうか．この問題に答えるため，フィボナッチの読んだもの，フィボナッチの伝えたものについてみていきましょう．

311

ディオパントス

　フィボナッチは『平方の書』の証明で，ギリシャの貨幣単位である dragma を用い，また図形を示す記号を a, b, c, d ではなくギリシャ風に a, b, g, d（つまり $\alpha, \beta, \gamma, \delta$）としていますので，おそらくギリシャ語の資料を参照したことが想像でき，それはディオパントス『数論』あるいはそれに影響を受けたテクストの可能性もありますが，確証はありません．後に『数論』をギリシャ語からラテン語に初めて翻訳したクシュランダー（1532-76）は，フィボナッチはディオパントスを書き写したに過ぎないと手厳しく述べていますが（1575），その批判はあたらないほどフィボナッチの議論は独創的でもあります．

　しかしフィボナッチの論じた問題の淵源をたどればギリシャに行き着くことは確かです．ディオパントス『数論』では，「その各々の平方が加えたり，三つの数の和から引かれたりして平方数となる三つの数を見出せ」（5巻命題7），つまり現代式で

$$\begin{cases} x^2+(x+y+z) = a^2 \\ y^2+(x+y+z) = b^2 \\ z^2+(x+y+z) = c^2 \end{cases}$$

なる類似した問題（解は $\dfrac{406}{96}, \dfrac{518}{96}, \dfrac{791}{96}$）もあります．

　『数論』がアラビア語に訳された10世紀頃から（第4章参照），アラビアではこの種の問題がさかんに議論されていくことをみておきましょう．

アラビアでの議論

ここで重要なテクストは,「972年以前の作者未詳論文」と10世紀のハーズィンの論文とで，それらはアラビア数学史研究家ヴェプケが発見し，フランス語に訳されていますが，それは最初雑誌論文として (1858-59)，すぐさま書籍として刊行され (1859)，今日ではヴェプケの次の著作集に含まれています．

- F.Woepcke, *Etudes sur les mathématiques arabo-islamiques*, Bd.2, Institut für Geschichte der Arabisch-Islamischen Wissenschaften an der Johann Wolfgang Goethe-Universität, 1986, 47-130.

ここでヴェプケが最初に発表した1858-59年という年代に注目して下さい．ボンコンパーニが『平方の書』を公刊 (1854) した直後です．ヴェプケはそれに応じてフィボナッチの源泉をたどる研究を進めたのです．ラテン数学の再発見はオリエンタリストたちにその源泉を辿る契機を与えることになりました．

さて「972年以前の作者未詳論文」はパリのフランス国立図書館にある写本 (BN. fonds arabe 2457, 81r-86r) で，直角三角形の辺の性質について述べた論文です．そこでは，

Paris, BN. fonds arabe 2457, 86r より

「以下は，そこに既知数が加えられたらその和は根をもち，同じ数が正確に引かれたら残りは根をもつことになるような，根をもつ量［を見出す問題を解くため］に最もふさわしい技法である」とあります．根をもつとは平方根が有理数で存在する数のことを示しますので，ここでは

$$\begin{cases} x^2 + N = y^2 \\ x^2 - N = z^2 \end{cases}$$

の解法を論じているのです．

ハージンの議論の解説は次の研究書で読むことができます．

・ロシュディー・ラシェッド『アラビア数学の展開』(三村太郎訳)，東京大学出版会，2004．

ハージンの導き出した規則によると，

$$\begin{cases} x^2 + a = y^2 \\ x^2 - a = z^2 \end{cases}$$

は a が $4m(2n+1)n$ の形の素数でないなら解はないという．

ところでヨハンネスが与えた問題はアラビア由来であることは間違いありません．皇帝フェデリーコ2世の宮廷にいたアンティオキアのテオドルスは，前にも書いたようにイブン・ユーヌスの弟子となる人物で，そこから数学問題を得た可能性が大きいのです（第8章参照）．これと同じ問題はカラジー（980頃 - 1029）の『バディーア』(1010頃)にも見えます．そこではフィボナッチとは方法は異なりますが，同じ問題がアラビアで議論されていたことがわかります．

第21章 『平方の書』を巡って

カラジー

いまカラジーの方法を見ていきましょう．以下の訳では煩雑を避けるため，主語を省き，また現代記号に変えておきます．テクストは次のものです．

- Anbouba, Adel, *L'Algèbre al-Badī d'al-Karagī*, Beyrouth, 1964.

> 平方があり，5を加え，また5を引くと，両者において平方となるようにせよ，と言われる．
>
> x^2+5 と x^2-5 の差をとると10となる．そしてこれをある大きさで割る．商にそれを加え，その和の半分を平方し，次に残りから5を引くと，残りが平方となる．試行錯誤でこうした大きさが見出されるであろう．
>
> 10を $1\frac{1}{2}$ で割ると $6\frac{2}{3}$ となる．これに $1\frac{1}{2}$ を加えると $8\frac{1}{6}$ となる．半分をとると $4\frac{1}{12}$ となる．これを平方すると $16\frac{2}{3}+\frac{1}{144}$ となり，これが x^2+5 に等しくなる．したがってそこから5を引くと，$11\frac{2}{3}+\frac{1}{144}$ が残り，求めるべき x^2 の値がこれである．問題の解を試行錯誤 (istiqra') で極めて迅速に見出すことができるということも知りなさい．

以上では次のことが述べられています．

$$\begin{cases} x^2+5 = y^2 \\ x^2-5 = z^2 \end{cases}$$

のとき，$y^2-z^2 = 10$ となり，カラジーの解法は

315

$$\left\{\frac{\frac{10}{N}+N}{2}\right\}^2-5=x^2$$

なる N を試行錯誤で求めることに帰着します.

その方法を推測しておきましょう.

$$y+z=u, \quad y-z=v$$

とおくと

$$y=\frac{u+v}{2}, \ z=\frac{u-v}{2}, \ y^2-z^2=uv.$$

よって $uv=10$ より $v=\dfrac{10}{u}$. これを代入すると

$$x^2+5=y^2=\left(\frac{u+v}{2}\right)^2.$$

ここで $u=N$ とおけば

$$x^2+5=\left\{\frac{\frac{10}{N}+N}{2}\right\}^2$$

より

$$x^2=\left\{\frac{\frac{10}{N}+N}{2}\right\}^2-5.$$

ここで N を試行錯誤で求め $N=\dfrac{3}{2}$ を見出し, 代入して

$$x^2=\left(\frac{49}{12}\right)^2-5=\left(\frac{41}{12}\right)^2.$$

また

$$y^2=\left(\frac{49}{12}\right)^2, \quad z^2=\left(\frac{31}{12}\right)^2$$

となります. ともかくも解を強引に求めていくカラジーのこの方法は算術的と言え, フィボナッチのような幾何学的証明はそこにはありません.

カラジー以降もこの研究は続きます. たとえばバグダードの数学者で, シャラフッディーン・トゥーシーの弟子でもあるイブヌ

ル・ハッワーン（1245–1325）の『計算法則に有益なこと』(1277)は，現存する写本数から判断するとよく読まれた作品です．そこでは 33 の難問が扱われ，そのうちの 18 番目は

$$x^2 + 10 = y^2, \quad x^2 - 10 = z^2$$

なる整数を求める問題です．イブヌル・ハッワーンは，解不能と主張しているのではなく，自分は解けないとだけ述べているのですが，これはすでにハージンの規則によれば，10 は 4 で割り切れないので整数解はないことになります．後知恵ですが，10 は $8k+5$ の形の素数の 2 倍なので有理数解もないことになります[1]．イブヌル・ハッワーンのこの作品はその後もアミーリー（1547–1622）に採用され，アラビアでの議論は尽きることがありません．

ではラテン世界ではどうでしょうか．フィボナッチの後継者を見ていきましょう．

『平方の書』を受け継いだ者たち

内容上『平方の書』は本来なら西洋近代のヴィエトやフェルマの数学につながる重要な作品ですが，彼らに直接の影響を及ぼしたという証拠は現在のところ見つかっていません．しかしフィボナッチ以降の何人かの算法学派数学者は『平方の書』を知っており，それを書き写し，さらに展開し，こうして『平方の書』にみられる数論は 17 世紀の数学者に間接的に伝えられた可能性もなくはないと考えることもできます．

まず『平方の書』のトスカナ方言イタリア語訳について述べて

---

[1] ジェノッキの研究による［Genocchi 1855］．

おきましょう．それは次の写本に含まれています．シエナ公共図書館 (L.IV.21) とフィレンツェ国立中央図書館 (Palatino 577) です．前者は 22 題，後者は 55 題ほどで，ともに 15 世紀ころ筆写されたと考えられています．現存する『平方の書』も同じころに筆写されたものなので，15 世紀トスカナでは高度な数論が研究されていたことがわかります．

フィレンツェ手稿のほうは多くの数値例が加えられています．たとえば，a, b をとり，平方数を $Y=(a^2+b^2)^2$，適合数 (chongruj) を $C=4ab(b^2-a^2)$ とすると，45 個の組合わせが計算され表にされています．

a	b	Y	C
1	2	25	24
1	3	100	96
…	…	…	…
1	8	4225	2016
…	…	…	…
8	10	26896	11520
9	10	32761	6840

ここで $C = NH^2$ と分解すると

$$720 = 5(2^2 \cdot 3)^2$$
$$2016 = 15(2^2 \cdot 3)^2$$
$$6240 = 390(2^2)^2$$

などのようになります．

すると $N=14$ のとき

$$C = 2016 = 14(2^2 \cdot 3)^2 = 14 \cdot 12^2.$$

表から

$$Y^2 = 4225 = 65^2.$$

したがって

$$X^2 = 4225 - 2016 = 2209 = 47^2$$
$$Z^2 = 4225 + 2016 = 6241 = 79^2.$$

こうして次のようにすることができます．

$$Y^2 = \left(\frac{65}{12}\right)^2,\ X^2 = \left(\frac{47}{12}\right)^2,\ Z^2 = \left(\frac{79}{12}\right)^2.$$

このフィレンツェ手稿に関してはピクッティの論文が詳しく扱っています．

・E.Picutti, "Il Libro dei Quadrati di Leonardo Pisano", *Physis* 21 (1979), fasc. 1-4, 195-339.

さらにベネデット・ダ・フィレンツェ（第19章参照）は $C = 23913600, Y = 10036$ まで計算しています．その後パチョーリ『スンマ』(1496) もこの問題を少しだけ扱い，次のような表を掲載しています．

(出典：Pacioli, *Summa*, Venezia, 1496, 46v

パチョーリ『スンマ』）欄外表の一部

パチョーリ以降，タルターリャ，カルダーノ，マウロリコな

ども論じていますが、そこではそれほどには重要な主題とはならなかったようです．しかしフランスの数学者ゴスラン (?-1590頃) は伝達上極めて重要な位置を占めます．タルターリャをフランス語に紹介した彼の作品にヴィエトやフェルマが接した可能性を否定することはできないからです．

こうして，ディオパントスに発しアラビアで大展開した数論は，フィボナッチとその継承者たちによってさらに大きく前進することになりましたが，それはその後フランスにもたらされ17世紀の数論展開に寄与した可能性もあるのです．

フィボナッチは単に仲介者にはとどまりません．それのみか19世紀後半の『平方の書』再発見は数論研究に少なからず影響を及ぼし，ジェノッキ，ル・ベーグ (数論で著名なボルドー大学教授)，ルベーグなどに刺激を与え，数学的解析の論文が生み出されています．中世のテクスト発見は，文献学のみならず現代数学にも陰ながら貢献したことがわかります．適合数は楕円曲線とも関係し，それらの性質について数学的に幾分わかるようになったのはごく最近の1980年代以降のことで，未解決問題も数多く残されています．数学史の題材の再検討は数学そのものにも多くの研究課題を与えてくれるのです[2]．

---

[2] 適合数や古代エジプトの単位分数の近年の研究は次に見ることができます．リチャード K. ガイ『数論「未解決問題」の事典』(金光滋訳)，朝倉書店，2010．エジプトの単位分数分解 (第5章参照) の方法もまだ不明なところがあり，現代においても多くの数学的解析がなされています．

第 22 章
フィボナッチ全集と 19 世紀イタリア

　フィボナッチの著作の解説もようやく終わりましたので，ここで少し話を変え，フィボナッチ再評価について述べておきましょう．そこには 19 世紀イタリア数学の特殊な状況が見えてきます．

中世数学史家ボンコンパーニ

　今日私たちがフィボナッチの作品を研究する場合必ずといって参照する文献は，ボンコンパーニ (1822-94) が編集した『フィボナッチ全集』2 巻です．ぎっしりラテン語が詰まったこの全集は，今日ウェブサイトから無料でダウンロードできます．

- B.Boncompagni, *Scritti di Leonardo Pisano*, I–II, Roma, 1857-62.

『フィボナッチ全集』第 1 巻表紙

ボンコンパーニ家はローマの裕福な名門貴族で，父方からはグレゴリオ暦を採用したことで知られる教皇グレゴリウス13世 (1502-85) が，母方からは教皇インノケンティウス11世 (1611-89) が出て，父親はピオンビーノ（エルバ島対岸）公です．ボンコンパーニは，イタリア最初の科学雑誌『数理科学年報』を公刊したことでも著名な，ローマ学院高等数学教授バルナバ・トルトッリーニ神父 (1808-74) のもとで数学を学び，20歳を過ぎたばかりのときに，当時最も権威ある数学雑誌『純粋・応用数学雑誌』（『クレレ誌』としても知られていた）に「定積分研究」という22ページのフランス語数学論文を発表しています．しかし最初に発表した論文 (1840) は，ローマのイエズス会天文台長ジュセッペ・カランドレッリ (1749-1827) についてで，こちらはボンコンパーニわずか18歳の時に書いたものです．同年引き続きその助手アンドレア・コンティ (1777-1840) の生涯についても記述しています．これ以降，先の数学論文を除いて関心は科学史，しかも徐々に中世数学史に移っていき，1850年代にはギド・ボナッティ（13世紀占星術師・天文学者），クレモナのゲラルド（12世紀翻訳家），チボリのプラトーネ（12世紀翻訳家）などの生涯と作品を詳細に調査して，そのテクストを付けて続々と論文を発表しています．こうした中で先述のフィボナッチ研究が生まれました．

フィボナッチ全集

　この全集に含まれている『算板の書』は，最良の写本と言われる Conv. Soppr. C.1.2616（フィレンツェ国立中央図書館蔵）に基づいています．しかし内容を他の現存写本と詳細に比較すると，

この全集に問題がないわけではありません．たとえば『算板の書』の序文では，他のほとんどの写本が「理論よりも実践を私は目指した」(magis quam ad theoricam spectat ad praticam) としているのを，ボンコンパーニが用いた写本だけ「実践よりも理論を私は目指した」(magis ad theoricam spectat quam ad praticam) と逆になっています (quam の位置によって意味が変わる)．これによってはフィボナッチが『算板の書』をどうとらえていたかの私たちの理解が変わってしまいます．

『算板の書』を初めてきちんと紹介したのは，ヴェローナ出身でパルマ大学物理学教授ピエトロ・コッサーリ (1748–1815) が著した『イタリアにおける代数学の起源，移植，最初の発展』 [Cossali 1797–99] で，そこではフィボナッチの写本が実際に参照されています．その後フィボナッチについて初めて単行本を出版したのはボローニャ大学数学教授ジャンバッティスタ・グッリェルミーニ (1760–1817) で，240 ページもの注釈付の講演録『レオナルド・ピサーノへの賛辞』(1812) です [Guglielmini 1812]．こうしてボンコンパーニはフィボナッチの生涯と著作について 1851–2 年に初めて論文を出します．その後 1854 年に『平方の書』『精華』の写本をミラノで発見し，フィボナッチ研究は新たな展開に突入しました．それらにトリノの元弁護士で数学史に関心のあった数学者ジェノッキ (1817–89) が数学的コメントを加え，それらを生かしてついに『フィボナッチ全集』が 1857–62 年に公刊されたのです．

そのころフランツ・ヴェプケ (1826–164) は，ボンコンパーニの仕事に刺激され 1858–9 年に，「ピサのレオナルドの諸作品と，それらとアラブ人たちの数学作品との関係についての研究」を発

表し，フィボナッチの数学の先行者をアラビア数学に求めます［Woepcke 1858-9］．その後パリのリセの数学教員エドゥアルド・リュカ（1842-91）は，「ピサのレオナルドの諸作品と高等算術の様々な問題についての研究」（1877）を発表し，フィボナッチ数列と『平方の書』を数学的に分析し，いわゆるリュカ数列を提唱します［Lucas 1877］．リュカ数列 L_n とは

$$L_0 = 2,\ L_1 = 1 のとき L_{n+2} = L_{n+1} + L_n$$

なる数列で，フィボナッチ数列 F_n とは

$$L_n = F_{n-1} + F_{n+1}$$

などの関係があります．ボンコンパーニの『フィボナッチ全集』の刊行は，数学史（アラビア数学）のみならず数学自体（数論）にも様々な刺激を与えることになったことは注目すべきです．

ボンコンパーニの仕事はとどまることをしらず，たとえば最初の印刷された算術書『トレヴィーゾ算術』（1478）を復刻しますが，この小篇になんと 700 ページもの註釈を付けています［Boncompagni 1866］．写本を活字にし公刊するというボンコンパーニの研究方法は貴重なものでした．しかし彼の仕事はまだこれに尽きるのではありません．

ボンコンパーニと数学史雑誌

数学史研究はすでに古代ギリシャのアリストテレスの時代から始まっています．彼の弟子エウデモス（紀元前 4 世紀頃）は幾何学史を書いたことで知られています．それはすでに消失してしまいましたが，その断片はプロクロス『エウクレイデス「原論」第 1 巻註釈』に見ることができます．

本格的数学史はずっと後，18世紀のモンチュクラ (1725-99) の『数学史』[Montucla 1799-1802] でしょう．それは死後4巻本として公刊されましたが，まだ当時は中世やアラビア，そしてオリエントの研究は十分ではなかったので，大半が古代ギリシャ，そして同時代の17, 18世紀の記述に割かれています．フィボナッチについても，15世紀について扱っている個所で，「アラブ人たちの間で生まれた代数学はこの世紀に西洋に初めて移植された．これはピサのレオナルドのおかげである」と，時代を誤解してわずかに言及しているだけで，その他の業績については語っていません [Montucla, I, 1799]．

では数学史の雑誌はどうでしょう．今日数学史の雑誌で最も著名なのは *Historia mathematica* で，1970年カナダのトロント大学数学史教授ケニス O. メイ (1815-77) が公刊し，以降毎年4冊出ています．そのほかにも日本，フランス，イギリス，イタリアなどで数学史専門の雑誌が公刊されています．ところで数学史専門の最古の雑誌，それはボンコンパーニが編集公刊したイタリア語の『数理科学文献歴史報告集』です．

- *Bullettino di bibliografia e di storia delle scienze matematiche e fisiche* I-XX, Roma, 1868-87.

ただし数理科学についての雑誌といっても年刊で，大半は数学史です．全20巻，全体で13328ページからなります．こんなにたくさんのことを数学史で書くことがあるのかと思われるかもしれませんが，多くは新発見資料の紹介です．ボンコンパーニの関心からですが西洋中世が中心です．アラビア語からラテン語への科学作品の翻訳にもたいへん関心があるようです．他方で通常数

学史に登場するギリシャ数学はほとんど見られません.

雑誌の執筆者は錚々たるメンバーで,ドイツの数学史家ハンケルやカントールやギュンター,後にガリレイ研究で有名になるファヴァロ,ユダヤ科学史シュタインシュナイダー,アラビア数学史のヴェプケ,アラビア科学史のセディヨ,オランダ数学史のデ・ハーンなど国籍は様々です.論文の大半がイタリア語で書かれたかイタリア語に翻訳されて掲載されました.しかもボンコンパーニは雑誌を各国の図書館や研究者に無料で配ったのです.

『数理科学文献歴史報告集』を手に取ると,その中の論文の奇妙なスタイルに驚かされるでしょう.それは厖大な脚注が付けられていることです.本文より脚注のほうが長いこともしばしばで,なかには本文なしで脚注のみのページさえもあります.

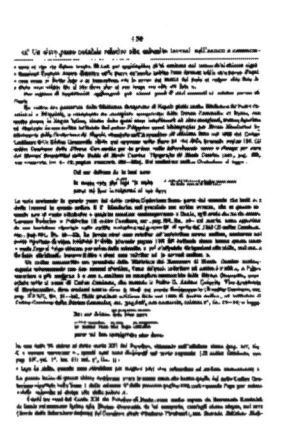

『数理科学文献歴史報告集』第1巻(1868).
本文は最上部たったの1行だけ

またボンコンパーニの原稿は注が多く,校正が頻繁に要求さ

れ，さらに中世の写本の字体そのままで印刷されることもあり，またカラーが一部取り入れられたことのため，印刷を引き受ける業者がなかったからなのか，自ら「数理科学印刷所」を自宅宮殿に設置し，『フィボナッチ全集』もそこで出版しました．

ボンコンパーニは文献をきわめて重視しました．むしろ脚注のほうがその論文の本質的部分と言えるかもしれません．テクストの内容の数学的解釈より，文献の所在，詳細な書誌，そしてテクストを活字にして紹介すること，それがまずは重要と考えました．その作業はときに異常とも思われるほどです．調べに調べ尽くした後，時間がなく印刷途中に修正を加えることもあり，この雑誌は同じ号でも内容が異なることがあると言われています．その方法は古代の文献を綿密に調査記述する文献学によるものです．当時のイタリアの学問の中心は考古学や文献学で，この研究は現実の人間活動にはあまり関係がありません．ボンコンパーニにとっても同様に，学問とは社会と孤立した個人的営為であり，その中で数学を歴史的に研究したのです．

それにはまずは数学史を客観的科学的学問として確立することが先決でした．というのも，数学史という学問分野は当時まだ確固たるものではありませんでした．イタリアでは1878年にはじめてパドヴァ大学教授ファヴァロ（1847-1922）が数学史を講義していますが，それについてファヴァロは雑誌に寄稿し，「数学史自体が科学であり」，科学は「科学史なくしては完全ではない」と，数学史，科学史の重要性と自立性を強調しています．そのためにも，一つの学問分野としての数学史の確立が目指されたのです．

ボンコンパーニの蔵書

　ボンコンパーニはその財力をふんだんに使って多くの古書や写本を収集しました．その数は書籍が20000点，写本が600点にもなります．購入できなかった写本は，専門家を派遣し，活字にするのではなく見事にオリジナルどおり書き写させました．それらを含めボンコンパーニの蔵書は数学史研究にとってきわめて貴重な財産となるものです．しかし彼の死後，イタリアではそれらを維持する力はなく，その蔵書は競売にかけられ散逸してしまいます．それらは現在ストックホルム王立アカデミー（数学者ミッタク=レフラーが購入），ダブリン大学，コーネル大学などに所蔵されています．ただし散逸前に蔵書目録がボンコンパーニの私設秘書ナルドゥッチ（1832-93）によって何度も作成されており（初版は1862年），あたかもボンコンパーニが作成したような詳細な記述から（1892年版は520ページ）その豪華な内容をうかがい知ることができます．

　以上の厖大な資料群からボンコンパーニは多くの研究業績をその『数理科学文献歴史報告集』に発表したのです．さらに55点の論文と，他の人の論文へのコメント74点も発表し，また他の雑誌に70点ばかり論文を寄稿しています．

カトリックとボンコンパーニ

　ボンコンパーニが生きた時代，それは近代イタリアが誕生する時代です．1798年のフランス革命の自由と平等という思想を受け，イタリアにはいわゆるリソルジメント運動が起こり，よ

うやく1861年に近代国民国家が形成されますが，それでもヴェネツィア，ローマなどが併合されるのは最終的には第1次世界大戦後でした．その間，様々な都市国家の併合，外国軍勢の介入，教会と世俗国家との対立で政治的混乱状態にありました．ボンコンパーニはとりわけ「1848年革命」後の，全土が革命と戦争の嵐に吹き荒れていた時代に生きていたのです．

混乱の時代ですから当然数学者も政治運動に関わらざるをえません．フランス革命期の数学者と同じ状況がここで生まれます．フランスでは，フーリエは県知事に，カルノーは総裁政府の総裁として政治家になったことが知られていますが，イタリアの数学者の場合も同様です．ルイジ・クレモナ (1830–1903) は公共教育省大臣や国会副議長，フランチェスコ・ブリオスキ (1824–97) やエンリコ・ベッティ (1823–92) は公共教育高等議員，ベルトラーミ (1835–1900) は国会議員，少し後ですがウリッセ・ディーニ (1845–1918) やヴィド・ヴォルテラ (1860–1940) は国会議員となりました．彼らにとって，自由と国を守ることのできるのは教育と科学であり，とりわけ数学の重要性が指摘されています．したがって科学研究は政治活動と密接に結びつき，世俗的活動が科学者には求められていたのです．明治期日本の数学ほどではないにせよ，数学研究は近代国家成立のために必要欠くべからざるものでした．

他方教会側の知識人はといえば，総じて保守的で近代科学に反対することもあったようです．科学や数学はキリスト教信仰に資するためにのみ研究するべきであるという考えが主流でした．中世イスラーム世界後期の学術の様相と類似しています．したがって教会国家の中心地ローマは，当時決してイタリアにおいて

は数学の中心地ではありませんでした．サッケーリ (1667-1733) やマスケローニ (1750-1800) はパヴィア大学 (パヴィアはミラノの近郊で，当時ミラノには大学がなかった)，パオロ・ルフィニ (1765-1822) はモデナ大学，フェルゴラ (1753-824) はナポリ大学にいました．しかし新しい数学つまり解析学は，大学というよりも軍事学校や技術学校で教えられることが多かったようです．ピサにはフランスのエコール・ノルマルをモデルにした高等師範学校が1848年に設立され，ベッティのもとでそこはイタリア数学の中心地となりました．他にもラグランジェは渡仏前はトリノの王立砲兵アカデミーで高等数学を教えていました．ローマで生まれ，しかも名門貴族出身者として教会側にいたボンコンパーニは，このような状況のローマに生きていたのです．

とはいうものの，当初「自由主義教皇」と言われ人々から熱狂的に期待された，歴代最長在位を享受したピウス9世 (在位 1846-78) は，ガリレイの時代1602年に設立された「リンチェイ・アカデミー」(山猫学会) にならって「教皇庁新リンチェイ・アカデミー」を1847年に創設し，ボンコンパーニもそのメンバー (図書と会計担当) になっています．しかしそこには自然科学部門はあるものの，人文部門はありませんでした．1870年にローマがイタリア王国軍に占領された際に，先のアカデミーは「国立リンチェイ・アカデミー」と名前の変更を迫られましたが，ボンコンパーニは断固としてもとのアカデミー組織の継続を主張し，そこに蔵書と印刷所を提供しました．実際ボンコンパーニはこの『教皇庁新リンチェイ・アカデミー報告集』に論文を少なからず発表しています．彼は旧来の教会側の人物だったのです．ではその思想はどのようなものでしょうか．

ボンコンパーニの科学思想

　ボンコンパーニの書いた論文はほとんどが西洋中世数学に関してですが，なかには「コーシーの生涯について」という異色の論文やコーシー伝の書評があります．ボンコンパーニは数学者コーシー(1789-1857)をどの様に見ていたのでしょうか．

　コーシーは熱心なイエズス会士でしたので，それがフランスで禁止されるとトリノやプラハなどの国外に逃亡しました．ようやく1838年に帰国しますが，生涯その信仰を失うことはありませんでした．だからこそボンコンパーニはコーシーを取り上げたのです [Boncompagni 1869]．

> 彼 [コーシー] はいつも誠実なキリスト教徒としてふるまった．敬虔で，仲間たちに対して慈悲深く親切だった．一般的な無関心の中にあって，彼がベッドの脇で跪いていつもの祈りの言葉を献身的に暗唱しているのを見ることができる．しかし仲間たちは彼を決して邪魔しない．彼の極端な功徳に畏敬の念を抱くからだ．

　ボンコンパーニにとって信仰は科学者を科学者たらしめるもので，創造の偉大さ，人間の能力の限界を知ってこそ科学的知識は獲得され，それは神への言及なしにはありえないのでした．

　このボンコンパーニの立場は当時の新制イタリア王国の科学思想とは正反対でした．ボンコンパーニに新制イタリアの国会議員職を提供したものの断られた，イタリア首相で財務大臣でもあったクィンティーノ・セッラ (1827-84) の場合を見ておきましょう．彼自身も科学者でパリの鉱山学校で学び，トリノでは数学を教え，『計算法の理論と実践』(1859) という本も出しています．

セッラの肖像　（出典：A. Guiccioli , *Quintino Sella*, I, Rovigo, 1887）

　彼は，科学知識は社会形成の重要なモデルとなり，科学者は社会との関わりで研究を進めるべきと考えました．ローマはかつて古代の中心地，そして中世はカトリックの中心地でしたが，もはや近代文明から取り残されていました．1870年にローマが首都となったとき，セッラはローマは今や新しいイタリア王国の文化的中心地となることを第3の使命とすべきと考えました．そしてそこの根底に新興の科学を位置づけます．「我々ローマ住民にとって科学は最高の義務なのである」と述べ，セッラはローマを科学都市に仕立て，ローマ大学を大改革し，そこに実験施設を設置するため予算を分配しました．先のヴォルテラは「イタリア科学振興協会」(SIPS) の会長としてイタリア科学の再興に寄与します．彼らの描く学者像は近代的進歩的であり，ボンコンパーニの科学者像が社会や文化とは孤立して古代中世の文献学に向かうのに対してきわめて対照をなしています．同じローマには，イタリア王国とカトリック教会という正反対の立場に立った科学思想が存在していたのです．

中世数学史からイタリア近代数学史へ

『数理科学文献歴史報告集』の論文は西洋中世やルネサンスが中心ですが，時とともにその内容が変容していくことを見ておきましょう．

ガリレイについての論文は第2巻(1873)にはじめて出ますが，16巻(1883)から徐々にガリレイの未公刊のテクストを発見し紹介していくファヴァロなどによるガリレイ論が増えていきます．とりわけ最後の巻は19編のうち5編がガリレイ論です．関心が中世数学からガリレイに移っているように見えます．それはボンコンパーニが肝臓病で伏し，代理にファヴァロが編集を引き受けたからですが，最終的にファヴァロも国定版『ガリレオ・ガリレイ全集』(1890-1909)編集の仕事で多忙となり，1887年にとうとう終巻となります．つまり当初は中世数学が中心でしたが，やがてボンコンパーニの手を離れるに従ってガリレイ研究に重きが置かれてくるのです．このガリレイは教会に弾圧された悲劇の科学者とされ，教会と対立していた新制イタリアの象徴でもあります．ボンコンパーニの嫌っていた反カトリックの新制イタリアのにおいが雑誌論文に色濃くなり，やがて次の時代にはイタリア数学史研究はナショナリズムの影響下，近代イタリア人数学者自身についての歴史研究に重心が移っていくのです．

ボンコンパーニの雑誌とほぼ同じ名前の雑誌がジェノヴァ大学幾何学教授で数学史家のロリア(1862-1954)によって公刊されはじめますが(1898-1919)，そこにはもはや中世数学や文献学的研究は見当たらず，新刊書や数学論文の紹介記事で埋め尽くされています．近代国家形成期イタリアにおける数学史研究の対象の変容がここに見られます．

ボンコンパーニは大学などの研究施設には所属しなかったという意味ではアマチュアと言えるかもしれませんが，イタリア最初の本格的数学史家であることにかわりなく，さらに世界最初の中世数学史家でもあり，その『数理科学文献歴史報告集』によって数学史は厳密なる学問分野となりました（その重要性から1964年ニューヨークと1968年ボローニャで2度復刻された）．イタリアではアルファベットすら知らない国民が75％であった（1866年の国勢調査）時代，識字率の向上こそが新制イタリアの最初の仕事であった時代に，高度に文献学的数学史が刊行され続けたことは奇跡と言えるでしょう[1]．

---

[1] 本章は次の文献を参考にしました．Massimo Mazzotti, "For science and for the Pope-king: writing the history of the exact sciences in nineteenth-century Rome", *British Journal for the History of Science*, 33 (2000), 257-82.

第23章
フィボナッチを巡る果てしない旅

本章では，文献紹介を兼ねてフィボナッチ研究を巡る様々な話を紹介していきましょう．

ドイツ算法学派

算法学派についてイタリアやフランスの例を述べてきましたので，残されたドイツの状況にごく簡単に触れておきましょう．

イタリアと同様ドイツでも商業が興りますが，前者のメディチ家などは文化のパトロンとしても寄与し，多くの芸術家を育てていったのに対して，後者のフッガー家はもっぱら商業に徹していたため，ドイツでは芸術よりは商業数学が展開していきました．たしかにそこでは最初はイタリアあるいはフランスの算法学派の影響がありましたが，やがて独自に展開していきます．彼らの中には計算術師 (Rechenmeister)，鉱山会計師などとして公的に雇用され，土地計測，税計算などを仕事としていた人々もいます．イタリアの算法教師と同じように，ここでも職業的数学者層が存在したのです．彼らの話に興味は尽きませんが，ここでは有名なアダム・リース (1492–1559) に言及しておきます．

アダム・リースの肖像（1550 年の著作から）

今日 nach Adam Riese（アダム・リースによればという意味）というドイツ語は「精確には」という意味で使用されています．アダム・リースはそれほど当時から計算に優れていたことが認められていたようです．またドイツでは記念切手も二度も（生誕 500 年と没後 400 年）発行されている著名人物です．

ドイツの計算術師（アダム・リース 1581 年の没後出版の著作から）．左では筆算と線アバクスで計算を，右後方では葡萄酒樽の計量をしている．

その計算書『線と筆による計算』(1522) は大変好評で，きわめて多くの異版があります（114 版もあったとも言われる）．こ

れは計算法を述べたマニュアルですが，リースにはさらに未公刊の代数学に関する研究も存在しています．その作品『コス』についての浩瀚な最近の研究は，手稿に基づいた本格的研究です[Kaunzner, Wußing 1992]．ここでコス (Coß) とはイタリア語 cosa に由来し，アラビア語 shay' にまで遡れる用語で，1次の未知数を示すことは何度も述べました．文字で未知数を表す代数学である「コス式代数学」とはこのドイツ語に由来します．

題について

ところで本書が連載時の「フィボナッチが学んだ数学，伝えた数学」という題は，中世科学史家ピエール・デュエム (1861-1916) の作品『レオナルド・ダ・ヴィンチ研究』の副題，「レオナルドが読んだ人々，レオナルドを読んだ人々」のアイデアを拝借しました．同じレオナルドでもこちらは「ピサの」ではなく「ヴィンチの」ほうです．

- Pierre Duhem, *Études sur Léonard de Vinci : Ceux qu'il a lus et ceux qui l'ont lu*, 3 tomes, Paris, 1955.

デュエムは，15世紀のレオナルド・ダ・ヴィンチの仕事はすでに14世紀のパリ学派に見られ，レオナルドはそれを真似たにすぎないと大胆にも述べ，科学史界に衝撃を与えました．パリ学派というのは，パリで活躍したニコル・オレームやサクソニアのアルベルトゥスのような自然哲学者のことを指します．著名な物理学者兼科学哲学者 (ギブス・デュエムの式やクワイン・デュエム・テーゼの名前で後世に知られる) でもあるデュエムは，また熱心なカトリック信者でもありました．19世紀末に科学技術に急激な進展が生じ，世俗化が一層進み，デュエムは人々がキリスト教

信仰から離れていくことに危機を感じたのでしょう．中世のキリスト教世界は近代西洋の科学技術の理念をすでに先取り準備していたのだということを，図書館に眠る厖大な未解読資料をもとに論じたのです．デュエムの投げかけたテーマは，中世科学と近代科学とは連続しているのかあるいは非連続なのかという議論を巻き起こし，今日でも重要な科学史の論題です．デュエムの歴史研究はとくに宇宙論に限定して，次の浩瀚な著作に収められています．

- Pierre Duhem, *Le système du monde: histoire des doctrines cosmologiques de Platon à Copernic*, 10 tomes, Paris, 1913-59.

この第4巻は，中世キリスト教神学における無限概念の分析（無限大の大小，連続性など）に当てられています．集合論のゲオルク・カントールが19世紀にもなって中世神学を熱心に研究していたのも頷ける話です．

フィボナッチとアラビア・中国

デュエムは西洋にしか頭にはなかったのですが，この本書ではそれを超えて，アラビア世界と中世西洋世界との影響関係も対象にしています．フィボナッチがアラビア数学や彼以前の西洋数学をどのように学び，フィボナッチ以降それがどのように伝えられたか，それを中心に論じました．

さて筆者がフィボナッチと出会ったのは大学院時代です．その頃，フィボナッチの代数学の起源を求めてアラビア代数学を研究し，そして修士論文「フィボナッチの代数学」をとにかく完

成させました．そのころフィボナッチ研究といえば，研究の嚆矢である 19 世紀後半のボンコンパーニと，あとは 20 世紀前半のボルトロッティ［Bortolotti 1929-30］やロリア［Loria 1929］などイタリア数学史家たちの仕事しかなく，そこにはヴェプケの研究を除いてアラビア数学への視点は欠けていました．そのような状況のなか，伊東俊太郎教授のもとでアラビア科学が果たした歴史的役割の重要性を学び，テクストを少しずつ読み解くなかで，フィボナッチの代数学の原典がフワーリズミーのクレモナのゲラルド訳であることを突き止め，しかもフィボナッチには初期のアラビア代数学の名残があることをその後英文論文にしました［Miura 1981］．

研究者の間でフィボナッチへの関心が高まってきたのは『算板の書』が現れて 800 年後の 2002 年のことです．このとき数学史家に待望の英訳がシグラーによって刊行されます．『算板の書』はきわめて長編で，全体をラテン語原典で読み通した研究者はおそらくほとんどいないのではないでしょうか．それが英語になったわけですから，早速この英訳をもとにして多くの研究論文が出されることになります．そしてすぐさまその英訳から中国語訳もなされたことはすでに第 1 章で述べました．

ところで『算板の書』は中国数学史でも重要です．フィボナッチの時代はイタリアのみならず中国でも商業数学が勃興し，両者の数学の内容の比較は東西数学交流に関してきわめて興味深い研究課題なのです．中国における商業数学では呉敬『九章算法比類大全』(1488) と程大位『算法統宗』(1592) が代表的です．とりわけ前者は，イタリアの初期の算法書刊行と同時代です．呉敬は公的機関に採用され，会計計算を取り仕切ったということで

すから，算法教師と対応するでしょう．『九章算法比類大全』は中国古代の『九章算術』の伝統を受け継ぎながらも，当時の商業数学の題材をふんだんに取り入れ，千近くの問題を含んでいますが，中にはイタリアの算法書と対応する問題が多々見られます．たとえば次のようなものです．

　　合夥経営 ＝ compagna（共同経営利益分配）
　　互換乗除 ＝ baratto（物々交換）
　　煉　　鎔 ＝ metallo（金属交換）
　　異除同乗 ＝ regula del tre（三数法）
　　写　　算 ＝ gelosia（格子法による掛け算）

元明時代の数学については，武田楠雄氏による『科学史研究』誌上の忘れてはならない次の先見的な研究が存在します．

- 「明代数学の特質 (1)(2) 算法統宗成立の過程」, 28 (1954), 1-12；29 (1954), 8-18.
- 「明代数学の特質 (3) 天元術喪失の諸相」, 34 (1955), 12-22.
- 「東西 16 世紀商算の対決」(1)(2)(3), 36 (1955), 17-22；38 (1956), 10-16；39 (1956), 7-14.

武田氏には他にも明代数学史研究が多数あり，どれも半世紀以上経った今でも貴重な研究です．

中世のイタリアと中国の明とは数学上の直接の交流はありませんが，そこには同じような問題や手法が少なからず見られ，近代以前の数学の世界的広がりを思い起こすことが出来ます．数学や計算法，そして初期の数概念は普遍的なのか文化依存的なのか

を考える題材を提供してくれます．またそこにアラビア数学やインド数学がどのように関係したのか，興味は尽きません．

　厳密な意味での算法学派ではありませんが，算法学派の数学はその実用性からキリスト教のイエズス会でも教科書に採用されていました．16世紀にイエズス会の教育拠点地ローマ学院で数学改革を行ったクラヴィウス（1538–1612）は，そこで少なからずの実用数学書を刊行しています．それらの中には題材が算法学派の伝統に由来するものもあります．その『実用算術要約』（*Epitome arithmeticae practicae*, 1583）はやがて中国宣教の際に中国にもたらされ，ラテン語から漢語に翻案され，さらに中国独自の例をも取り入れて『同文算指』(1614) として刊行されました．こうして算法学派の数学の題材は東洋にももたらされたのです．

イタリアにおけるフィボナッチ研究

　イタリアにおける近年の研究成果では，2002年に出された『地中海の橋――ピサ人レオナルド，西洋におけるアラビア科学と数学の復興』が重要です［Giusti 2002］．これは今まで何回か引用し，図版のいくつかもこの本から取りました．これを出版したのは「アルキメデスの庭」(Il Giardino di Archimede) というフィレンツェ近郊の数学博物館です．ウェブサイトは次をご覧ください．

　　http://web.math.unifi.it/archimede/

まだ訪れたことはありませんが，そこではフィボナッチの胸像や著作集の CD-ROM なども販売されています．それだけではなく，西洋数学史上重要な著作の刊行本を電子化したものを収めた CD-ROM も 50 点以上販売しています．

さてイタリアでは数学史研究専門の雑誌が2001年から年に2回ほど刊行されています．そこでは2004年に2号にわたってフィボナッチ特集号が組まれました (*Bollettino di Storia della Scienze Matematiche* 24 (2004), fasc.1-2)．そこにはバーネット「フィボナッチの『インド人たちの方法』」，ペペ「18世紀におけるレオナルド・ピサーノ」，ウリヴィ「フィレンツェの算法教師たちと算法学校：サンタ・トリニタの学校場合」などの重要な研究が含まれています．

ところでイタリアではすでに数学史家アリッギ (1906-2001) による算法学派の研究が20世紀後半から地道に進められていました [Barbieri, Franci, Rigatelli, 2004]．それらはすべてイタリア語論文である上に，特殊な雑誌に掲載されることも多かったので，すべてに目を通すことは出来ませんが，貴重な資料紹介がなされています．アリッギはイタリア中世数学史研究を代表する学者で，その著作目録が次の小冊子に出版されています．

- M.Pancanti, D. Satini (eds.), *Gino Arrighi, Storico della Matematica Medioevale*, *Quaderni del centro studi della matematica medioevale* 1 (1983).

しかしこの目録も入手がきわめて困難な同人誌のような類いで，シエナ大学の「中世数学史研究所」(Centro studi della matematica medioevale) が発行したものです．この研究所はシエナ大学数学教授リガテッリとフランチによって1980年代に設立され，多くの若い研究者がそこでイタリア算法学派のテクストの編纂を試みました．

それらがシリーズとして25号 (1983-2000) まで公刊されていますが，初期のものの大半がワープロ印字を謄写版で印刷したよ

うなものです．しかも日本で言えば修士論文程度のものも中にはあり，さらに内容の検討が必要なこともありますが，それでも未刊の写本を活字にした仕事は他にはなく貴重です．しかし残念ながらフランチの定年引退後，どうやらこの研究所の活動は止まってしまったようです．このシリーズの内容紹介は内外を通じてどこにもされていないようなので，今ここに各号の表題をあげイタリア算法学派の最前線を見ておきましょう．

シエナ大学中世数学史シリーズ目録

以下は発行順で，名前・(執筆年代)・「著作」・編集者を記述しています．ただし著作名は当時付ける習慣はなかったので，後で研究者が付けた便宜上の名前です．

1. トッマゾ・デッラ・ガッザイア (?-1433)「実用幾何学と全土地測量」ナンニ，アッリギ．
2. ベネディット・ダ・フィレンツェ(15世紀後半)「アルゲブラ・アムカーバレの規則」サロモネ．
3. バルトロ (15世紀)「ベネディット師が写した精確な問題」パンカンティ．
4. フィリッポ・カランドリ (15世紀前半)「計算集成」サンティーニ．
5. ビアージョ (14世紀前半)「ベネディット師が写した代数規則への解説」ピエラッチーニ．
6. ジロ (14世紀)「代数の諸問題」フランチ．
7. カナッチ (15世紀後半)「代数問題の議論」プロチーシ．
8. ロンバルディ何某 (1414頃)「算術と呼ばれる術」リヴォロ．

9. ゴリ (16世紀中頃)「実用代数論」リガテッリ．
10. フィボナッチ (1463)「ベネディット師が写した『算板の書』第15章第3部の諸問題」サロモネ．
11. デ・カステッラーニ (14世紀)「共同経営問題」パンカンティ．
12. ゴリ (16世紀中頃)「計算と測量の概要と備忘書」フランチ．
13. 未詳 (15世紀)「視覚による幾何学と測量術との違い」リヴォロ．
14. パオロ・デル・アバコ (14世紀中頃)「実用占星術」ピオーキ．
15. 未詳 (15世紀末)「数の平方根と，それを見出す方法 第1部」ファン・エグモンド．
16. 未詳 (15世紀)「数の平方根と，それを見出す方法 第2部」バルビエーリ，ランチェロッティ．
17. バスティアーノ・ダ・ピサ (16世紀)「実用算術論」バルビエーリ，ランチェロッティ．
18. 未詳 (14世紀)「代数論」フランチ，パンカンティ．
19. オルベッターノ・ダ・モンテプルチアーノ (15世紀中頃)「実用幾何学論」シミ．
20. フィオレンティーノ (15世紀)「幾何学とコーザの規則」シミ．
21. フィオレンティーノ (15世紀)「実用幾何学論」シミ．
22. 未詳 (14世紀)「アルキブラ・アムカビレ」シミ．
23. 未詳 (1465年)「いくつかの詳細な問題」シミ．
24. 未詳 (未詳)「アルゴリスムス」アッリギ．
25. 未詳 (16世紀)「3つの『算板の書』からの集成」フランカ・カッテラーニ・デガーニ，アンナ・マントヴァーニ．

24のみはラテン語ですが,あとはイタリア語しかも大半はトスカナ方言です.題名から幾何学,代数,そして測量術が研究の中心であることがわかります.アムカーバレ(2),アムカビレ(22)とは,アラビア語ムカーバラの崩れた音訳で,アルゲブラと対になった数学用語であることはすでに触れました.アラビア数学の伝統が算法学派では16世紀になっても続いているのです.

なお,フランチとリガテッリには,中世・ルネサンスの商業数学について手ごろにまとめた次の入門書があります.

- R.Franci, L.T.Rigatelli, *Introduzione all'aritmetica mercantile del medioevo e del Rinasciemento*, Siena, 1982.

このころの算法書写本には少なからず興味深い不思議な挿絵がついていて,それを見るのもテクストを読む際の楽しみのひとつです.

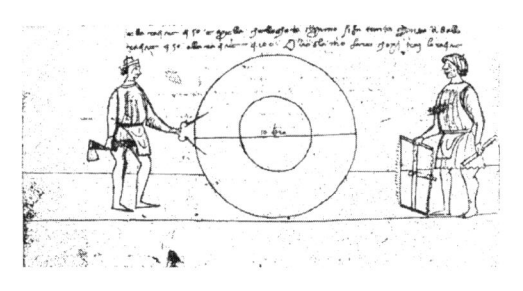

円周の計算の挿絵.(出典:G.Arrighi (ed.), *Paolo dell'Abbaco, Trattato d'arithmetica*, Pisa, 1964, p.103)

英語による研究

次に英語圏での研究を取りあげておきましょう.まずファン・エグモンドによるイタリア算法書の写本を中心にした300点にわ

たる詳細な書誌は，算法学派の研究には手元に置くべき必須の文献です．博士論文をもとにしたその書誌は，すでに何度も述べました［van Egmond 1980］．

最近ではホイルップの研究に目が離せません．その研究の集大成である，フィレンツェのジャコポの数学に関する研究は，テクスト編集と英訳，および算法学派の研究を含んでいます［Høyrup 2007］．ホイルップはデンマークの数学史研究者ですが，その研究範囲はバビロニアからルネサンス期まで幅広く，また論文を多くウェブ上にアップしています．

ところでベルギーの科学史研究の中心地はヘント大学ですが，その大学は科学史学を生んだサートン（後にハーヴァード大学に移り，今日に至るまで刊行継続中の国際科学史雑誌 *ISIS* を創刊）の出身大学であるのみならず，ルネサンス数学史家ボスマンの活躍したところでもあります．その研究員ヒーファー氏が 2000 年頃筆者のもとに半年程滞在し，ルネサンス数学と和算の比較などを通じて比較数学史研究を進めました．彼は将棋のヨーロッパチャンピオンであったこともあるようですが，代数学史に関心を持ち，最近多くの論文を立て続けて出しています．2004 年には彼からヨーロッパ科学史会議（ウィーンで開催）でスペインにおける算法学派の研究のセッションに誘われ参加しました．この会議を契機として，スペインにおける算法学派研究がイベリア半島出身の若手によって進められるようになりました．その成果は最近の数学史雑誌 *Historia mathematica* などにも掲載され，イベリア半島と南仏の算法学派の研究の進展は今後が楽しみです．

こうして研究は再開されましたが，それはまだ端緒についたば

かりです．幸か不幸か筆者がフィボナッチ研究に取り組み始めたのがブームになるずっと前なので，学生時代に書いた先の英語論文はしばしば引用されるようです．ごく最近では，興味深い数学啓蒙書を数多く執筆している英国人で，アメリカで活躍しているサイエンスライターのキース・デブリンが，フィボナッチを主題にして『数の男：フィボナッチの算術革命』を出していますが，そこでは私の名字の最後にaがつくからでしょうか，私は she と引用されています．

- Keith J. Devlin, *The Man of Numbers : Fibonacci Arithmetic Revolution*, London, 2011.

フィボナッチ研究に関しては，歴史的研究としては，当時のアラビア数学はもちろん，ビュザンティオン数学，ヘブライ数学との関係が必要ですが，まだそれらに関しては十分な資料が調査されていません．また現在話題になりつつある中世アンダルシア数学，カタルーニャ数学，プロヴァンス数学も研究の端緒についたばかりです．

さらに書誌

印刷術登場以降に刊行された商業数学を研究するには，スミスによる，豊富な表紙図版と詳細な書誌を含む書籍，そして初等数学を対象とした2巻本数学史が便利ですが，今日では修正すべき所も多々あります．

- D.E.Smith, *Rara mathematica*, Boston/London, 1908.
- D.E.Smith, *History of Mathematics*, New York, 2 vols., 1925.

後者には第 1 巻のみ和訳が，D.E. スミス『数学史』(今野武雄訳)，紀元社，として出版されました．昭和 19 年 6 月という戦時の出版困難な時期に，614 頁もの大著が翻訳出版されたことは驚くべきことではないでしょうか．

ボンコンパーニなどの初期の研究はいまでも参照すべき内容を持っていますが，最近では『算板の書』に特化した唯一のドイツ語書物も出ています．しかしアラビア数学をも射程に入れた研究はきわめて少ないのが現状です．

- Heinz Lüneburg, *Leonardi Pisani Liber Abbaci oder Lesevergnügen eines Mathematikers*, Mannheim, 1993.

簿記にも配慮した次の文献は，言及されることは少ないですが，書誌を知るには重宝です．

- David Murray, *Chapters in the History of Bookkeeping, Accountancy & Commercial Arithmetic*, Glasgow, 1930.
- J. Hoock, P. Jeannin, *Ars Mercatoria : eine analytische Bibliographie*, 3 vols., Schöningh, 1991-2003.

以上のように，算法学派の数学の書誌はかなり整ってきてはいますが，テクストは数多く，内容の検討は依然としてまだ不十分と言えるのです．

フィボナッチを巡る旅，それは古代エジプトからギリシャ，そしてローマからアラビア世界，そしてイタリア，スペイン，フランス，ドイツさらには中国にも至る旅です．これはまだまだ果てもない長い旅になりそうです．

参考文献

写本

フィボナッチ『算板の書』

  Firenze, BN. Conv. Soppr. C.1.2616.

  Siena, BC. cod. L.IV.20.

フィボナッチ『幾何学の実際』

  Paris, BN. lat.7223.

  Vat. Urb. lat.292.

パチョーリ「ペルージャ手稿」

  Vat.lat.3129.

アラビア数学

  Paris, BN. fonds arabe 2457.

[Abdeljaouad 2003] M.Abdeljaouad, *Sharḥ al-urjūza al-yāsmīniyya*, Tunis.

[Abdeljaouad 2004] M.Abdeljaouad, "The Eight Hundredth Anniversary of the Death of Ibn al-Yāsamīn: Bilaterality as part of his thinking and practice", *Huitième Colloque Maghrébin sur l'histoire des Mathématiques Arabes*, Alger, 1-30.

[Agricola 1968] アグリコラ『デ・レ・メタリカ』(三枝博音訳), 岩崎学術出版社.

[Ahmed, Rashed 1972] S.Ahmed and R. Rashed (eds.), *al-Bâhir fi al-jabr*, Damascus.

[al-Hassani 2012] S.T.S.al-Hassani, *100 Inventions*, Washington D.C..

[Allard 1992] A.Allard (ed.), *Le Calcul indien*, Paris.

[al-Qalaṣādī 1999] Abū al-Ḥasan al-Qalaṣādī, *Šarḥ talḫīṣ aʿmāl al-ḥisāb*, Beyrouth.

[Amari 1853] M. Amari, "Questions Philosophiques adressées aux savants musulmans, par l'empereur Fréderic II", *Joural asiatique* 5 (1), 240-74.

[Anbouba 1964] A.Anbouba (ed.), *L'Algebre al-Badîʿ d'al-Karagî*, Beirut.

[Anbouba 1979] A.Anbouba, "Un traité d'Abu Jaʿfar [al-Khāzin] sur les triangles rectangles numériques", *Journal for the History of Arabic Science* 3, 134-56.

[Anonimo 1790] Anonimo, "Leonardo Fibonacci", *Memorie istoriche di piu uomini illustri Pisani* I, Pisa, 161-219.

[Archibald 1915] R.C.Archibald (tr.), *Euclid's Book on Division of Figures*, Cambridge.

[Arrighi 1964] G. Arrighi (ed.), Paolo dell'Abaco, *Trattato d'aritmetica*, Pisa.

[Arrighi 1965] G.Arrighi, " Il codice L. IV. 21 della Biblioteca degl' Intronati di Siena e la Bottega dell' abaco a Santa Trinita", *Physis* 7, 369-400.

[Arrighi 1966] G. Arrighi (ed.), Leonardo Fibonacci, *La Practica di Geometria Volgarizzata da Cristofano di Gherardo di Dino cittadino pisano dal codice 2186 della Biblioteca Riccardiana de Firenze*, Pisa.

[Arrighi 1967a] G.Arrighi, "Nuovi contributi per la storia della matematica in Firenze nell' età di mezzo. Il codice Palatino 573 della Biblioteca Nazionale di Firenze", *Istituto Lombardo. Accademia di Scienze e Lettere, Rendiconti. Classe di Scienze* (A) 101, 395-437.

[Arrighi 1967b] G. Arrighi, "Una trascelta delle "miracholose ragioni" di M° Giovanni di Bartolo (secc. XIV-XV) . Dal Codice Palatino 573 della Biblioteca Nazionale di Firenze", *Periodico di Matematiche* 45, 11-24.

[Arrighi 1967c] G.Arrighi, "Il trattato di geometria e la volgarizzazione del "Liber quadratorum" di Leonardo Pisano del codice Palatino 577 (sec. XV) della Biblioteca Nazionale di Firenze", *Atti della Fondazione Giorgio Ronchi* 22, 760-75.

[Baldi 1707] B.Baldi, *Cronica de mathematici*, Urbino.

[Barbieri, Franci, Rigatelli 2004] F.Barbieri, R. Franci, e L. T.Rigatelli (eds.), *Gino Arrighi : La Matematica dell' età di mezzo. Scritti scelti*, Pisa.

[Baron 1966] R.Baron (ed.), *Hugonis de Sancto Victore Opera propaedeutica. Practica geometriae, De grammatica, Epitome Dindimi in philosophiam*, Noter Dame.

[Ben Miled 1999] Marouane Ben Miled, "Les commentaires d'al-Mahani et d'un anonyme du Livre X des *Éléments* d'Euclide", *Arabic Sciences and Philosophy* 9, 89-156.

[Benoit, Chemela, Ritter 1992] P.Benoit, K.Chemela et J.Ritter (éds.), *Histoire de fractions, fractions d'histoire*, Basel.

[Berggren 1986] J. L. Berggren, *Episodes in the Mathematics of Medieval Islam*, New York.

[Blume, Lachmann, Rudorff 1848] F. Blume, K. Lachmann und A. Rudorff (eds.), *Die Schriften der römischen Feldmesser* I, Berlin.

[Boncompagni 1852] B.Boncompagni, "Della Vita e delle opere di Leonardo Pisano", *Atti dell' Accademia pontificia de' nuovi Lincei* 1, 5-91; 208-46.

[Boncompagni 1854] B.Boncompagni, *Intorno ad alcune opere di Leonardo Pisano*, Roma.

[Boncompagni 1856] B.Boncompagni, *Opusculi di Leonardo Pisano*, Firenze.

[Boncompagni 1857-62] B.Boncompagni (ed.), *Scritti di Leonardo Pisano matematico del secolo decimoterzo*, 2 vols., Rome.

[Boncompagni 1866] B. Boncompagni, *Intorno ad un trattato d'Arithmetica stampato nel 1478*, Roma.

[Boncompagni 1869] B.Boncompagni, *Intorno ad un'opera del Sig. C. A. Valson intitolata La vie et les travaux …*, Roma.

[Bortolotti 1929-30] E.Bortolotti, "Le fonti arabe di Leonardo Pisano", *Memorie dell' Accademia delle scienze dell' Istituto di Bologna* 8, 39-49.

[Burnett 1995] Ch. Burnett, "The Institutional Context of Arabic-Latin Translations of the Middle Ages: A Reassessment of the 'School of Toledo", O. Weijers (ed.), *Vocabulary of Teaching and Research between the Middle Ages and Renaissance*, Turnhout, 214–35.

[Burnett 2000] チャールズ・バーネット「ピサとアンティオキアー12世紀の北イタリアにおけるアラビア文化ー」(山本啓二訳), 『イタリアーナ』25, 82-7.

[Burnett 2003] Ch.Burnett, "Fibonacci's Method of the Indians", *Bollettino di Storia delle Scienze Matematiche* 23 [published 2005], 87–97.

[Burnett 2009] Ch.Burnett, *Arabic into Latin in the Middle Ages: The Translators and their Intellectual and Social Context*, Farnham.

[Burnett 2010] Ch. Burnett, *Numerals and Arithmetic in the Middle Ages*, Farnham.

[Busard 1968] H.L.L. Busard, "L'algèbre au Moyen Âge : le «Liber mensurationum » d'Abû Bekr", *Journal des Savants* 2, 65-124.

[Busard 1983] H.L.L. Busard (ed.), *The First Latin Translation of Euclid's* Elements *Commonly Ascribed to Adelard of Bath*, Toronto.

[Busard 1984] H.L.L. Busard (ed.), *The Latin Translation of the Arabic*

Version of Euclid's Elements *Commonly Ascribed to Gerard of Cremona*, Leiden.

[Busard 1987] H.L.L. Busard (ed.), *The Mediaeval Latin Translation of Euclid's* Elements: *made directly from the Greek*, Wiesbaden.

[Busard 1992] H.L.L. Busard (ed.), *Robert of Chester's (?) Redaction of Euclid's* Elements, *the So-called Adelard II Version*, 2 vols., Basel.

[Busard 2005] H.L.L. Busard (ed.), *Campanus of Novara and Euclid's* Elements, Stuttgart.

[Busard 2010] H.L.L.Busard (ed.), Nicole Oresme, *Questiones super geometriam Euclidis*, Wiesbaden.

[Calandri 1518] F.Calandri, *De Arithmetica opusculum*, Firenze.

[Calzoni, Cavazzoni 1996] G.Calzoni e G.Cavazzoni (ed.), L.Pacioli : *Tractatus mathematicus ad discipulos perusinos*, Città di Castello.

[Castillo 2009] R. M. Castillo (ed.), *El libro del Álgebra*, Nívola.

[Casulleras, Samsó 1996] J. Casulleras and J. Samsó (eds.), *From Baghdad to Barcelona: Studies in the Islamic Exact Sciences in Honour of Professor Juan Vernet*, 2 vols., Barcelona.

[Cavazzoni 1998] G.Cavazzoni, "Il Tractatus mathematicus ad discipulos perusinos, E. Giusti (ed.), *Luca Pacioli e la matematica del Rinascimento*". *Atti del convegno internazionale di studi, Sansepolcro 13-16 aprile, 1994*, Città di Castello, 199-208.

[Clagett 1964-84] M. Clagett, *Archimedes in the Middle Ages*, vols.5, Philadelphia/Madison.

[Clavius 1583] C.Clavius, *Epitome arithmeticae practicae*, Roma.

[Contreni, Casciani 2002] J. J. Contreni and Santa Casciani (eds.), *Word, Image, Number: Communication in the Middle Ages*, Sisme.

[Cossali 1797-99] P.Cossali, *Origine, trasporto in Italia, primi progressi in essa dell'algebra*, 2 vols, Parma.

[Cuomo 2000] S.Cuomo, *Pappus of Alexandria and the Mathematics of Late Antiquity*, Cambridge.

[Curtze 1899] M. Curtze (ed.), *Anaritii in decem libros priores Elementorum Euclidis commentarii*, Leipzig.

[Curtze 1902a] M. Curtze. "Der *Liber Embadorum* des Abraham bar Chijja Savasorda in der Übersetzung des Plato von Tivoli," *Abhandlungen zur Geschichte der mathematischen Wissenschaften* 12, 1-183.

[Curtze 1902b] M.Curtze, *Urkunden zur Geschichte der Mathematik im Mittelalter und der Renaissance*, 2 Bde., Leipzig (rep: New York/London, 1968).

[Derenzini 1998] G.Derenzini, "Il codice Vaticano Latino 3129 di Luca Pacioli", E. Giusti (ed.), *Luca Pacioli e la matematica del Rinascimento. Atti del convegno internazionale di studi, Sansepolcro 13-16 aprile, 1994*, Città di Castello, 169-98.

[Devlin 2011] K.Devlin, *The Man of Numbers: Fibonacci's Arithmetic Revolution*, Bloomsbury.

[Dickson 1919] L.E. Dickson, *History of the Theory of Numbers* II: *Diophantine Analysis*, New York (rep: New York, 1952).

[Dilke 1971] O.A.W.Dilke, *The Roman Land Surveyors: an Introduction to the Agrimensores*, Newton Abbot.

[Djebbar 1985] A. Djebbar, *L'analyse combinatoire au Maghreb : l'exemple d'Ibn Mun'im (XIIe-XIIIe siècles)*, Université Paris Sud, Publications mathématiques d'Orsay, n° 81-02, Orsay.

[Djebbar 2005] A.Djebbar, *L'Algèbre arabe*, Paris.

[Dodge 1970] B.Dodge (ed.), Ibn al-Nadîm, *The Fihrist of al-Nadîm*, 2 vols., New York.

[Dold-Samplonius, Dauben, Folkerts, van Dalen 2002] Y.Dold-Samplonius, Joseph W. Dauben, M.Folkerts, and B.van Dalen (eds.), *From China to Paris: 2000 Years Transmission of Mathematical Ideas*, Stuttgart.

[Duhem 1906-13] P.Duhem, *Études sur Léonard de Vinci : ceux qu'il a lus et ceux qui l'ont lu*, 3 tomes, Paris.

[Duhem 1913-59] P.Duhem, *Le système du monde : histoire des doctrines cosmologiques de Platon à Copernic*, 10 tomes, Paris.

[Endress, Kruk 1997] G. Endress and R.Kruk (eds.), *The Ancient Tradition in Christian and Islamic Hellenism: Studies on the Transmission of Greek Philosophy and Sciences*, Leiden.

[Euclides 2008] エウクレイデス『原論』第1巻（斎藤憲，三浦伸夫訳・解説），東京大学出版.

[Euclides 2011] ユークリッド『ユークリッド原論』追補版（中村幸四郎他），共立出版.

[Evans 1976] G.R. Evans, "The 'sub-Euclidean' Geometry of the Earlier Middle Ages, up to the Mid-twelfth Century", *Archive for History of*

Exact Sciences 16, 105-18.

[Fibonacci 2008] 斐波那契『计算之书』((美)劳伦斯·西格尔英译,纪志刚·汪晓勤·马丁玲·郑方磊译),北京.

[Flegg, Hay, Moss 1985] G.Flegg, C.Hay, and B.Moss, *Nicolas Chuquet, Renaissance Mathematician: A Study with Extensive Translation of Chuquet's Mathematical Manuscript Completed in 1484*, Dordrecht/Boston/Lancaster.

[Flugel 1871] G.Flugel (ed.), Ibn al Nadîm, *Kitâb Fihrist al-'Ulûm* I, Leipzig.

[Folkerts 1970] M.Folkerts (ed.), *"Boethius" Geometrie* II : *Ein mathematisches Lehrbuch des Mittelalters*, Wiesbaden.

[Folkerts 1996] M. Folkerts (ed.), *Mathematische Probleme im Mittelalter*, Wiesbaden, 1996.

[Folkerts 1997] M.Folkerts (ed.), *Die älteste lateinische Schrift über das indische Rechnen nach al-Hwârizmî*, München.

[Folkerts 2006] M.Folkerts, *The Development of Mathematics in Medieval Europe*, Aldershot.

[Folkerts, Lindgren 1985] M.Folkerts und U. Lindgren (eds.), *Mathemata: Festschrift für Helmuth Gericke*, Stuttgart.

[Folkerts, Hogendijk 1993] M. Folkerts and J. P. Hogendijk (eds.), *Vestigia mathematica: Studies in Medieval and Early Modern Mathematics in Honour of H. L. L. Busard*, Amsterdam.

[Folkerts, Lorch 2000] M.Folkerts and Richard Lorch (eds.), *Sic Itur ad Astra. Studien zur Geschichte der Mathematik un Naturwissenschaften*, Wiesbaden.

[Franci 1984] R, Franci, "Numeri congruo-congruenti in codici dei secoli XIV e XV", *Bollettino di Storia delle Scienze Matematiche* 4, 3-23.

[Franci 2013] R.Franci, "Agibra mochabile: un' algebra della fine del Trecento", *Bollettino di Storia delle Scienze Matematiche* 33, 193-233.

[Franci, Rigatelli 1982] R.Franci e L.T.Rigatelli, *Introduzione all'aritmetica mercantile del Medioevo e del Rinascimento*, Siena.

[Franci, Rigatelli 1985] R. Franci and L. T. Rigatelli, "Towards a history of algebra from Leonardo of Pisa to Luca Pacioli", *Janus* 72, 17-82.

[Fujimoto 1972] 藤本康雄『ヴィラール・ド・オヌクールの画帖』,鹿島研究所出版会, 1972.

[Furlani 1924] G. Furlani, "Bruchstuecke einer syrischen Paraphrase der "Elemente" des Euklides", *Zeitschriftfiir Semitistik und verwandte Gebiete* 3, 27-52.

[Galuzzi, Maierù, Santoro 2012] M.Galuzzi, L.Maierù e N.Santoro, *La tradizione latina dell' algebra: Fibonacci, le scuole d'abaco, il Cinquecento*, Roma.

[Genocchi 1855] A.Genocchi, *Sopra tre scritti inediti di Leonardo Pisano pubblicati da Baldassarre Boncompagni*, Roma.

[Gies 1969] J. Gies and F. Gies, *Leonard of Pisa and the New Mathematics of the Middle Ages*, New York.

[Giusti 2002] E. Giusti (ed.), *Un ponte sul Mediterraneo. Leonardo Pisano, la scienza araba e la rinascita della matematica in Occidente*, Firenze.

[Glushkov 1976] S. Glushkov, "On Approximation Methods of Leonardo Fibonacci", *Historia Mathematica* 3, 291-96.

[Goldthwaite 1972] R.A. Goldthwaite, "Schools and Teachers of Commercial Arithmetics in the Renaissance", *The Journal of European Economic History* 1, 418-33.

[Grant 1974] E.Grant (ed.), *A Source Book in Medieval Science*, Cambridge: Mass..

[Grimm 1973] R. E.Grimm, "The Autobiography of Leonardo Pisano", *The Fibonacci Quarterley* 2, 99-104.

[Guglielmini 1812] G. B. Guglieomini, *Elogio di LIONARDO PISANO*, Bologna.

[Guiccioli 1887] A. Guiccioli, *Quintino Sella* I, Rovigo.

[Gutas 2002] D. グタス『ギリシア思想とアラビア文化——初期アッバース朝の翻訳運動』(山本啓二訳), 勁草書房.

[Guy 2010] リチャード K. ガイ『数論「未解決問題」の事典』(金光滋訳), 朝倉書店.

[Hashimoto 2009] 橋本寿哉『中世イタリア複式簿記生成史』, 白桃書房.

[Haskins 1924] Ch.H.Haskins, *Studies in the History of Mediaeval Science*, Cambridge: Mass..

[Hay 1988] C. Hay (ed.), *Mathematics from Manuscript to Print 1300-1600*, Oxford.

[Heath 1921] Th.L.Heath, *A History of Greek Mathematics*, 2 vols., New York (rep: 1981).

[Heath 1926] Th. L. Heath, *The Thirteen Books of Euclid's* Elements, 3 vols., 2nd ed., rev. with additions, New York.

[Heath 1960] T.L. ヒース『ギリシア数学史 II』(平田寛他訳), 共立出版.

[Heeffer 2012] A. Heeffer, "The Rule of Quantity by Chuquet and de la Roche and Its Influence on German Cossic Algebra", S.Rommevaux, et.*al*. (eds.), *Pluralité de l'algèbre à la Renaissance*, Paris, 127–47.

[Hino 2003] 日野亜晃輔「複式簿記の考古学 (1)」,『環境システム学部論集』3, 113-65.

[Hino 2003-05] 日野亜晃輔「複式簿記の考古学 (2) – (4)」,『酪農学園大学紀要』28, 1-29; 29 (2004), 1-27; 30 (2005), 1-25.

[Hissette 2003] R.Hissette, "L'al-jabr d'al-Khwarizmi dans les MSS VAT. LAT. 4606 et VAT. URB. 291 et Guglielmo de Lunis", *Miscellanea Bibliotheca Apostolicae Vaticanae* 10, 137-58.

[Homann 1991] F. A. Homann (ed.), *Practical Geometry Attributed to Hugh of St. Victor*, Milwaukee.

[Hook, Jeannin 1991-2003] J.Hoock und P.Jeannin, *Ars Mercatoria : eine analytische Bibliographie*, 3 Bde., München.

[Høyrup 2007] J.Høyrup, *Jacopo da Firenze's "Tractatus Algorismi" and Early Italian Abbacus Culture*, Basel/Boston/Berlin.

[Horadam 1991] A.F.Horadam, "Fibonacci's Mathematical Letter to Master Theodorus", *Fibonacci Quartary* 29, 103-7.

[Hughes 1986] B.Hughes (ed.), "Gerard of Cremona's Translation of al-Khwārizmī's *Al-Jabr*: A Critical Edition", *Mediaeval Studies* 48, 211-63.

[Hughes 1989] B. Hughes (ed.), *Robert of Chester's Latin Translation of al-Khwârizmî's* al-Jabr: *A New Critical Edition*, Stuttgart.

[Hughes 2004] B.Hughes, "Fibonacci, Teacher of Algebra: An Analysis of Chapter 15.3 of *Liber Abbaci*", *Mediaeval Studies* 66, 313–62.

[Hughes 2008] B.Hughes (tr.), *Fibonacci's* de practica geometrie, New York.

[Ibn al-Bannā' 1969] Ibn al-Bannā', *Talkhîs a'mâl al-hisâb*, Tûnis.

[Ibn Khaldun 2001] イブン＝ハルドゥーン『歴史序説』全3巻 (森本公誠訳・解説), 岩波書店.

[Ito 1987] 伊東俊太郎 (編)『数学の歴史』第2巻, 共立出版.

[Ito 2006] 伊東俊太郎『十二世紀ルネサンス』, 講談社.

[Ito 2008] 伊東俊太郎『伊東俊太郎著作集』全10巻, 麗澤大学出版会.

[Kantorowicz 2011] エルンスト H. カントーロヴィチ『皇帝フリードリヒ二世』(小林公訳), 中央公論新社.

[Kataoka 2007] 片岡泰彦『複式簿記発達史論』, 大東文化大学経営研究所.

[Katayama 2013] 片山真一「フィボナッチの円周率の計算について」『徳島科学史雑誌』32, 1-8.

[Katz 2007] V. J. Katz (ed.), *The Mathematics of Egypt, Mesopotamia, China, India, and Islam: A Sourcebook*, Princeton.

[Kaunzner, Wußing 1992] W.Kaunzner und H. Wußing (eds.), *Coß : Adam Ries*, Stuttgart.

[Kiely 1947] E. R. Kiely, *Surveying Instruments*, New York.

[Knorr 1975] W.R.Knorr, *The Evolution of the Euclidean* Elements, Dordrecht.

[Knorr 1989] W.R.Knorr, *Textual Studies in Ancient and Medieval Geometry*, Boston.

[Knorr 1996] W.R.Knorr, *The Ancient Tradition of Geometric Problems*, New York.

[Lamrabet 1994] D.Lamrabet, *Introduction à l'histoire des mathématiques maghrébines*, Rabat.

[Langermann 1999] Y. T. Langermann, *The Jews and the Sciences in the Middle Ages*, Aldershot.

[Levenson 2012] トマス・レヴェンソン『ニュートンと贋金づくり―天才科学者が追った世紀の大犯罪』(寺西のぶ子訳), 白揚社.

[Levy 1966] M.Levey (ed.), *The Algebra of Abû Kâmil*: Kitâb fî al-jâbr wa'l-muqâbala, *in a Commentary by Mordecai Finzi*, Madison.

[Levy 1990] B.B. Levy, *Planets, Potions and Parchments: scientifica Hebraica from the Dead Sea Scrolls to the Eighteenth Century*, Montreal.

[Levy, Petruck 1965] M. Levey and M.Petruck (eds.), *Principles of Hindu Reckoning*, Madison.

[Libri 1838-41] G.Libri, *Histoire des sciences mathématiques en Italie, depuis la Renaissance des lettres jusqu'à la fin du dix-septième siècle*, 4 tomes, Paris.

[Lo Bello 2003] Anthony Lo Bello, *The Commentary of Albertus Magnus on Book I of Euclid's* Elements of Geometry, Boston.

[Lorch 1993] R.Lorch, "Abu Kamil on the Pentagon and Decagon", Folkerts and Hogendijk (eds.), *Vestigia mathematica*, Amsterdam, 215-52.

[Loria 1929] G. Loria, *Storia delle mathematiche* I, Turin.

[Lucas 1877] M.E.Lucas, *Recherches sur plusieurs ouvrages de Léonard de Pise et sur diverses questions d'arithmetique supérieure*, Rome.

[Lüneburg 1993] H. Lüneburg, *Leonardi Pisani* Liber Abbaci *oder Lesevergnügen eines Mathematikers*, Mannheim.

[Machoney 1982] M.S. マホーニィ『歴史における数学』(佐々木力編訳), 勁草書房.

[Malet 1998] A.Malet (ed.), Francesc Santcloment : *Summa de l'art d'Aritmètica*, Vic.

[Marre 1880] A.Marre (ed.), "Le Triparty en la science des nombres par Maistre Nicolas Chuquet", *Bulletino di Bibliografia e di Storia delle Scienze Mathematiche e Fisiche* 13, 593-659; 693-814.

[Mazzotti 2000] M. Mazzotti, "For Science and for the Pope-king: Writing the History of the Exact Sciences in Nineteenth-Century Rome", *British Journal for the History of Science* 33, 257-82.

[Mclenon 1919] R.B.Mclenon, "Leonardo of Pisa and his *Liber Quadratorum*", *The American Mathematical Monthly* 26, 1-8.

[Miura 1981] N.Miura, "The Algebra of *Liber Abaci* of Leonardo Pisanao", *Historia Scientiarum* 21, 57-65.

[Miura 1987] 三浦伸夫「アラビアの数学」, 伊東俊太郎 (編)『数学の歴史』(第2巻), 共立出版, 261-321.

[Miura 1989] 三浦伸夫「中世アラビア・ラテン世界の商業算術---16-17世紀イタリアの算法学派の成立」, 伊東俊太郎 (編)『比較科学史の地平』, 培風館, 157-80.

[Miura 1995] 三浦伸夫「ユークリッド『図形分割論』: 伝統と翻訳」,『国際文化学研究』4, 111-45.

[Miura 1997] 三浦伸夫「最古のラテン語数学問題集: アルクイン「青年達を鍛えるための諸命題」の翻訳と注解」,『国際文化学研究』8, 157-93.

[Miura 1999] 三浦伸夫「パチョーリと数学」, *Accounting, Arithmetic and Art Journal* 14, 2-10.

[Miura 2000] 三浦伸夫「アラビア科学の文化的基底」,『国際高等研究所紀要』1999-005, 83-97.

[Miura 2002] 三浦伸夫「ピサのレオナルドと3次方程式」,『京都大学数理解析研究所講究録』1257, 37-47.

[Miura 2005] 三浦伸夫「中世アラビアの文字式」,『数学教育』570, 67-70.

[Miura 2006a] 三浦伸夫「フィボナッチとユークリッド---『幾何学の実際』における『原論』の役割」,『京都大学数理解析研究所講究録』1513, 1-13.

[Miura 2006b] 三浦伸夫「アラビア数学における幾何学的発想の起源と展開」,『国際文化学部紀要』25, 65-106.

[Miura 2008a] 三浦伸夫「古代学術の運命」,『哲学の歴史 別巻』, 中央公論社, 184-94.

[Miura 2008b] 三浦伸夫「数学史におけるデューラー」, 下村耕治『デューラー計測法教則』, 中央公論美術出版社, 279-337.

[Miura 2008c] 三浦伸夫「中世ユダヤ科学とは何か？ アラビア科学, ラテン科学と比較して」, 同志社大学一神教学際研究センター編『ユダヤ人の言語, 隣接文化との歴史的習合』, 52-76.

[Miura 2008d] 三浦伸夫「アラビアの遺産分配法」,『数学教育』609, 55-60.

[Miura 2008e] 三浦伸夫「中世西欧算法学派の商業計算」,『数学教育』609, 61-67.

[Miura 2008f] 三浦伸夫「中世西欧における数概念の拡張」,『現代思想』(2008年11月号別巻), 96-108.

[Miura 2012a] 三浦伸夫『古代エジプト数学問題を解いてみる』, NHK出版.

[Miura 2012b] 三浦伸夫「楕円を描く---ルネサンスとアラビアにおける「完全コンパス」の伝統」,『第1回九州数学史シンポジウム講演記録集』, 19－43.

[Miura 2013] 三浦伸夫「西洋中世における「アラビア式計算法」の導入」,『数学文化』19, 9-20.

[Miyashita 1989] 宮下志朗『本の都市リヨン』, 晶文社.

[Mola 2009] S.Mola, *Castel del Monte*, Bari.

[Montucla 1799-1802] J.F.Montucla, *Histoire des mathématiques*, 4 tomes, Paris (rep: Paris, 1968).

[Murdoch 1994] J.E. マードック『世界科学史百科図鑑 古代中世編』(伊東俊太郎監修, 三浦伸夫訳), 原書房.

[Murray 1930] D.Murray, *Chapters in the History of Bookkeeping Accountancy & Commercial Arithmetic*, Glasgow.

[Nakamura 2001] 中村滋『フィボナッチ数の小宇宙』, 日本評論社.

[Nenci 1998] E.Nenci (ed.), Bernardino Baldi *Le vite de' matematici : edizione annotata e commentata della parte medievale e rinascimentale*, Milano.

[Netz, Noel 2008] R. ネッツ, W. ノエル『解読！アルキメデス写本：羊皮紙

から甦った天才数学者』(監訳:吉田晋治), 光文社.

[Noel 1997] E. ノエル編『数学の夜明け:対談:数学史へのいざない』(辻雄一訳), 森北出版.

[Pacioli 1494] L.Pacioli, *Summa de arithmetica geometria, proportioni et proportionalità*, Venezia (rep. Toscolano 1523).

[Pancanti, Santini 1983] M. Pancanti e D. Santini (eds.), Gino Arrighi : *Storico della matematica medioevale*, (Quaderni del Centro Studi della Matematica Medioevale I), Siena.

[Pedretti 1978-79] C. Pedretti, *The Codex Atlanticus of Leonardo da Vinci* 2 vols., London.

[Pérez 1921] J.A.Sánchez Pérez, *Biografías de matemáticos árabes que vivieron en España*, Madrid.

[Picutti 1978] E.Picutti, "I ventidue problemi di analisi indeterminata nel codice L.IV.21 della Biblioteca degli Intronati di Siena", Physis 20, 357-79.

[Picutti 1981] E.Picutti, "Sui numeri congruo-congruenti di Leonardo Pisano", *Physis* 23, 141-70.

[Picutti 1983] E.Picutti, "Il *Flos* di Leonardo Pisano dal codice E.75.P.sup; della Biblioteca Ambrosiana di Milano. Traduzione e commenti", *Physis* 25, 293-387.

[Piero della Francesca 1995] Piero della Francesca, *Libellus de quinque corporibus regularibus*, Firenze.

[Piero della Francesca 2012] Piero della Francesca, *Trattato d'abaco*, Roma.

[Ragep 1996] F. J.Ragep and S. P. Ragep (eds.), *Tradition, Transmission, Transformation*, Leiden.

[Rashed 1974] R.Rashed, "Les travaux perdus de Diophante", *Revue d'histoire des sciences* 27, 97-122.

[Rashed 1984] R.Rashed (ed.), Diophantus. *Les arithmétiques*, 2 tomes, Paris.

[Rashed 1993-2002] R. Rashed, *Les Mathématiques infinitésimales du IXe au XIe siècle*, 5 tomes, London.

[Rashed 1999] R. Rashed and Bijan Vahabzadeh (eds.), *Al-Khayyam mathématicien*, Paris.

[Rashed 2000] R. Rashed, *Omar Khayyam, the Mathematician*, New York,

2000.

[Rashed 2004] R. ラーシェド『アラビア数学の展開』(三村太郎訳), 東京大学出版会.

[Rashed 2007] R. Rashed (ed.), Al-Khwârizmî : *Le Commencement de l'Algèbre*, Paris.

[Rashed 2012] R. Rashed (ed.), Abū Kāmil : *Algèbre et analyse diophantienne*, Berlin/Boston.

[Rashed, Bellosta 2000] R. Rashed and Hélène Bellosta (eds.), Ibrâhîm ibn Sinân : *Logique et geometrie au Xe siècle*, Leiden.

[Rommevaux et al. 2012] S.Rommevaux, et.al. (eds.), *Pluralité de l'algèbre à la Renaissance*, Paris.

[Rosenfeld, Ihsanoglu 2003] B.Rosenfeld and E.Ihsanoglu, *Mathematicians, Astronomers and Other Scholars of Islamic Civilisation and their Works (7th-19th c.)*, Istanbul.

[Rudolff 1530] Ch.Rudolff, *Exempel Büchlin*, Augusburg.

[Saidan 1978] A. S. Saidan, *The Arithmetic of al-Uqlīdisī*, Dordrecht/Boston.

[Saito 1997] 斎藤憲『ユークリッド「原論」の成立：古代の伝承と現代の神話』, 東京大学出版会.

[Sapori 1972] A.Sapori, *La mercatura medievale*, Firenze.

[Sayılı 1962] A.Sayılı, *Logical Necessity in the Mixed Equations by 'Abd al-Hamid Ibn Turk and the Algebra of his Time*, Ankara.

[Schramm 2001] M.Schramm, "Frederick II of Hohenstaufen and Arabic Science", *Science in Context* 14, 289-312.

[Schwenter 1667] D. Schwenter, *Geometriae practicae novae et auctae libri* IV, Nürnberg.

[Sesiano 1982] J. Sesiano, *Books IV to VII of Diophantus' Arithmetica in the Arabic Translation Attributed to Qustâ ibn Lûqâ*, New York.

[Sesiano 1993] J. Sesiano, "La version latine médiévale de l'Algèbre d'Abū Kāmil", Folkerts and Hogendijk (eds.), *Vestigia mathematica*, Amsterdam, 315-452.

[Sesiano 2007] J.Sesiano, "Une Arithmétique médiévale en langue provençale", *Centaurus* 27, 26-75.

[Sesiano 2014] J.Sesiano, *The Liber mahameleth*, New York.

[Sezgin 1974] F.Sezgin, *Geschichte des arabischen Schrifttums* V:

Mathematik bis ca. 430 H, Leiden.

[Shelby 1990] L.R. シェルビー『ゴシック建築の設計術：ロリツァーとシュムッテルマイアの技法書』(前川道郎, 谷川康信訳), 中央公論美術出版.

[Shiono 2013] 塩野七生『皇帝フリードリッヒ二世の生涯』全2巻, 新潮社.

[Sigler 1987] L.E. Sigler (tr.), Leonardo Pisano Fibonacci, *The Book of Squares*, San Diego.

[Simi 1995] A.Simi (ed.), *Alchuno Chaso Sottile La quinta distinzione della Practicha di Geometria dal Codice Ottoboniano Latino 3307 della Biblioteca Apostolica Vaticana*, (Quaderni del Centro Studi della Matematica Medioevale 23), Siena.

[Smith 1908] E.D.Smith, *Rara mathematica*, Boston/London.

[Smith 1925] E.D.Smith, *History of Mathematics*, 2 vols., New York.

[Smith 1941] E.D. スミス『数学史』(今野武雄訳), 紀元社.

[Stanislaw 1976] G.Stanislaw, "On Approximation Methods of Leonardo Fibonacci", *Historia Mathematica* 3, 291-96.

[Steinschneider 1964] M.Steinschneider, *Mathematik bei den Juden*, Hildesheim.

[Suter 1900] H.Suter, *Die Mathematiker und Astronomen der Araber und ihre Werke*, Leipzig, 1900 (rep: New York, 1972).

[Suter 1908] H.Suter, "Die Abhandlung Qusṭā ben Lūqā und zwei andere Anonyme uber die Rechnung mitzwei Fehlern und mit der angenommenen Zahl", *Bibliotheca mathematica* 9, 111–22.

[Suzuki 1987] 鈴木孝典「アラビアの代数学」, 伊東俊太郎 (編)『数学史 中世』, 共立出版, 322-44.

[Takeda 1954] 武田楠雄「算法統宗成立の過程－明代数学の特質 (1)(2)」,『科学史研究』28, 1-12; 29, 8-18.

[Takeda 1955] 武田楠雄「天元術喪失の諸相－明代数学の特質 (3)」,『科学史研究』34, 12-22.

[Takeda 1955-56] 武田楠雄「東西16世紀商算の対決 (1)-(3)」,『科学史研究』36 (1955), 7-22; 38 (1956), 10-16; 39 (1956), 7-14.

[Tartaglia 1556 - 60] N.Tartaglia, *Il General trattato di' numeri et misure*, 3 vols., Venezia.

[Thulin 1913] C.Thulin, *Opuscula agrimensorum veterum*, Stuttgart.

[Tihon, Draelants, van den Abeele 2000] A.Tihon, I.Draelants, and B. van den Abeele (eds.), *Occident et Proche-Orient: contacts scientifiques au*

temps des croisades, Louvain-la-Neuve.
[Tummers 1984] P.M.J.E.Tummers, *Albertus (Magnus)' commentaar op Euclides' elementen der geometrie*, Deel II, Nijmegen, 1984.
[Tummers 2014] P.M.J.E.Tummers (ed.), Albertus Magnus: *Super Euclidem*. (*Alberti Magni oper omnia* XXXIX), Münster.
[Ulivi 2002a] E.Ulivi, "Benedetto da Firenze (1429–1479), un maestro d'abaco del XV secolo. Con documenti inediti e con un'Appendice su abacisti e scuole d'abaco a Firenze nei secoli XIII-XVI", *Bollettino di Storia delle Scienze Matematiche* 22, 3–243.
[Ulivi 2004a] E.Ulivi, "Maestri e scuole d'abaco a Firenze: la Bottega di Santa Trinita", *Bollettino di Storia delle Scienze Matematiche* 24, 43–91.
[Ulivi 2004b] E.Ulivi, "Raffaello Canacci, Piermaria Bonini e gli abacisti della famiglia Grassini", *Bollettino di Storia delle Scienze Matematiche* 24, 123–211.
[Ulivi 2011] E. Ulivi, "Su Leonardo Fibonacci e sui maestri d'abaco pisani dei secoli XIII–XV", *Bollettino di Storia delle Scienze Matematiche* 31, 247–86.
[Vallicrosa 1931] J.M.M.Vallicrosa (ed.), *Llibre de geometria*, Barcelona.
[van Egmond 1980] W. van Egmond, *Practical Mathematics in the Italian Renaissance. A Catalog of Italian Abbacus Manuscripts and Printed Books to 1600*, Firenze.
[ver Eecke 1952] P. ver Eecke, *Le livre des nombres carrés*, Paris.
[Victor 1979] S.K.Victor, *Practical Geometry in the High Middle Ages*: Artis cuiuslibet consummatio *and the* Pratike de geometrie, Philadelphia.
[Vitruvius 1979] ウィトルーウィウス『ウィトルーウィウス建築書』普及版（森田慶一訳註），東海大学出版会．
[Vlasschaert 2010] A.-M.Vlasschaert, *Le Liber mahameleth*, Stuttgart.
[Vogel 1971] K.Vogel, "Fibonacci", *Dictionary of Scientific Biography* IV, New York, 604-13.
[Watanabe 1920] 渡辺孫一郎「Leonardo ト其著 *Liber Quadratorum*」,『日本中等教育數學會雜誌』2 (1), 1-7.
[Woepcke 1853] F. Woepcke, *Extrait du Fakhrî : traité d'algèbre*, Paris.
[Woepcke 1855] M. Woepcke, "Note sur le Traité des nombres carrés de Léonard de Pise", *Journal de mathématiques pures et appliquées* 20, 54-62.
[Woepcke 1858–59] F. Woepcke, "Recherches sur plusieurs ouvrages de

Léonard de Pise. III: Traduction d'un fragment anonyme sur la formations des triangles rectangles en nombres entiers, et d'un traité sur le même sujet par Aboû Dja'far Mohammed Ben Alhoçaïn", *Atti dell' Accademia Pontificia dei Nuovi Lincei* 14, 211-27, 241-69, 301-24, 343-56.

[Woepcke 1986] F. Woepcke, *Études sur les mathématiques Arabo-Islamiques*, 2 tomes, Frankfurt.

[Yadegari, Levey 1971] M.Yadegari and M.Levey (trs.), "Abû Kâmil's On the Pentagon and Decagon", *Japanese Studies in the History of Science* Supplement 2, 1-54.

[Yoshikoshi 2009] 吉越英之『ルネサンスを先駆けた皇帝：シュタウフェン家のフリードリッヒ二世』, 慶友社.

あとがき

　フィボナッチは名前こそよく知られているものの，その数学はこの100年間はあまり研究対象にはなってきませんでした．しかしようやく『算板の書』初版執筆800周年の2002年ころから英訳が出て研究が賑わうようになってきました．そこで研究の基本となるのが，150年ほど前に出版されたボンコンパーニ編集のフィボナッチ全集です．ところがそれは1つの写本にしか基いていないため，解釈が困難なこともしばしばです．本書では他の写本をも参考にし内容理解により万全を期しました．

　本書は2013年4月から2015年3月まで雑誌『現代数学』に連載した記事に追加訂正を加えたものです．『平方の書』を扱った20章，21章は，連載時の補遺として付け加えたものです．しかしこれら2章で論ずるには数学的にはあまりに高度な内容なので，そこでは証明を省き，内容の紹介に留めざるを得ませんでした．また連載は一般向き記事であり，また字数制限もあり，註や文献目録などは省かざるを得ませんでしたが，ここではそれらの一部を新たに付け加えました．さらに今後の研究のためにと主要な文献や訳書などにも新たに言及しておきました．とはいうものの，専門外の読者にも容易に読めるようにと詳細な註は省き，また説明を深く踏み込むことを避けたこともしばしばです．舌足らずな表現や不確かな記述もあるかと思いますが，今後さらに註などを付け加え，フィボナッチからデカルトに至るまでの西洋数学史を専門書としてまとめたいと考えております．

　大学院修士論文でフィボナッチの代数学に取り組んでから，こうして大学の定年時にようやくフィボナッチについてともかくもまとまった書物を書くことができたことは，研究生活を振り返ってたいへん感慨深く思います．途中，中世スコラ科学，科学器具史，19

世紀数学文化史，比較文明学などにも関心をよせ，フィボナッチから離れることもしばしばでしたが，この研究で今一度原点に戻ることができました．17世紀数学史に興味をいだき故中村幸四郎先生の門を訪ねたのはもはや40年以上も前のこと．その後科学史研究をすすめるため東大の大学院に入り，伊東俊太郎先生に出会いました．「西洋近代数学を知るには西洋中世を，さらにアラビア世界を」という今となっては当然の，しかし当時としては斬新な助言を先生からいただきました．それによって私の視野は一挙に広がり，その後次々と新しいことを学ぶことができました．先生から頂いた学恩は言葉に尽くせぬほど多く，その後も本書執筆に常に励ましをくださいました．また学生時代以降現在に至るまで多くの先輩や同僚から頂いたコメントは貴重なものです．多くの方々に助けられて今までの研究生活がありました．お名前を逐一挙げることはできませんがこの場を借りて感謝申し上げます．できるだけ読者に親しみやすいようにと，多くの図版や写真を採用させていただきました．これら出典記載の関係者の皆様にも感謝申し上げます．連載時の誤りを指摘して下さった楠葉隆徳氏（大阪経済大学教授），野村恒彦氏（神戸大学国際文化学研究推進センター研究員），坂田基如君（神戸大学大学院人間発達環境学研究科大学院生）にもお礼を申し上げます．

　最後に，フィボナッチについて自由に書いてくださいとご提案くださった現代数学社社長の富田淳氏に心からお礼の言葉を述べさせていただきます．勤務する大学の校務で多忙な時期の連載でもあり，毎月の原稿執筆はときに時間に追われ苦しみでもあり，ときに研究に浸ることができる幸福なひとときでもありましたが，こうして無事連載が終わりまとまった一書として出すことができたのも富田氏の寛大な心遣いのお陰です．

　　　　　　　　　　　　2016年2月9日　　　三浦伸夫

事項索引

◆A～Z

'adad mufrad　203
agrimensores　235
algorismus　25
al-jabr　25
almuncharif　111
aloge　192
altimetria　228
aṣamm　187, 192
avere　210
binomium　192, 199
Bollettino di Storia della Scienze Matematiche　342
campania　148
causa　210
census　203, 210, 211
cosa　337
cosmimetria　228
denominatus　135
groma　235
ḥasam　138
Historia mathematica　325
irratiocinate　192
istiqra'　315
jabr　25
jiḍr　203
māl　203
media　192
mu'āmalāt　259
muqābala　25
muttaṣal　198
numerus simplex　203
oppone　204
planimetria　228
radix　203
ratiocinate　192
recissum　192
regula duorum falsorum　174
regulis elchatayn　174
res　183, 203, 210
restaura　204
rhomboides　111
shay'　203, 337
surdus　192

◆あ行

アイユーブ朝　122
アグリメンソーレース　234, 235, 236, 237
アダド　37, 38
アダド・ムフラド　95
アッバース朝　20
『アトランティコ手稿』　265, 277, 292
アナリュシス（解析）31
アハ問題　176, 210
アバクス　16, 127, 128, 130, 133, 239, 336
アラビア数学　2, 18, 19, 21, 33, 36, ほか随所
アルカ　161
アルキメデスの庭　341
アルゲブラ　131, 204, 207
アルゴリスム　11, 15, 25, 255
『アルゴリスムの歌』　71
アルジェブラ　25
アル＝ジャブル　25, 64
『アルマゲスト』　91, 97, 118, 228
アルムカバラ　204, 207
アルムカーバラ　131
『アレフ』　100
アンダルシア　13
イエズス会　264, 322, 331, 341

遺産分配計算　27, 28, 50, 94, 184
イスラーム法　28, 94, 184
イタリア科学振興協会　332
『イタリアにおける代数学の起源，移植，最初の発展』　291, 323
『因帰算歌』　71
『インド式計算法の諸章』　77, 191
『インド人たちの計算の書』　25
インド人たちの方法　11, 15, 16, 129, 342
ヴァチカン写本　8
ヴァチカン図書館　277
盈不足算　176
『エウクレイデス幾何学の諸問題』　195
『エウクレイデス「原論」第1巻註釈』　324
『エウクレイデス「原論」註釈』　155
エジプトの計算家　36, 44
エルカタイン　131, 174, 176, 178
円周率　107, 220, 226
円錐曲線　27, 29, 31, 66, 212
円の求積　107, 108
『円の計測』　94

◆か行

カアブ　65
『学問の基礎と信仰の塔』　103
仮置法　131, 132, 157, 158, 173, 213, 251, 266
『画帖』　245
『カーフィー』　74
『貨幣論』　155
『加法と減法』　36
カマール学派　122, 123
『ガリレオ・ガリレイ全集』　333
カロニモス家　102
カロリング・ルネサンス　238
間接法　183

完全コンパス　31
カンパニア　131, 148, 149, 157
キヴィタース　161
『機械学』　233
『幾何学』　89, 188, 234, 285
『幾何学的計測』　103
『幾何学の書』　289
『幾何学の実際』　8, 10, 98, 109, 111, 115, 120, 130, 190, 214, 217, 218, 220, 225, 228, 241, 242, 258, 262, 279, 289
『幾何原本』　105
記号法　4, 270
『九章算術』　176, 340
『九章算法比類大全』　340
『球と円柱』　212
『972年以前の作者未詳論文』　313
球面論　91, 94
教皇庁新リンチェイ・アカデミー　330
『教皇庁新リンチェイ・アカデミー報告集』　330
『兄弟たちの言葉』　221
近似的解法　212, 213
グノーモン　225
グバール　73
『グバールの印を使用することについての概念の接種』　73
『クルアーン』　18, 94, 184
グレシャムの法則　155
『クレレ誌』　322
グローマ　235
計算学校　16, 255
『計算術教程』　78
計算術師　335
『計算書』　275
『計算の知識の書』　83
計算板　15, 16

『計算法則に有益なもの』 67
『計算法の理論と実践』 331
『形而上学』 195
『計測の書』 241
『計測法』 89
『計測法基本書』 241
『ゲオメトリア』 238, 239, 240
『ゲオメトリアⅡ』 239
検算 144
『建築論』 244
『原論』 9, 16, 22, 39, 40, 41, 42, 49, 50, 82, 87, 94, 95, 97, 98, 104, 105, 106, 109, 111, 118, 124, 132, 138, 187, 193, 194, 195, 196, 198, 199, 205, 206, 207, 211, 217, 218, 221, 230, 234, 237, 238, 239, 240, 248, 263, 264, 266, 267, 268, 269, 275, 295, 296
光学 30
格子法 268
高度計測 228, 229
合同数 301
コス 337
『根の詩』 70

◆さ行

『サイード・アブー・ウスマーンの書』 111
サイコロ 163, 164, 272
『サイコロ遊びについて』 272
『作者未詳の幾何学』 239
サッヤーラ（流動） 61
サービア教徒 18
『三兄弟の書』 243
3次方程式 28, 66, 199, 211, 212, 213, 253, 262, 271
『算術教程』 238, 248, 275
『算術小品』 162

『算術大全』 274, 275
『算術入門』 103
『算術の鍵』 191
3数法 141, 157, 158, 159, 173, 251, 266, 284
算盤 128
『算板選集』 261
『算板の書』 8, 9, 12, 16, 60, 89, 95, 98, 115, 116, 118, 120, 127, 128, 129, 132, 136, 141, 156, 157, 168, 175, 176, 182, 187, 190, 201, 202, 205, 217, 218, 255, 262, 278, 279, 285, 289, 291, 322, 323, 339
『三部作』 283, 283, 284
算法学派 251, 254, 255, 263, 266, 270, 273, 277, 285, 317, 335, 341, 342, 343, 345, 346, 347
算法学校 249, 250, 251, 252, 255, 263, 264, 278, 342
算法教師 250, 251, 252, 253, 254, 263, 278, 281, 287, 335, 340, 342
算法書 155, 252, 253, 255, 262, 266, 274, 277, 279, 281, 282, 285, 345
算法数学 283, 284
『算法統宗』 339
シエナ公共図書館 317
試行錯誤 315
シチリア問題 124
ジズル 37, 38, 39, 40, 41, 42, 43, 52, 53
実用幾何学 246
『実用幾何学』 163
『実用算術概要』 264
『実用算術書，つまりピサのレオナルドが書いたより大部の書からの抜粋』 277
『実用算術要約』 341
『実用算術論』 277, 278

四分儀　225
シャイ　59, 95
シャクル　90
ジャブル　25, 35, 62, 64, 198, 204
『ジャブルとムカーバラ』　36
『ジャブルとムカーバラの計算の縮約書』　25, 26, 94, 202
『ジャブルとムカーバラの詩』　70, 73
『ジャブルとムカーバラの書』　35, 37, 89
写本　9, 23, 63, 96, 133, 203, 238, 240, 253, 277, 292, 311, 317, 322, 323, 345
12世紀ルネサンス　102, 201, 286, 287
10進位取り記数法　128
10進法　74, 77, 80, 168, 248
『純粋・応用数学雑誌』　322
シュンテシス（総合）　31
ジュンマル数字　77
『商業算術編纂』　274
『商業の書』　259
小数　77, 78, 79
『詳明算法』　71
乗法表　133, 266, 267, 269
省略記号法　215
『諸学総覧』　191
シリア語　20, 86, 87, 88, 118
樹木の問題　158
「準ユークリッド的」数学　238
『神学大全』　261
『神聖比例論』　265
『新編算術』　281, 282
『新編塵劫記』　5
人文主義数学者　286, 287, 289
垂球糸　224
『数学史』　325, 347
『数学者年代記』　288, 290
『数計算の完全なる書』　80
『数と計測概論』　261

『数の男』　347
『数理科学年報』　321
『数理科学文献歴史報告集』　325, 326, 328, 333, 334
『数論』　62, 62, 64, 65, 289, 305, 309
図解　61, 205
図形の分割　266
『図形分割論』　109, 220, 221
『スンマ』　93, 261, 262, 264, 265, 266, 267, 270, 272, 274, 319
『精華』　8, 10, 98, 115, 121, 199, 210, 212, 253, 292, 323
『政治学』　155
ゼフィルム　1
『線と筆による計算』　336
操作幾何学　244, 246
『測定法教則』　246
『測量』　234
『測量術』　233
『測量と幾何学』　36, 49
ゾロアスター教　24
十露盤　15, 128

◆た行

第1線分　192
『代数学』　25, 35, 37, 45, 51, 89, 94, 101, 102, 106, 129, 201, 202, 212, 214, 221, 241
単位分数　74, 75, 76, 131, 139, 320
単性論派　86, 118
チェス　160
『チェスと骰子と盤上遊戯の書』　160
知恵の館　20, 24
中項数　192
中世数学史研究所　342
『超過と不足の書』　175
『張丘建算経』　59
直接法　182, 183

『ディオプトラ』 233
ディオリスモス 171
『定義集』 234
ティッポン家 102
『テオドルスへの手紙』 8, 10, 115, 117, 123, 292
『デカメロン』 287
適合数 301, 302, 303, 307, 318
適合平方数 303
『天球の回転』 155
天秤法 180, 182
『ドイツ幾何学』 245
『同文算指』 264, 341
トゥールーン朝 36, 91
ドムス 161
『鳥の書』 36, 57
鳥の問題 118, 177
トルコの方法 78
『トレヴィーゾ算術』 274, 324
トレムセン 13

◆な行
2項差数 192, 193, 194, 198, 199, 200
2項和数 192, 193, 194, 199, 200
日本パチョーリ協会 262
ネストリウス派 86, 87

◆は行
『秤の詩』 70
『バディーア』 66, 314
バヌー・フード朝 22
バミエール 168
パリンプセスト 279
バルマク家 20
ヒエログリフ 74, 75
非共測量 29, 187, 197, 200
『ピサのレオナルドに基づく実用幾何学論』 277

ビジャーヤ 11, 12, 13, 14, 27, 81, 142, 143
『比と比例について』 89, 91, 93
比の比 146
百鶏問題 59
ピュタゴラス主義 103
ピュタゴラスの弧 11, 15
ピュタゴラスの3組 66
ピュタゴラスの定理 219
『比例の比例』 155
比例論 93, 135, 194
『ファフリー』 65
『フィフリスト』 23
フィボナッチ数列 1, 2, 4, 10, 159, 324
『フィボナッチ全集』 321, 323, 327
フィレンツェ国立中央図書館 277, 318
フィレンツェ手稿 318, 319
フェルマの問題 67
複式仮置法 36, 70, 73, 174, 175, 177, 179, 180
複式簿記 262, 266
不言数 187, 197
負債 165, 167, 168, 170, 171
『二つの誤りの計算演算への証明について』 179
『二つの誤りの書』 179
フッガー家 335
不定方程式 30, 32, 36, 37, 50, 57, 61, 62, 64, 65, 66, 117, 118, 166
プトレマイオスの定理 46, 48
『プネウマティカ』 233
負の解 168
負の数 165, 167, 169, 187
分割定理 90
分数 27, 74, 75, 79, 135, 149, 187, 298
平方数 301
『平方の書』 8, 10, 115, 116, 121, 157, 266, 288, 289, 191, 292, 305, 307,

371

312, 313, 317, 318, 320, 323, 324
平面計測 228, 229
『平面分割論』 111
ベザント 136, 137, 142, 143, 152, 153, 178, 183, 185
ヘブライ語 80, 91, 98, 99, 100, 101, 102, 103, 104, 105, 175
ヘロンの公式 219, 233
『方程式論』 212
『ボエティウスの幾何学と算術』 238
簿記 347
ボンコンパーニ家 321

◆ま行

マアムーン 20
マテーマティカ 30
マール 37, 38, 39, 40, 41, 42, 43, 53, 65, 72, 95, 198
マルタバ 72
ムカーバラ 35, 64, 198, 203, 345
ムラービト朝 100
無理数 16, 27, 29, 44, 132, 187, 191, 192, 194, 199, 209
ムワッヒド朝 13, 70, 100
メディチ家 335
メネラオスの定理 90, 91
『面積の書』 103, 104, 106, 220, 227
『モアミン』 119
モノ 59, 183, 198, 207, 208, 209, 210, 271
『問題集』 283

◆や行

ユゲルムの計測法 236
『要約書』 9, 254, 279
4次方程式 211

◆ら行

ラグランジェの式 298

ラジャズ 70
リソルジメント運動 328
『立体幾何学』 234
立体計測 228, 229
リヤーディーヤート 30
リュカ数列 324
リンチェイ・アカデミー 330
『リンド・パピルス』 5
『例題小論集』 78
『レオナルド・ダ・ヴィンチ研究』 337
『歴史序説』 27, 69
ロギスティケー 237
60進分数 212
60進法 48, 77

人名索引

◆あ行

アグリコラ 155
アーチバルド 221
アデラード, バスの 117
アフマド・イブン・ユースフ 85, 89, 91, 93, 146
アフマド・サーガーニー 29
アフワーズィー 194
アブー・カーミル 22, 28, 36, 37, 38, 40, 41, 42, 45, 46, 49, 50, 51, 52, 57, 59, 61, 62, 64, 65, 73, 82, 85, 89, 91, 95, 101, 102, 118, 179, 201, 205, 206, 210, 214, 221, 289
アブー・ジャアファル・ハージン 66
アブデルジャウアド 70
アブー・バクル 85, 89, 111, 240, 241
アブー・バズラ 34
アブハリー 123
アブラハム・イブン・エズラ 101, 103
アブラハム・バル・ヒッヤ 85, 101, 102, 103, 220, 221, 226
アブル・カーシム・クラシー→クラシー
アブル・ワファー・ブーズジャーニー 168
アポロニオス 29, 293
アマーリ 114
アミーリー 317
アメトゥス・フィリウス 90, 91
アリー 34
アリー・イブン・アビー・ターリブ 34
アリストテレス 114, 116, 155, 195, 324
アリッギ 342
アルキメデス 29, 32, 85, 94, 123, 212, 220, 243, 244, 247, 293
アルフォンソ10世 160
アルベルトゥス, サクソニアの 93, 337
アルベルトゥス・マグヌス 195
アレクサンドル 71
イシドロス 97
イシャノール 23, 24, 33
伊東俊太郎 97, 339
イドリーシー 14
イブヌル・ハイサム 30, 191, 194
イブヌル・ハーイム 73
イブヌル・ハッワーン 66, 317
イブヌル・バンナー 69, 70, 83, 180, 191, 240
イブヌル・ムンイム 82
イブヌル・ヤーサミーン 69, 70, 71, 73, 74, 81
イブン・アブドゥーン 240
イブン・アブドル・マリク 82
イブン・アラビー 14
イブン・イスマ 194
イブン・クンフドゥ 70
イブン・ザカリーヤー 82, 83
イブン・サビーン 124, 125
イブン・シーナー 22, 118
イブン・トゥルク 35
イブン・バトゥータ 14
イブン・ハラス 125
イブン・ハルドゥーン 15, 27, 28, 29, 69, 70, 82, 184
イブン・ファルフー 83
イブン・ムンイン 191
イブン・ヤーサミーン 215, 240
イブン・ユーヌス 118, 122, 123

373

イブン・ラッカーム 240
ヴィエト 213, 317, 320
ウィトルウィウス 244
ヴィラール・ド・オヌクール 245
ヴェプケ 313, 323, 326, 339
ヴォルテラ 329, 332
ウクリーディシー 22, 77, 191
ウリヴィ 249, 342
エウクレイデス 8, 12, 16, 22, 29, 38, 39, 49, 82, 85, 87, 93, 94, 97, 98, 104, 109, 132, 138, 187, 191, 194, 200, 214, 217, 220, 228, 230, 247, 263, 266, 269, 275, 287, 293, 295
エウデモス 324
エウトキオス 212
エマニュエル・ベン・ボンフィス 101
エルマンノ 97
オイラー 260
オマル・ハイヤーム 28, 29, 212
オレーム 155, 195, 337

◆か行

ガイ, リチャード 320
ガウス 301
カーシー 28, 191, 213
カジョリ 267
片岡泰彦 262
カナッチ 343
何平子 71
カーミル 122
カラサーディー 81, 180
カラジー 22, 28, 65, 66, 74, 194, 201, 215, 314, 315, 316
カラーフィー 124
カランドリ 162, 250, 343
カランドレッリ 322
ガリレイ 247, 252, 330, 333

カルダーノ 163, 252, 273, 319
カルノー 329
ガレノス 116
カントール 326, 338
カントローヴィチ 113
カンパヌス 93, 195
ギド・ボナッティ 322
ギュンター 326
グイエルモ, ルナの 89, 94, 95, 202
クシュヤール・イブン・ラッバーン 191
クシュランダー 288, 289, 312
クスター・イブン・ルーカー 18, 62, 63, 64, 179
グットマン 104
グッリェルミーニ 323
クーヒー 29, 240
クラヴィウス 246, 264, 341
クラシー 15, 81, 82
クリュソロラス 287
クルツェ 104
グレゴリウス13世 322
クレモナ, ルイジ 329
ケプラー 126
ゲラルド, クレモナの 89, 91, 94, 95, 97, 111, 195, 202, 203, 221, 240, 242, 243, 322, 339
呉敬 339
コーシー 331
ゴスラン 320
コッサーリ 291, 292, 323
コーヘン 124
コペルニクス 155
ゴリ 344
コワニエ 286
コンマンディーノ 286, 288, 289, 290

◆さ行

サイード・アブー・ウスマーン　111
サヴォンヌ　282
サッケーリ　330
サートン　ii, 346
サバソルダ　104, 105, 108, 109, 110, 111
サービト・イブン・クッラ　18, 88, 240
サマウアル　18, 22, 66, 78, 194, 215
サントクリメン　274, 275
ジェノッキ　317, 320, 323
ジェルベール　127, 128, 231, 239
シグラー　339
シジュジー　29, 31, 221, 240
シャラフッディーン・トゥーシー　28, 29, 212, 213, 316
シャルル・ド・ボヴェイユ　286
ジャン・ド・ミュール　109
シュケ　281, 282, 283, 284
シュタインシュナイダー　99, 326
シュティーフェル　286
ショイベル、ヨハン　96
徐光啓　104, 105
シリセオ　286
スィルエロ　286
スコット，ミカエル　115, 119, 120, 124, 130
ズーター　23, 24
ステヴィン　78, 286
ステファノ　116, 117
スミス　347
セジアーノ　260
セズギン　23, 24
セッラ　331, 332
セディヨ　326
セレノス　293

◆た行

武田楠雄　340
タルターリャ　71, 251, 261, 274, 288, 319, 320
ダルディ　102
ディー　286
程大位　339
ディーニ　329
ディオパントス　51, 59, 62, 63, 64, 65, 118, 288, 289, 291, 293, 297, 305, 309, 312, 320
テオドシオス　85, 94, 228, 293
テオドルス　115, 117, 118, 122, 305, 310, 314
デカルト　31, 188, 247
デ・ハーン　326
デブリン　347
デューラー　246
デュエム　337, 338
トマス・アクィナス　115, 195, 261
ドミニクス　115, 120, 121
ドミニクス，クラヴァシオ　246
トルトッリーニ神父　322
トレシャント　282, 284
ド・ラ・ロシェ　281, 282, 283, 284

◆な行

ナイリージー　194, 195, 197, 234
中村滋　10, 24
ナサウィー　190, 191
ナシールッディーン・トゥーシー　29, 122
ナディーム　23
ナルドゥッチ　328
ニコマコス　103
ニュートン　31, 154, 247
ヌネシュ　286
ノエル　21

◆は行

パオロ・ゲラルディ 156
パオロ・ダゴマーリ 287, 288
パオロ・デル・アバコ 287, 344
バグダーディー 240
橋本寿哉 262
パスカル 273
ハスキンズ 114
ハーズィン 194, 313, 314, 317
ハッサール 22, 69, 70, 79, 80, 81, 191
バーネット 342
パチョーリ 93, 163, 164, 261, 263, 264, 265, 267, 268, 270, 271, 272, 273, 274, 277, 281, 283, 291, 319
パッポス 194, 293
バヌー・ムーサー 85, 89, 221, 240, 241, 243
バヌー・フード 103
バリクロサ 104
バルディ 290
ハールーン・ラシード 20
ハンケル 326
ビアージョ 343
ピクッティ 319
ヒース 233
ヒーファー 346
ビュザール 98
ピュタゴラス 247
ヒュプシクレス 97
ファヴァロ 326, 327, 333
ファーラービー 22, 118
ファン・エグモンド 344, 345
ファン・デ・ロルテガ 281
ファン・ローメン，アドリアン 96
フィネ，オロンス 286
フィボナッチ 1, 2, ほか随所
フィンズィ，モルデカイ 101, 102

フェデリーコ2世 113, 114, 115, 116, 118, 119, 120, 121, 122, 123, 124, 125, 185, 291, 314
フェル・エーク 293
フェルゴラ 320
フェルナンデス 286
フェルマ 31, 51, 247, 289, 308, 317, 320
フゴ 228, 230
フザーイー 34
プトレマイオス 49, 85, 90, 91, 97, 228
フナイン・イブン・イスハーク 87
ブラシウス 93
プラトーネ，ティヴォリの 103, 104, 105, 322
ブラドワディーン 93
プラトン 104
ブラフマグプタ 165
フランチ 342, 345
フ・ロット 251
フーリエ 329
ブリオスキ 329
ブルグンディオ 116
プロクロス 324
フワーリズミー 24, 25, 28, 33, 34, 36, 37, 38, 50, 61, 62, 65, 89, 94, 96, 106, 107, 129, 199, 201, 202, 205, 206, 240, 241, 281, 339
ベッティ 329, 330
ベネデット・ダ・フィレンツェ 277, 278, 319, 320, 343
ペペ 342
ベルトラーミ 329
ペレス 23, 24
ペレティエ・ド・マン 285
ヘロン 32, 48, 49, 50, 196, 197, 233, 234, 240

ヘンリクス・アリスティップス　97
ホイヘンス　273
ホイルップ　210, 257, 259, 346
ボエティウス　93, 237, 238, 239, 247, 275
ボスマン　346
ボッカッチョ　287
ボルトロッティ　339
ボンコンパーニ　7, 9, 129, 253, 292, 313, 321, 323, 324, 325, 326, 327, 328, 329, 330, 331, 332, 333, 334, 339, 348
ボンベッリ　286

◆ま行

マードック　239
マーハーニー　194, 197, 198, 199
マアムーン　34
マウロリコ　319
マクレノン　293
マスケローニ　330
ミッタク＝レフラー　328
宮下志朗　282
ムウタマン　22
ムーサー・イブン・シャーキル　243
ムハンマド　17
ムハンマド・イブン・アビー・バクル・イブン・ジャーギール　63
ムハンマド・バグダーディー　111
メネラオス　85, 90, 91, 94, 228
モーゼス・イブン・ティッボン　80
モンチュクラ　325

◆や行

ヤコポ・デ・バルバリ　265
ヤーサミーン　191
ユダ・ベン・ソロモン・コーヘン　124

ヨハンネス師　121, 291, 302, 304, 314
ヨルダヌス・デ・ネモーレ　93, 109

◆ら行

ラーシェド　21, 51, 54, 213
ライプニッツ　247
ラグランジェ　330
ラニエロ・カポッチ　115, 122
ラムス，ペルトス　286
ラモン・リュイ　15
リガテッリ　342, 345
リース　335, 336, 336
リッチ，オスティリオ　252
リッチ，マテオ　104
リュカ　324
ルドルフ，クリストフ　78, 286
ルドルフ２世　126
ルフィニ　330
ルベーグ　320
ル・ベーグ　320
レヴェンソン，トマス　154
レオナルド・ダ・ヴィンチ　6, 265, 278, 292, 337
レコード　286
レビ・ベン・ゲルション　101
ローゼンフェルト　23, 24, 33
ロバート，チェスターの　89, 94, 95, 96, 106, 202, 203
ロリア　333, 339

◆わ行

ワグナー　275
渡辺孫一郎　293

377

著者紹介：

三浦伸夫（みうら・のぶお）

1950年大阪生まれ．名古屋大学理学部数学科卒業，東京大学大学院理学研究科科学史科学哲学専攻博士課程単位取得退学，神戸大学国際文化学研究科教授，2016年4月より神戸大学名誉教授．専門は比較科学史，数学史．

主な著作：『古代エジプトの数学問題集を解いてみる』NHK出版，『数学の歴史』放送大学振興会など，

共訳書：『ライプニッツ著作集』，『エウクレイデス著作集』，『デカルト書簡集』，『中世思想原典集成』など．

双書⑮・大数学者の数学／フィボナッチ
アラビア数学から西洋中世数学へ

2016年3月12日　初版1刷発行

|検印省略|

著　者　　三浦伸夫
発行者　　富田　淳
発行所　　株式会社　現代数学社
〒606-8425　京都市左京区鹿ヶ谷西寺ノ前町1
TEL 075 (751) 0727　FAX 075 (744) 0906
http://www.gensu.co.jp/

Ⓒ Nobuo Miura,
2016 Printed in Japan

印刷・製本　　亜細亜印刷株式会社
装　丁　　Espace ／ espace3@me.com

ISBN 978-4-7687-0449-3

落丁・乱丁はお取替え致します．